矿山特种作业人员安全技术培训考核统编教材

通风安全监测工

主　编　管延明

副主编　孙永会　郝迎格　张连峰　王　伟

主　审　方裕璋　王振平

编　写　管延明　孙永会　郝迎格　张连峰

王　伟　邵泽厚　张庆民　尹贻勤

王学军　陈拱英　杜　猛　侯红霞

黄瑞峰　丁晓鑫

中国劳动社会保障出版社

图书在版编目(CIP)数据

通风安全监测工/管延明主编. —北京：中国劳动社会保障出版社，2007

矿山特种作业人员安全技术培训考核统编教材

ISBN 978-7-5045-6268-5

Ⅰ. 通… Ⅱ. 管… Ⅲ. 矿山通风-安全技术-教材 Ⅳ. TD72

中国版本图书馆 CIP 数据核字(2007)第 080471 号

中国劳动社会保障出版社出版发行

(北京市惠新东街 1 号 邮政编码：100029)

出版人：张梦欣

*

世界知识印刷厂印刷装订 新华书店经销

850 毫米×1168 毫米 32 开本 9.75 印张 239 千字

2007 年 6 月第 1 版 2007 年 6 月第 1 次印刷

定价：20.00 元

读者服务部电话：010-64929211

发行部电话：010-64927085

出版社网址：http://www.class.com.cn

编委会名单

内容简介

本书是矿山特种作业人员安全技术培训考核统编教材之一。全书共分七章，具体内容有：煤矿安全生产方针及法律法规；煤矿事故致因中人的心理因素；矿井通风与灾害防治；煤矿监测传感器；矿用甲烷报警及锁闭系统仪器；矿井安全监控系统；避灾自救、创伤急救与职业病预防。

本书除了介绍煤矿安全生产的有关方针、法律、法规和有关煤矿安全生产的基础知识外，重点从理论和实践方面全面阐述了矿井通风的知识、矿井通风监测技术以及监测仪器的使用。

本书主要作为煤矿通风安全监测工种的安全技术培训教材，也可供煤矿的管理者、工程技术人员及煤炭院校师生参考。

本书由山东兖矿集团安全技术培训中心管延明担任主编，副主编有孙永会、郝迎格、张连峰、王伟等，由方裕璋、王振平担任主审，参与编写的人员有：管延明、尹贻勤、孙永会、郝迎格、张连峰、王伟、侯红霞、王学军、邵泽厚、陈拱英、黄瑞峰、张庆民、丁晓鑫、杜猛。

前　　言

特种作业是指容易发生人员伤亡事故，并对操作者本人、他人及周围设施、设备的安全造成危害的作业。对于矿山这种高危行业来说，特种作业人员操作的正确与否对安全生产的关系十分重大。据统计，在各类矿山事故中，因作业人员违章操作和管理不善造成的事故约占事故总数的70%。实践证明，矿山特种作业人员的安全教育和培训工作是保障矿山生产安全的重要条件，是以人为本、标本兼治，必须做好抓实的重点工作。

《安全生产法》规定："生产经营单位的特种作业人员必须按照国家有关规定经专门的安全作业培训，取得特种作业操作资格证书，方可上岗操作。"《矿山安全法》也有相应的规定。为贯彻落实上述法律规定，全面提高矿山特种作业人员的整体安全技术素质和识灾、防灾、避灾自救的能力，预防和减少矿山事故的发生，我们特组织全国各有关矿山安全培训机构、大专院校与科研单位的专家、教授，以及生产一线的安全技术人员编写了"矿山特种作业人员安全技术培训考核统编教材"。

本套教材囊括了矿山特种作业的18个工种：瓦斯检查工、煤矿安全检查工、信号把钩工、电机车司机、空气压缩机操作工、井下爆破工、绞车操作工、测风测尘工、尾矿工、矿井排水泵工、通风安全监测工、矿山救护作业人员、井下电钳工、主提升机操作工、耙（装）岩机司机、通风机操作工、输送机操作工、电气设备防爆检查工；每一工种分为培训考核统编教材、复审教材和考试习题集3册；全套教材共计54册。

本套教材有以下突出特点：

一是权威性、规范性、科学性强。本套教材以国家煤矿安全监察局颁布的《煤矿安全培训教学大纲》、相关的新规程和新标准为主要编写依据，既全面介绍了矿山安全生产技术知识，反映了国家煤矿安全监察局关于矿山特种作业人员培训考核的最新要求；又注意了内容的创新，注意吸收矿山安全生产中的新理论、新技术、新装备、新工艺。

二是实用性、技能性、可操作性强。本套教材针对矿山特种作业人员的特点，本着少而精、实用、适用的原则，内容深入浅出，语言通俗易懂，形式图文并茂。为便于培训教学，每一工种都有配套的考试习题集。考试习题集的大题量、多题型也为各安全培训机构建立题库提供了有利的条件。

三是指导性、可读性、实效性强。培训教材在全面反映教学大纲要求的同时，插入了一定量的典型事故案例分析，便于学员对知识的理解；复审教材以事故案例为载体，融入安全技术知识，避免了与培训教材在内容上的重复，并注重增加新的法律法规和标准、新的事故预防理论和技术等新知识。

本套教材是全国矿山特种作业人员取得安全操作资格证的最佳培训教材与复审教材，还可作为矿山基层管理人员、工程技术人员及矿业院校相关专业师生的参考用书。

在编写过程中，我们得到了中国煤炭工业环保安全培训中心（兖矿集团安全培训中心）、平顶山煤业集团有限公司安全技术培训中心、湖南安全技术职业学院（长沙安全技术培训中心）、中钢集团武汉安全环保研究院的大力支持，在此深表谢意。

“矿山特种作业人员安全技术
培训考核统编教材”编委会

目　录

第一章　煤矿安全生产方针及法律法规

第一节　煤矿安全生产方针

一、我国煤矿安全生产现状及主要原因

党和政府高度重视安全生产工作，近几年来相继采取了一系列重大举措。包括加强安全生产法制建设，开展安全生产专项整治；加大执法力度，严肃追究事故责任等。统计数据表明，全国工业生产事故起数逐年减少，煤矿安全生产形势也有所好转，死亡人数明显减少，百万吨死亡率明显下降，全国安全生产状况趋于好转。

但是安全生产形势依然严峻，各类事故死亡人数居高不下。煤矿、道路交通、建筑、危险化学品等领域伤亡事故多发的状况尚未从根本上扭转；职业病危害相当突出；一些地方和单位重、特大事故时有发生，给人民群众生命和国家财产造成了严重的损失。

在我国工业生产领域，煤矿事故最为突出，其具体表现主要表现为：

重大、特大事故频繁发生；

煤矿职业病状况十分惊人；

与煤矿安全生产先进国家相比存在巨大差距。

其主要原因主要有以下几点：

地下开采比例大，地质条件复杂；

小煤矿过多，违法开矿问题严重；

整体装备水平低，安全投入不足，抗灾防灾能力差；

重生产、轻安全问题突出。

二、煤矿安全生产方针的含义

安全生产是指保障劳动者在生产过程中的生命安全和身体健康，最大限度地减少劳动者的工伤和职业病。方针是国家或政党在一定历史时期内，为达到一定目标而确定的指导思想和遵循的原则。煤矿安全生产方针是我们党和国家为确保煤矿安全生产，保障煤矿职工在生产过程中的生命安全和身体健康而确定的指导思想和行动准则，即“安全第一、预防为主”。

近年，党中央提出以人为本、科学发展、建设和谐社会的治国思想，这对煤矿安全生产意义重大。以人为本，就要求在生产过程中以人的生命安全和身体健康为本，在生产活动中要实行安全第一的原则，绝对不能只讲生产，不顾安全。这些指示都为煤矿安全生产方针的提出和贯彻执行指明了方向。

安全第一方针的提出具有极为重要的历史意义和不同寻常的思想内涵。安全第一，即确定安全具有最高价值，处于最为优先的地位（即安全优先原则），其他价值则处于从属地位。也就是说，在生产活动中，首先要树立人是最宝贵的思想，要优先考虑人的生命和健康免受危害和威胁。安全第一方针的精髓在于重视人的生命价值，并把它置于最高地位。不管伤亡人数是多是少，每起伤亡事故都是悲剧，都是应该努力加以避免的。因为人的生命的损失是无法靠生产创造的财富挽回的。

从安全生产的具体实践来说，安全第一就是要求各级政府、煤矿管理人员以及职工把安全生产当做头等大事，把安全放在一切工作的首位，切实处理好安全与效益、安全与生产的关系。当生产建设等与安全发生矛盾时，安全是第一位的，要做到不安全不生产，隐患不处理不生产，措施不落实不生产。

预防为主，就是把安全工作的重点放在预防方面，通过大量的预防工作确保安全生产。要根据煤矿事故发生的规律，采取有效的事前控制措施，坚决彻底地排除各种隐患，防微杜渐、防患于未然，把事故、隐患消灭在萌芽之中。

落实预防为主的方针，必须首先坚持“事故可预防”的正确观点，建立“即使一起事故也嫌太多”的安全文化观念，坚决消除事故不可避免的思想，从根本上排除影响事故预防工作的思想障碍。事实上，我们看到，在客观条件类似的不同煤矿，事故发生率相差很大，国内有的煤矿达到了生产数千万吨煤炭无死亡的先进水平，有的煤矿则事故接连不断。而有的先进国家煤矿职工事故伤亡率已低于建筑、林业和农业，甚至达到低于制造业等行业的水平。

预防为主是实现安全第一的前提条件。要实现安全第一，必须以预防为主。安全第一，预防为主，二者是目标原则和手段措施的关系。安全第一是核心，是根本，不坚持安全第一，预防为主很难落到实处，甚至会成为一句空话；反之，只有坚持预防为主，才能主动、自觉、科学地预防，才能消灭隐患，减少事故，才能实现安全第一的目标要求。

三、煤矿安全生产方针的贯彻落实

落实煤矿安全生产方针的关键是坚持以人为本的科学发展观。经济发展的根本目的是增进人民群众的幸福安康，金钱至上、以物为本的发展观是与人类文明发展的方向背道而驰的，也是与经济发展的目的相违背的，更不符合中国共产党和人民政府的根本宗旨。

通过实践总结，贯彻落实煤矿安全生产方针应当做到以下3点。

1. 坚持安全生产五要素到位和管理、装备、培训三并重的原则

国家安全生产监督管理总局提出的安全生产五要素是安全文化、安全法制、安全责任、安全科技、安全投入。这五个要素涵

盖了保障安全生产的各个方面，全面而科学。只要在这五要素上落实到位，事故就会得到有效遏制，安全状况就会好转。

管理、装备、培训三并重的原则是我国煤矿安全生产实践经验的总结。安全管理、安全装备和安全培训是企业安全生产的三个基本保证，缺一不可。安全管理是煤矿安全生产的重要保证，严格和科学的安全管理，可弥补装备上的不足，能减少事故，保障安全生产；安全装备是实施安全作业、创造安全环境的工具，先进的技术装备可以提高工作效率，也可以创造良好的安全作业环境，避免事故的发生或减少事故损失；安全培训是提高职工安全素质的主要手段，许多事故的发生主要是法制观念和安全意识淡薄或缺乏专业技术知识造成的。对全体煤矿职工特别是管理人员的安全培训是消除人为安全隐患的根本途径之一，只有强化安全培训，才能真正落实好煤矿安全生产方针。

2. 坚持煤矿安全生产方针标准

1985 年，全国煤矿安全工作会议提出了全面落实安全生产方针的 10 条标准，其中多条至今仍有重要的指导作用。如企业管理的全部内容和生产的全过程都要把安全放在首位，任何决定、办法、措施都必须有利于安全生产；把坚持“安全第一、预防为主”方针作为选拔、任用、考核干部的重要内容；把安全工作纳入党政工作的重要议事日程和承包内容；把安全技术措施工程、安全培训列入年度和月份生产和工作计划；建立健全安全生产责任制，层层落实；人、财、物优先保证安全生产需要；严肃认真、一丝不苟地执行《煤矿安全规程》、安全指令和文件；思想政治工作要贯穿到安全生产全过程；搞好业务保安，安全教育广泛深入等。在当今安全生产等各项法规逐渐完善、生产技术进一步发展的形势下，这些标准还应不断充实完善。

3. 坚持各项行之有效的措施

为了深入贯彻安全生产方针，必须坚持以下各项措施：

一是要强化安全法制观念。必须树立依法行事、依法治理安全的观念。出了事故，不仅要追究有关责任人的行政、党纪责任，而且要依法追究有关人员的法律责任。

二是要建立健全安全生产责任制。落实煤矿主要负责人作为安全第一责任者的责任，严格执行矿长跟班下井制度。建立健全一套完善的安全生产责任制，将安全生产责任细化到每一个岗位、分解到每一个人。

三是建立安全生产管理机构或配备专职安全生产管理人员。

四是认真组织安全生产检查。

五是加大煤矿安全监察力度，做到从严执法，公正执法。

六是加强安全技术教育培训工作。抓好上岗资格培训和在岗复训工作，使全体职工学好安全生产方针、安全法律法规，了解本矿安全现状、本矿安全措施，熟知安全技术知识，掌握安全操作技能，自觉遵守法律规章，以减少和杜绝事故发生，确保安全生产。要使职工清楚了解他们的工作现场和工作岗位所存在的各种危险和危害因素及防范和应急措施，使他们能有效地做好自主保安和相互保安。

七是关口前移，做好事故预防工作。把预防放在主要位置，预防在先、处处谨慎，坚决消除各种安全隐患，以达到防止灾变、控制事故发生之目的。

八是做好事故调查和处理工作。发生事故后，要按规定向上级报告，要坚持四不放过原则，即事故原因没有查清不放过，事故责任者没有严肃处理不放过，广大职工没有受到教育不放过，防范措施没有落实不放过。

九是加大对事故责任人的处罚力度。依法落实对事故责任人的处罚，以起到惩罚本人、警示他人的作用。

十是要切实保障矿工的安全生产权利。矿工是煤矿事故和职业病的主要受害者，处于弱势地位；同时，他们也是最关心安全生产的群体。要切实落实法律赋予他们的安全生产权利，严格执行国家安监总局关于让一线职工参与安全监察的政策，使他们敢于维护自己的安全，拒绝在危险状态下生产作业，从而使安全生产获得最强有力的保证。还要通过强有力的劳动监察和工会工作，确保工人的政治、经济和劳动保障权利，使他们免受一些不法矿主的精神威胁和经济压榨，并创造条件减轻劳动强度，坚决避免延长劳动时间，不使他们在心理压抑和过度疲劳的状态下工作，这样才能从根本上确保工人安全作业的基本生理和心理条件，减少以至消除人因操作差错，防止事故发生。

第二节　煤矿安全生产法律法规体系

一、安全生产法律法规体系

安全生产法律法规体系指为了改善劳动条件，保护劳动者在生产过程中的安全和健康，以及保障安全生产所采取的各种措施的法律规范的总和，是有关安全生产法律、行政法规、地方性法规、规章、规程和技术标准的总称。

我国目前的安全生产法律体系是一个包含多种法律形式和法律层次的综合性系统，从法律规范的形式和特点来讲，既包括作为整个安全生产法律法规基础的宪法规范，也包括行政法律规范、技术性法律规范、程序性法律规范。按法律地位及效力同等原则，安全生产法律体系分为以下 7 个门类。

1. 宪法

《宪法》是安全生产法律体系框架的最高层级，“加强劳动保护，改善劳动条件”是有关安全生产方面最高法律效力的规定。

2. 安全生产方面的法律

（1）基础法。我国有关安全生产的法律包括基础法律《中华人民共和国安全生产法》（以下简称《安全生产法》）和与它平行的专门法律及相关法律。《安全生产法》是综合规范安全生产法律制度的法律，它适用于所有生产经营单位，是我国安全生产法律体系的核心。

（2）专门法律。专门安全生产法律是规范某一专业领域安全生产法律制度的法律。我国在专业领域的法律有《中华人民共和国矿山安全法》（以下简称《矿山安全法》）《中华人民共和国海上交通安全法》《中华人民共和国消防法》《中华人民共和国道路交通安全法》等。

（3）相关法律。与安全生产相关的法律是指安全生产专门法律以外的其他法律中涵盖有安全生产内容的法律，如《中华人民共和国劳动法》《中华人民共和国职业病防治法》《中华人民共和国煤炭法》（以下简称《煤炭法》）《中华人民共和国矿产资源法》等。

3. 安全生产行政法规

安全生产行政法规是由国务院组织制定并批准公布的，是为实施安全生产法律或规范安全生产监督管理制度而制定并颁布的一系列具体规定，是我们实施安全生产监督管理和监察工作的重要依据。我国已颁布了多部安全生产行政法规，如《国务院关于特大安全事故行政责任追究的规定》《煤矿安全监察条例》《安全生产许可证条例》《工伤保险条例》等。

4. 地方性安全生产法规

地方性安全生产法规是指由有立法权的地方权力机关——人民代表大会（以下简称人大）及其常务委员会和地方政府制定的安全生产规范性文件，是由法律授权制定的，是对国家安全生产法律、法规的补充和完善，以解决本地区某一特定的安全生产问题为目标，具有较强的针对性和可操作性。例如，目前我国有27个省（自治区、直辖市）人大制定了《劳动保护条例》或《劳动安全卫生条例》，有26个省（自治区、直辖市）人大制定了《矿山安全法实施办法》。

5. 部门安全生产规章、地方政府安全生产规章

根据《中华人民共和国立法法》的有关规定，部门规章之

间、部门规章与地方政府规章之间具有同等效力，在各自的权限范围内施行。部门安全生产规章由有关部门为加强安全生产工作而颁布的规范性文件组成，作为安全生产法律法规的重要补充，在我国安全生产监督管理工作中起着十分重要的作用。如《煤矿安全规程》《爆破安全规程》《山东省煤矿重大事故隐患排查治理责任追究规定》等。

6. 有关安全生产的标准

安全生产标准是安全生产法规体系中的一个重要组成部分，也是安全生产管理的基础和监督执法工作的重要技术依据。技术类安全生产标准大致分为设计规范类，安全生产设备、工具类，生产工艺安全卫生类和防护用品类 4 类标准。

7. 职业安全卫生方面的国际公约

国家签署的国际公约与国内法具有一样的法律效力。目前我国已签署的职业安全卫生和劳工权利方面的国际公约共 23 个。如：第 155 号《职业安全和卫生公约》、第 161 号《一九八五年职业卫生设施公约》、第 45 号《一九三五年（妇女）井下作业公约》、第 167 号《一九八八年建筑业安全和卫生公约》、第 175 号《建筑业安全和卫生建议书》、第 122 号《一九六四年就业政策公约》、第 170 号《化学品公约》及联合国《经济、社会文化权利国际公约》等。

二、保障煤矿安全生产的主要法律法规

1.《安全生产法》

（1）立法的目的、意义及适用范围。《安全生产法》于 2002 年 6 月 29 日由第九届全国人民代表大会常务委员会第二十八次全体会议通过，于 2002 年 11 月 1 日起施行。本法是安全生产的基础法律，是母法。

制定这部法律的目的，是为了加强安全生产的监督管理，防止和减少安全事故，保障人民群众生命和财产安全，促进经济发展。

其意义是 4 个需要：一是依法加强监督管理、安全监察依法行政的需要；二是预防和减少事故，保护人民群众生命和财产安全的需要；三是依法制裁安全生产违法犯罪的需要；四是建立和完善我国安全生产法律体系的需要。

关于《安全生产法》的适用范围，第二条规定了本法的空间效力和对人的效力，即在中华人民共和国领域内从事生产经营活动的单位（包括一切从事生产经营活动的企业事业单位和个体经济组织）的安全生产，适用本法；有关法律、行政法规对消防安全和道路交通安全、铁路交通安全、民用航空安全另有规定的，适用其规定。

(2)《安全生产法》的主要内容。本法共有 7 章 97 条。第一章总则、第二章生产经营单位的安全生产保障、第三章从业人员的权利和义务、第四章安全生产的监督管理、第五章生产安全事故的应急救援与调查处理、第六章法律责任、第七章附则。

(3)《安全生产法》的基本原则：

1）人身安全第一原则。

2）预防为主的原则。

3）权责一致的原则。

4）社会监督综合治理的原则。

5）依法从重处罚的原则。

(4)《安全生产法》确定的七项法律制度：

1）安全生产保障制度。

2）安全权利义务制度。

3）安全责任追究制度。

4）安全中介服务制度。

5）安全监督管理制度。

6）事故应急处理制度。

7）法律责任制度。

(5) 从业人员的安全生产权利。保障从业人员的安全生产权利是宪法精神所要求，是生产经营单位的法定义务和责任，也是安全生产立法的重要内容。重视和保护从业人员的生命权，是贯穿《安全生产法》的主线。

然而，目前我国从业人员的安全生产权利保护的现状仍存在一些不容忽视的问题。许多企业负责人以最低的生产成本和安全投入，把从业人员置于作业条件极其简陋恶劣或者极端危险的作业场所中，没有基本的人身保障，或者强令职工冒险作业，“要钱不要命”，榨取超额利润，严重侵犯了从业人员的安全生产权利。鉴于以往有关法律未明确设定违法者应负的法律责任，且缺乏强制性和操作性，《安全生产法》第三章对从业人员的安全生产权利做了比较全面、明确的规定，并设定了严格的法律责任，为保障从业人员的合法权益提供了法律依据。这些安全生产权利可概括为以下 8 个方面：

1）享受工伤保险和伤亡求偿权。第四十四条规定，生产经营单位与从业人员订立的劳动合同，应当载明有关保障从业人员劳动安全、防止职业危害的事项，以及依法为从业人员办理工伤社会保险的事项。生产经营单位不得以任何形式与从业人员订立协议，免除或者减轻其对从业人员因生产安全事故伤亡依法应承担的责任。

第四十八条规定，因生产安全事故受到损害的从业人员，除依法享有工伤社会保险外，依照有关民事法律尚有获得赔偿的权利的，有权向本单位提出赔偿要求。

2）危险因素和应急措施的知情权。第四十五条规定，生产经营单位的从业人员有权了解其作业场所和工作岗位存在的危险因素、防范措施及事故应急措施。

3）安全管理的批评检控权。即有权对本单位安全生产工作中存在的问题提出批评、检举、控告。

4）拒绝违章指挥和强令冒险作业权。第四十六条规定，从业人员有权对本单位安全生产工作中存在的问题提出批评、检举、控告；有权拒绝违章指挥和强令冒险作业。生产经营单位不得因从业人员对本单位安全生产工作提出批评、检举、控告或者拒绝违章指挥、强令冒险作业而降低其工资、福利等待遇或者解除与其订立的劳动合同。

5）紧急情况下的停止作业和紧急撤离权。第四十七条规定，从业人员发现直接危及人身安全的紧急情况时，有权停止作业或者在采取可能的应急措施后撤离作业场所。生产经营单位不得因从业人员在紧急情况下停止作业或者采取紧急撤离措施而降低其工资、福利等待遇或者解除与其订立的劳动合同。

6）建议权。第四十五条规定，从业人员有权对本单位的安全生产工作提出建议。

7）获得符合国家标准或者行业标准劳动防护用品的权利。第三十七条规定，生产经营单位必须为从业人员提供符合国家标准或者行业标准的劳动防护用品，并监督、教育从业人员按照使用规则佩戴、使用。

8）获得安全生产教育和培训的权利。第二十一条规定，生产经营单位应当对从业人员进行安全生产教育和培训，保证从业人员具备必要的安全生产知识，熟悉有关的安全生产规章制度和安全操作规程，掌握本岗位的安全操作技能。未经安全生产教育和培训合格的从业人员，不得上岗作业。

（6）从业人员安全生产义务。作为法律关系内容的权利与义务是对等的，从业人员依法享有权利，同时也必须承担相应的法律义务和法律责任。《安全生产法》关于从业人员的安全生产义务主要有以下 3 项：

1）遵章守规，服从管理及正确佩戴和使用劳保用品的义务。

2）接受培训，掌握安全生产技能的义务。

3）发现事故隐患及时报告的义务。

2.《矿山安全法》

（1）立法的目的。《矿山安全法》于 1992 年 11 月 7 日由第七届全国人民代表大会常务委员会第二十八次会议通过，自1993年5月1日起施行。其立法目的是：防止矿山事故，保护矿山职工的人身安全，促进采矿工业健康发展，健全矿山法制。

（2）《矿山安全法》的主要内容。该法共8章50条。第一章总则、第二章矿山建设的安全保障、第三章矿山开采的安全保障、第四章矿山企业的安全管理、第五章矿山安全的监督和管理、第六章矿山事故处理、第七章法律责任、第八章附则。

主要内容包括矿山建设工程的安全设施必须和主体工程同时设计、同时施工、同时投入生产和使用；矿井的通风系统，供电系统，提升、运输系统，防水、排水系统和防火、灭火系统，防瓦斯和防尘系统必须符合矿山安全规程和行业技术规范；矿山企业职工有权对危害安全的行为，提出批评、检举和控告；矿山企业必须对职工进行安全教育、培训，未经安全教育、培训的，不得上岗作业；矿山企业安全生产的特种作业人员必须接受专门培训，经考核合格取得操作资格证书，方可上岗作业；矿长必须经过考核，具备安全专业知识，具有领导安全生产和处理矿山事故的能力；矿山企业必须对瓦斯爆炸、煤尘爆炸、冲击地压、瓦斯突出、火灾、水害、冒顶等危害安全的事故隐患采取预防措施；已投入生产的矿山企业，不具备安全生产条件而强行开采的要责令限期改进，逾期仍不具备安全生产条件的，责令停产整顿或吊销其采矿许可证和营业执照；矿山企业主管人员违章指挥、强令工人冒险作业，因而发生重大伤亡事故的，和对矿山事故隐患不采取措施，因而发生重大伤亡事故的，依照刑法规定追究刑事责任等。

以上这些内容都从矿山建设和开采的安全保障、矿山企业的安全管理、安全监督和管理及法律责任等方面做了法律界定和要求，无疑对规范矿山安全生产起到保障作用。

3.《煤炭法》

（1）《煤炭法》立法的目的。《煤炭法》于1996年8月29日第八届全国人民代表大会常务委员会第二十一次会议通过，1996年12月1日起施行。立法目的是合理开发利用和保护煤炭资源，规范煤炭生产、经营活动，促进和保障煤炭行业的发展。

(2)《煤炭法》的主要内容。该法共8章81条。第一章总则、第二章煤炭生产开发规划与煤矿建设、第三章煤炭生产与煤矿安全、第四章煤炭经营、第五章煤矿矿区保护、第六章监督检查、第七章法律责任、第八章附则。该法确立了坚持“安全第一、预防为主”的安全生产方针，提出了保障国有煤矿的健康发展；开发利用煤炭资源，应当遵守环保法律、法规，做到使环境保护设施与主体工程同时设计、同时施工、同时验收、同时投入使用；严格实行煤炭生产许可证制度和安全生产责任制度及上岗作业培训制度；加强矿区保护，加强煤矿企业监督检查，要求煤矿企业依法办事；维护煤矿企业合法权益，禁止违法开采、违章指挥、滥用职权、玩忽职守、冒险作业、依法追究煤矿企业管理人员违法责任等，该法对煤矿企业的健康发展具有重大意义。

4.《煤矿安全监察条例》

(1) 本条例的制定目的、主要内容和意义。本条例于2000年11月7日以国务院第296号令颁布，于2000年12月1日起施行。条例共有5章50条。该条例明确了煤矿安全监察制度、权力、地位、职责、监察内容、行政处罚种类、工作原则及与政府的关系等，是我国第一部较为全面的煤矿安全监察的行政法规，1999年12月20日国务院办公厅下发国务院关于我国煤矿安全管理监督体制改革实施方案，设立国家煤矿安全监察局负责煤矿安全监察，在20个省级地区设立省煤矿安全监察局、成立69个办事处，实行中央垂直管理。《煤矿安全监察条例》的制定满足了煤矿安全监察体制改革的需要，对煤矿安全监察机构开展工作，改变和促进我国煤矿安全状况根本好转具有重要意义。

制定《煤矿安全监察条例》的目的是保障煤矿安全、规范煤矿安全监察工作，保护煤矿职工人身安全和健康，促进煤矿健康发展。

（2）煤矿安全监察行政处理、处罚的种类。2003 年 8 月 15 日起施行的《煤矿安全监察行政处罚办法》对违法行为的处理、处罚主要有以下几种情况：

1）责令停止生产（施工）。责令停产没有具体的时间限制，只有当停止生产的原因得到解决方可恢复生产。

2）责令限期达到要求（改正）。如果在限期内达不到要求或不改正，则采取更严厉的处罚。

3）责令停产整顿。通常由有权作出该决定的机关作出整顿合格、恢复生产的决定。

4）罚款。责令有违法行为的单位或个人缴纳一定的金钱，属于经济制裁。

5）责令改正。在给予责令改正立即纠正其违法行为的同时，还可以并处罚款。

6）吊销煤炭生产许可证。没有煤炭生产许可证，就不能再进行煤炭生产活动。

7）各种行政纪律处分。可分别给予警告至开除的纪律处分。

8）追究刑事责任。已构成犯罪的，要依法追究其刑事责任。

5.《煤矿安全规程》

新版《煤矿安全规程》于 2004 年 10 月 18 日由国家安全生产监督管理总局局务会审议通过，2004 年 11 月 3 日以第 16 号令发布，自 2005 年 1 月 1 日起施行。2001 年 11 月 1 日施行的《煤矿安全规程》同时废止。

（1）《煤矿安全规程》制定的目的及意义。《煤矿安全规程》（以下简称《规程》）制定的目的，是保障煤矿安全生产和职工人身安全，防止煤矿事故。本次修订的《规程》，是在吸取近年来事故教训、总结一个时期以来工作经验基础上完成的。它的颁布和实施，对于改善煤矿安全生产基本条件，提高煤矿安全工作水平和技术装备，减少各类事故，遏制煤矿重特大事故的发生，保障煤矿职工人身安全和健康，具有十分重要的现实意义。

《规程》是我国指导煤矿安全生产和管理的最权威的一部技术规章，是国家关于安全生产方面的方针政策及法律、法规的具体化，体现了广大煤矿职工的切身利益。新版《规程》是贯彻落实“安全第一、预防为主”方针，贯彻落实《安全生产法》《煤炭法》《煤矿安全监察条例》《安全生产许可证条例》等安全生产法律法规的具体实现，是各类煤矿进行设计、建设、生产和管理必须遵循的安全准则。

(2) 新《规程》的特点。一是解决了《煤矿安全规程》法律地位问题。以国家总局（国家安全生产监督管理总局）令的形式颁布，使《煤矿安全规程》成为部门规章。

二是新《规程》对防范煤矿瓦斯爆炸作出了更加严格的规定，如“突出矿井、高瓦斯矿井、低瓦斯矿井高瓦斯区域的采煤工作面，不得采用前进式采煤方法”（第四十八条）；“必须按实际供风量核定矿井产量，严禁超通风能力生产”（第一百零四条）；“工作面必须有足够的新鲜风流，工作面及其回风巷的风流中的瓦斯和二氧化碳浓度必须符合相应安全标准”（第一百一十六条）等。这些规定都是为了防止不恰当的开采方式给矿井的瓦斯管理带来安全隐患。

(3)《规程》的主要内容。《规程》共有四编七百五十一条。第一编总则，规定煤矿必须遵守有关安全生产的法律法规、规章规程、标准和技术规范，建立各类人员安全生产责任制，即安全目标管理制度、安全奖惩制度、安全技术措施审批制度、安全隐患排查制度、安全检查制度、安全办公会议等制度。并要求“煤矿企业必须设置安全生产机构，配备适应工作需要的安全生产人员和装备”（第四条）。

新《规程》增加了设备、设施检查维修制度，即“煤矿企业必须建立各种设备、设施检查维修制度，定期进行检查维修，并做好记录”。

第二编井工部分，规定开采、“一通三防”管理、提升运输、机电管理、煤矿救护，以及爆破作业涉及的安全生产行为标准。

第三编露天部分，规范了采剥、运输、排土、滑坡和水火防治、电气及设备检修标准。

第四编职业危害，规定必须做好职业危害的防治与管理工作和职业卫生劳动保护工作，使职工健康得到保护。

(4) 关于群众监督、职工安全权利和安全培训的规定：

第五条：煤矿安全工作必须实行群众监督。煤矿企业必须支持群众安全监督组织的活动，发挥职工群众安全监督作用。

职工有权制止违章作业，拒绝违章指挥；当工作地点出现险情时，有权立即停止作业，撤到安全地点；当险情没有得到处理不能保证人身安全时，有权拒绝作业。

第六条：煤矿企业必须对职工进行安全培训。未经安全培训的，不得上岗作业。

(5) 关于编制矿井灾害预防和处理计划的规定：

第九条：煤矿企业必须编制年度灾害预防和处理计划，并根据具体情况及时修改。灾害预防和处理计划由矿长负责组织实施。煤矿企业每年必须至少组织一次矿井救灾演习。

矿井灾害预防和处理计划是指为了防止灾害的发生和一旦发生事故后，预先制定的抢险救灾方案。它是煤矿生产建设活动必不可少的安全管理措施。

第三节 对危害煤矿安全生产行为的法律制裁

对违反安全法规的违法者进行法律责任的追究（即法律制裁），是法律权威性、威慑力的具体体现。对于失职、渎职造成严重后果的，必须依法追究有关责任人员的法律责任，给予刑事、行政和民事制裁，才能有效保证安全生产。

一、行政制裁

由于过失或者没有履行工作职责造成安全事故，尚未构成犯罪的，对国家机关工作人员、国有企事业单位负责人，可根据情节追究有关责任人员的行政责任，即给予行政处分。行政处分包括开除公职、撤职、降级、记过、警告等。从现行的安全法规看，许多法规只是列出了违反某一规定对主管人员和直接责任人员由其上级主管机关或者监察机关给予行政处分，关于行政责任追究处分的等级并没有具体的量化标准。国务院颁布的《国务院关于特大安全事故行政责任追究的规定》和《危险化学品安全管理条例》，对违反法规行为的行政处分，作出了具体的量化标准，这是今后法律、法规发展和完善的必然趋势。

对国家机关工作人员、国有企事业单位负责人在安全生产工作方面的以下 4 种行为给予行政处分：

1. 对本辖区和本单位存在重大事故隐患不闻不问，放纵任其发展，以致造成伤亡事故的。

2. 不具备安全生产的条件，冒险蛮干，以致发生伤亡事故的，或经有关部门指出，并责令其改正，逾期仍未整改，发生伤亡事故的。

3. 疏于安全监督和管理，未按国家有关法律、法规和规章制度、程序办事，以致造成伤亡事故的。

4. 国家行政机关、中介机构未履行职责，或收受贿赂，弄虚作假，违规审批、许可、发证的，或者出具不实证书等，以致造成伤亡事故的。

国家安全生产监督管理部门在安全执法检查工作中，实施行政处罚是追究有关责任人员行政责任的另一种形式。行政处罚的种类有警告，罚款，没收违法所得、没收非法财物，责令停产停业，暂扣或者吊销许可证、暂扣或者吊销执照，行政拘留，法律、行政法规规定的其他行政处罚。

其中的罚款处罚适用于以下两种情况：第一种是在安全生产

活动中针对具体的违法行为，实施一定数额的经济处罚，一般处以 5 万元以下金额的罚款，最高处罚金额达 20 万元。《中华人民共和国职业病防治法》《危险化学品安全管理条例》中，最高已出现 50 万元的经济处罚，开始呈现重罚打击的态势。第二种是对扰乱正常的安全生产经营秩序的行为，根据违法所得实施倍数罚款，一般为 1 倍以上 5 倍以下的罚款。此外，一些法规还制定了加重处罚条款和数种违法行为合并处罚的规定，以及对当事人收到罚款通知书后，逾期不缴纳的，加收滞纳金的处罚规定。

二、民事制裁

根据《安全生产法》等法规应追究民事责任的情况有：

1. 承担安全评价、认证、检测、检验工作的机构出具虚假证明，给他人造成损害的，与生产经营单位承担连带赔偿责任。

2. 生产经营单位将生产经营项目、场所、设备发包或者出租给不具备安全生产条件或者相应资质的单位或者个人，导致发生生产安全事故，给他人造成损害的，与承包方、承租方承担连带赔偿责任。

3. 生产经营单位发生生产安全事故造成人员伤亡、他人财产损失的，应当依法承担赔偿责任。

4. 因生产安全事故受到损害的从业人员，除依法享受工伤社会保险外，依照有关民事法律尚有获得赔偿权利的，有权向本单位提出赔偿要求。

三、刑事制裁

2006 年 6 月 29 日第十届全国人民代表大会常务委员会第二十二次会议通过了《中华人民共和国刑法修正案（六）》，该修正案自公布之日起施行。

修正后的《刑法》中“第二章　危害公共安全罪”对煤矿安全生产犯罪的刑事制裁规定主要有：

第一百三十四条　在生产、作业中违反有关安全管理的规定，因而发生重大伤亡事故或者造成其他严重后果的，处三年以下有期徒刑或者拘役；情节特别恶劣的，处三年以上七年以下有期徒刑。

强令他人违章冒险作业，因而发生重大伤亡事故或者造成其他严重后果的，处五年以下有期徒刑或者拘役；情节特别恶劣的，处五年以上有期徒刑。

第一百三十五条　劳动安全设施不符合国家规定，经有关部门或者单位职工提出后，对事故隐患仍不采取措施，因而发生重大伤亡事故或者造成其他严重后果的，对直接责任人员，处三年以下有期徒刑或者拘役；情节特别恶劣的，处三年以上七年以下有期徒刑。

第一百三十九条之一　在安全事故发生后，负有报告职责的人员不报或者谎报事故情况，贻误事故抢救，情节严重的，处三年以下有期徒刑或者拘役；情节特别严重的，处三年以上七年以下有期徒刑。

复习思考题

1. 我国煤矿安全生产方针的含义是什么？提出这一方针有什么重要意义？

2. 试述我国煤矿安全生产法律法规体系的组成。

3. 《安全生产法》规定的从业人员的安全生产权利有哪些？

4. 《安全生产法》规定的生产经营单位主要负责人的六项责任是什么？

5. 《矿山安全法》立法的目的是什么？

6. 《煤矿安全监察条例》的立法背景和制定目的是什么？

7. 新《规程》有什么新的特点？

8. 《刑法》中对危害煤矿安全生产有哪些相应的主要规定？

第二章　煤矿事故致因中人的生理心理因素

第一节　事故致因中人的因素概述

一、人的因素在事故致因中的地位

许多调查和统计结果表明，在构成伤亡事故的人与物两大因素中，人的失误占主要地位。国内外大量的调查统计表明，由于以人的不安全行为为主而导致的事故占事故总数的70％～90％。据我国工伤统计资料表明，我国企业工伤事故产生的原因，60％～85％与人的不安全行为有关（见表2—1）。

表2—1　　我国各行业人因事故比例表

行业名称	人因事故的比例
道路交通	57％（完全由人为引起）
	90％（包含人的因素）
航空	70％～80％
核电	60％以上
石油化工	60％以上
矿山	85％

据统计，在煤矿事故中，由于各种“违章”行为而发生的事故占事故总数的绝大部分。如淮北矿业集团对历年死亡事故的统计分析表明，90％以上的事故是因“三违”造成的。这些数据说

明，在我国煤矿事故中人的因素占主要地位。

我国原煤炭工业部曾做过统计，在煤矿事故中，由于各种“违章”行为而发生的事故占事故总数的64%。尽管用“违章”难以揭示其中包含的无意性失误的实质，但这些数据说明，在煤矿事故中人的因素占主要地位。

二、事故的一般致因模式

1. 导致事故发生的基本因素

所谓事故，在一般意义上是指“一起可能涉及伤害的，但非预谋性的意外事件”。在人类生活的各个领域，在家庭中、路途上以及工作和游戏之际都可能发生事故。工业事故则是在工业生产过程中发生的并导致一定损失（包括人员伤亡和财产损失等）的意外事件。导致人员伤亡的事故（称为伤亡事故）是人们研究工业事故的主要对象。

导致事故发生的原因是极为复杂的，不同性质、不同类别的事故具有不同的原因，而每一起事故在致因方面又有其各自的特殊性。但就一般情形而言，一起事故的致因不外乎人、物（包括环境）、人与物这三个基本因素。其中，首要因素是人，人的因素是核心因素，亦是决定因素。下面我们就从这3个方面进行分析。

（1）人的作业可靠性因素。可靠，通常是指“可以信赖的，可依靠的”。作业可靠性是指作业者（或操作者）能在规定的条件下和规定时间内按照作业规范持续地工作的特性。“作业者”的范围，在广义上还应包括生产指挥人员。

作业可靠性的程度（可称之为作业可靠度）可以用作业者的失误率来度量。这里，失误包括所有类型的人为失误（如各种有意的不安全行为和无意性的失误）。作业可靠度与失误率两者成反比关系。就是说，较高的作业可靠度意味着较少发生失误，反之，较低的作业可靠度则表明失误率较高。

在人机系统中，人相对于机器来说，虽然具有创造思维能力、对意外情况具有灵活的应变能力等机器所无法比拟的优点，但同时又有明显的缺点，即常表现出较低的作业可靠度。人不像机器那样能够严格按照设计的性能和预定的程序进行作业（当然机器也存在可靠性问题，也会出现故障，但这在很多情况下又与人的因素有关，如设计不周，制造质量较低，使用不当和缺乏维护等）。然而这并不是说人不可能达到较高的作业可靠度，而是说由于人容易受各种内部和外部因素的干扰，使心理和行为失去稳定性，从而表现为作业可靠度的降低。

影响人的作业可靠性的因素很多，常见的内部干扰因素和外部干扰因素见表 2—2。

表 2—2　　影响作业可靠性的内部干扰因素和外部干扰因素

内部干扰因素	1. 不良的生理、心理状态，如疲劳、情绪波动（如愤怒、恐惧、惊慌、时间紧迫感等）、注意分散或不注意、睡眠不足或大脑觉醒水平低、生理节律低谷期 2. 个性心理特征（如能力、气质、性格等）中一些与职业的不适应因素或不良因素 3. 遗传生理、心理缺陷或患有身体和精神疾病等 4. 安全知识、技能训练水平和工作经验方面的欠缺 5. 安全意识差、职业道德和价值观上的缺陷等
外部干扰因素	1. 不良的自然环境，如噪声、振动、高温或低温、高湿、照明不足、粉尘或烟雾、有害有毒气体、生产空间狭窄或布置不合理 2. 不良的社会环境，如管理行为恶劣或不当、不良的价值观、安全文化上的缺陷，安全管理松弛及法律与制度方面的缺陷等 3. 操作系统，信号装置、仪表等的设计存在安全人机工程学上的不合理因素 4. 工作岗位、工种或场地的变动 5. 过高的工作负荷，如作业强度过高，劳动时间过长，作业姿势的限定等 6. 个人生活中的变动因素，如亲友亡故，家庭纠纷或变故 7. 药物、毒物（包括酒精）等作用于人体而造成的影响 8. 文化教育、安全教育培训不足

一个操作者可靠性的高低，取决于其所受的总的干扰因素的强度和数量。但在内部和外部两方面的干扰因素中，“内因”是

根本原因，“外因”是第二位的原因，符合“内因是变化（可靠性降低）的根据，外因是变化的条件，外因通过内因而起作用”的原理。当然在一些特殊情况下（如外部干扰因素很强时）外部因素也可能起决定作用。一般地说，如果内部干扰因素较少（主要是心理素质和技术素质方面），那么可靠度就会较高，反之则相反。

因此可以说，不同的人其总的可靠度的高低是不同的。而对某个具体的操作者而言，在不同的时期，由于他所受的干扰因素的强度和数量不同，其可靠度也不同。这里，我们不难想到，如果一个作业者受到的干扰因素较少，他的可靠度必定会较高。换句话说，如果在安全工作中努力减少或消除作业者内外的干扰因素，也必然会提高其作业可靠度，从而减少事故发生的可能性。

（2）生产现场中的致创因素。致创，即导致创伤，包括导致伤亡和疾病。我们把有可能导致生产创伤的各种因素均称之为致创因素。也可以把致创因素看做创伤事故的各种致因的总称，它主要包括两个方面的因素，即人的心理和行为因素和“物”的因素。“物”的致创因素也就是这里要说的“生产现场中的致创因素”。在狭义上也可称之为“危险源”或“致创源”。

工业生产总是在一定的空间中进行的，即生产空间或生产现场。如煤矿井下的各种巷道、工作面，工厂的车间、厂房及其他与生产流程有关的场地。在一般情况下，生产空间常常布置很多机器或加工设备、各种管线和运输设备，还常放有生产使用的原材料及产品等，在包括人力在内的各种形式的动力源的作用下，便构成不断运行的生产系统。

煤矿生产作业中的危害源及致创因素即导致身心创伤的起因（以下简称致创因素）。指生产过程中存在的可能发生意外释放的能量或危险物质、有害环境因素和易导致心理性伤害的因素。根据致创因素性质的不同可分为 4 种，列举如下：

1）可能导致伤害的能量，如瓦斯积聚、有冒落危险的顶板或煤岩壁、透水、明火，电缆漏电或裸露的带电体，与人员无隔离的运动中车辆及其装载物、暴露的设备运转部件，放炮崩出的煤或岩石等。

2）可能直接导致身体创伤的物体或场所，如不稳固（易倾倒、掉落、弹出等）的支架、工具、设备、设备部件、材料，地面不平、积水或湿滑，有坠落危险的工作地点、乘坐物或蹬踏物，工作场所尖锐锋利的突出物等。

3）矿井生产和建设中有危害的环境因素和物质，如危险的大气环境（如瓦斯、煤尘、岩尘、烟雾、CO、H_2S等有毒有害气体及缺氧）、噪声、振动、照明与通风（新鲜空气供应）不良，空间狭窄、杂乱，放射性、电磁性、腐蚀性、生物性危害及其他有毒有害物质等。

4）易导致心理性伤害的因素，如心理压力过大或过度应激，精神刺激性环境或事件，心理、生理异常状态下作业等。

煤矿是致创因素最多的生产现场之一，这些众多的致创因素构成了煤矿事故致因的“物”的方面。

2. 伤亡事故的时空结合发生模式

人的失误与生产现场的致创因素而致人体与致创源在时空上的结合是导致伤亡事故发生的基本模式。

显而易见，生产现场中的致创因素（以下简称致创因素）亦是事故发生的必要条件。如果不存在致创因素，事故就不会发生；但是，致创因素是相对于人的活动而言的，如果人不可能接触到它，也就不成其为致创因素。也就是说，各种致创因素在不与人体接触时，不会构成危险或造成事故。为此，人们在机器或工程设计阶段就考虑增设了各种防护装置或用具，使人接触不到致创因素，或当人发生失误时，由于多重保安措施的作用，亦能避免构成危险或人体危害。但目前，现有的防护技术还不能完全有效地消除所有的致创因素，在许多生产部门（如煤矿等）有很多致创因素还难以有效地消除。而且，任何防护装置或设施都需要人们经常的检查、检测和维修，才能保持其有效性（比如，某煤矿跑车事故，现场虽设有多重保安装置，但无一有效发挥作用，结果导致多人伤亡的重大事故）。因此，各生产部门对几乎每一工种都制定有严密细致的作业规程和安全管理制度，以规范人的行为，强制作业人员按照符合安全要求的程序进行作业。如果作业者能够严格按照这些作业规程去工作（即保持高度的作业可靠性），即使在致创因素很多的生产现场，保证安全生产一般也是没有问题的。然而，有些作业人员常常会受各种内外因素的影响，而发生各种有意的不安全行为或无意性失误。而当这些不安全行为或失误在时空上与致创因素结合时，便会导致创伤的发生。这是绝大多数事故的致因模式。

应当指出的是，有许多致创因素与人的作业可靠度降低是互为因果的。一方面，人的失误或不安全行为是产生致创因素的重要原因。比如，为了图方便而拆除安全装置或设施，或将设备、物料、产品安装或放置于不适当的位置，为了求速度或追求一时的经济利益而降低工程和生产用材料的质量或故意以危险的方式作业等，从而人为造成致创因素。反过来讲，有些致创因素也直接导致人的作业可靠度的降低，或者说导致人的失误，引发不安全行为。如恶劣的生产环境，像强噪声、高温或过冷、刺激性气体等，会使人的生理和心理机能紊乱，情绪失常，产生急于摆脱困境或险境的动机等而引起各种无意性失误的增加和故意性不安全行为的发生。

综上所述，导致事故发生的基本因素主要有3点，即人的作业可靠度的降低、生产现场致创因素的存在以及两者在时空上的结合。其中，任何一个方面的改善或消除都会减少或阻止事故的发生。不过，我们应该最终确立这样一个基本观点：生产活动的主体是人。安全生产的好坏或者说事故发生率的高低，人是决定性因素。

第二节 煤矿事故致因中的生理因素

一、疲劳因素

1. 疲劳的性质与特点

劳动者在连续工作一段时间以后，会有疲惫和机能衰退现象，这就是疲劳。疲劳是一种正常的生理、心理现象。从生理学的观点来看，疲劳和休息是能量消耗与恢复相互交替的机体活动。疲劳与休息的合理调节，可以使人体的感觉器官、运动器官与中枢神经系统的机能得到锻炼、提高。在适度的范围内，疲劳对人体并无害处。但是，如果由于工作负荷过重及连续工作时间过长，造成过度疲劳，就会严重影响人的心理活动的正常进行，造成人体生理、心理机能的衰退和紊乱，从而使劳动效率下降、作业差错增加、工伤事故增多、缺勤率增高等。

现在，疲劳对安全生产的影响已引起人们广泛的重视，已有人把疲劳称之为工业事故中具有头等重要性的因素之一，同时也是国际上工业安全方面一个长期研究的重点领域。煤矿工人的作业活动较之其他行业在劳动强度上更大，而且条件艰苦，其疲劳对安全生产的影响更为突出，所以应该更加重视。

2. 人在疲劳时的生理、心理状态

根据前苏联心理学家列维托夫对疲劳的研究，人在疲劳时的生理、心理状态包括以下几个方面：

（1）无力感。当劳动生产率还没有下降的时候，工人已经感到劳动能力有所下降，这就是疲劳反应。劳动能力下降表现为一种特殊的难受感觉和缺乏信心。工人感到无法按照规定的要求继续工作下去。

（2）注意力的失调。注意力乃是最易疲劳的心理机能之一。在疲劳状态下，注意力容易分散，并表现为怠慢、少动，或者相反，产生杂乱的好动，游移不定。

（3）感觉方面的失调。在疲劳的情况下，参与活动的感觉器官功能会发生紊乱。如果一个人不间歇地长时间读书，他会感到眼前的字开始变得模糊不清。听音乐时间过长，高度紧张，会丧失对曲调的感知能力。手工工作时间过长，会导致触觉和运动觉敏感性的减弱。

（4）记忆和思维故障。与工作相关的领域都会直接出现这种故障。在过度疲劳的情况下，工人可能忘记操作规程，把自己的工作岗位弄得杂乱无章。脑力劳动造成的疲劳尤其有损于思维过程，然而在体力劳动造成疲劳的情况下，工人也经常抱怨自己的理解能力降低和头脑不够清醒。

（5）意志减退。疲劳状态下人的决心、耐性和自我控制能力减退，缺乏坚持不懈的精神。

（6）睡意。疲劳能够引起睡意。这种情况下，睡意是保护性抑制反应。人工作得疲惫不堪，睡眠的要求会变得强烈，以致任何姿势下都能入睡。在实践中我们有时会看到，在连续工作时间太长而疲劳至极时，人会毫无警觉地突然入睡。这种情况对正在从事致创因素较多的工作现场的作业人员来说十分危险。如在矿井下从事采、掘工作的矿工，各种车辆司机等。

3. 疲劳与煤矿作业安全

作业疲劳现在是国际公认的主要事故致因之一。如前所述，作业疲劳可使作业者产生一系列精神症状和身体症状，这样就必然影响到作业人员的作业可靠性，并常因此引起伤亡事故。

煤矿生产工作条件艰苦，劳动强度大，而从事井下生产作业的矿工，又多兼顾农业生产，因此，疲劳在我国煤矿事故发生的原因中占有突出地位。因此，应针对造成劳动者疲劳的各种因素，采取有效的措施，努力改善劳动条件，减轻繁重的体力劳动。一方面，严格控制加班加点、延长劳动时间，以防止工人过度疲劳，减少事故的发生。另一方面，还可以实行多次短暂的工间休息的办法，以调节工作与休息的节奏，不使疲劳过度积累。更应尽量为矿工创造工余休息的条件，如热水浴、各种临时休息室以及旅馆化的矿工公寓等，以保证工人能很快地消除疲劳。

来自生产一线的调查表明，过度疲劳时的最大危险主要源于反应迟钝和动作不准确，在工人遇到危险信息时往往不能及时发现，或发现了不能快速地作出反应。而在实际的危险发生时，躲避生命危险的时间常在几秒钟之内。

可见，疲劳与煤矿安全是密切相关的。防止过度疲劳也是安全生产的关键之一。

二、睡眠失调

在人们的日常生活和工作中，各种外界（如倒班工作）和内在（如生理和精神的病理状态）的原因都可以在某种程度上引起人脑活动昼夜节律的破坏，即觉醒与睡眠关系的失调（简称睡眠失调）。根据对许多由于睡眠不足导致的事故的分析，在睡眠不足的状态下，易于发生下列变化：①注意集中困难，以致不能全面了解操作系统的情况，忘掉作业程序中的某些环节或出现多余动作；②感觉迟钝，甚至发生错觉，思想混乱，动作准确性降低，即使努力加以控制亦难以做到，有力不从心的感觉；③意识清醒程度（觉醒水平）下降，疲乏无力以致出现打瞌睡的情况，睡眠不足特别是由此造成的瞌睡状态，是很多事故的直接原因。

第三节　煤矿事故致因中的心理因素

一、感觉

1. 感觉的概念

感觉是指客观事物作用于感觉器官，在脑中对这个事物的个别属性的直接反映。感觉是最初级的心理现象，我们认识世界首先要从感觉开始。人借助于感觉，感知事物的各种不同属性，如颜色、气味、形状、温度等。感觉也使人知道自己身体所发生的变化，如躯体的运动和位置以及内部器官的状态——疼痛、饥饿等。

感觉虽是一种最简单的心理现象，但只有通过感觉我们才能获得外界的各种信息。一切较高级较复杂的心理现象如思维、情绪、意志等，都是在感觉获得材料的基础上产生的。一个人如果丧失了全部感觉器官，就无法接受外界的信息，无法与外界保持联系，不能同周围的人们交往，也就不能工作，更不能避开各种危险，实际上也就无法生存。

煤矿的安全作业要求具有较高的感觉能力，特别是井下作业中一些不安全因素较多的生产岗位，较高的感受性有利于察觉一些微弱的信息，尤其是一些危险征兆，以便及时有效地防止事故发生。所以要通过科学管理，改善作业环境和从业人员的生理心理状态，努力避免以上各种影响因素。

2. 感觉的种类

我们要认识周围世界，同外界保持接触和联系，首先要通过感觉。人们通过各种不同感觉器官来获得包括自身机体状态在内的各种信息。接受机体外部刺激，反映外部属性的感觉有视觉、听觉、嗅觉、味觉和触觉（皮肤觉）；接受机体内部刺激，反映躯体位置和运动平衡及内脏不同状态的感觉有运动感觉（对身体各部分运动和位置的感觉，其感受器在肌肉、肌腱和关节中）、平衡感觉（反映身体在空间的位置，其感受器分布在内耳前庭器官中）、内脏感觉（反映内脏的活动信息，如饥饿、温度、痛觉等）等。

3. 有关矿井危险信息的感觉特征与判断

（1）早期发现矿井火灾。人们在长期的煤矿安全生产实践中，总结出根据自己的感觉来觉察煤炭自燃初期的有关征兆，例如：

1）视觉信息。煤炭氧化自燃初期生成水分，往往使巷道内湿度增加，出现雾气或在巷道壁挂有水珠，浅部开采时，冬季在地面钻孔或塌陷区处发现冒出水蒸气或冰雪融化的现象。

2）嗅觉。煤炭从自热到自燃中，氧化产物内有多种碳氢化合物，并产生煤油味、汽油味、松节油味或焦油味等气味。经验证明，当人们嗅到焦油味时，煤炭自燃已经发展到一定的程度了。

3）温度感觉。煤炭氧化自燃过程中要放出热量，因此，从该处流出的水和空气的温度比正常时高。

4）疲劳不适感。煤炭氧化自燃过程中从自热到自燃阶段都要放出有害气体（如 CO_2、CO 等），这些气体能使人感到闷热、不舒服，并有精神和体力疲劳感。因此，当井下出现这种现象时，要结合具体情况，认真分析，如果是多数人的感觉，那更要提高警惕、查明原因，以防煤层自然发火。对于其他类型火灾，人的感觉也是早期觉察危险信息的重要途径。

（2）突水预兆的感觉特征。在各类突水事故发生之前，一般均会显示出多种突水预兆，如：

1）煤层变潮湿、松软，煤帮出现滴水、淋水现象，且淋水由小变大；有时煤帮出现铁锈色水迹。

2）工作面气温降低，或出现雾气或硫化氢气味。

3）有时可听到水的“嘶嘶”声。底板破裂，沿裂缝有高压水喷出时，常伴有“嘶嘶”声或刺耳水声。

4）沿裂隙或煤帮向外渗水，随着裂隙的增大，水量增加，当底板渗水量增大到一定程度时，煤帮渗水可能停止，此时水色时清时浊，底板活动时水变浑浊、底板稳定时水色较清。

5）底板发生“底爆”，伴有巨响，地下水大量涌出，水色呈乳白或黄色。

水灾和火灾都是对煤矿职工生命安全威胁极大的事故类型，而人凭感觉能在早期发现这些重大灾害。因此可以说，人的正常良好的感觉功能对煤矿安全生产是十分重要的。当然，由于人的感觉敏锐性与人的生理、心理状态和感知能力的高低有很大关系，所以除了人的直接感觉之外，还必须使用仪器仪表进行监测。

二、注意的心理规律与作业安全

1. 注意的概念

注意是心理活动对一定对象有选择地集中。因为人在同一时间内不可能感知摆在面前的所有对象，只能感知环境中少数的对象。人要对事物获得一个清晰、深刻和完整的反映，就需要使心理活动有选择地指向有关的对象。

人的注意的心理机能对保障煤矿安全生产极为重要。没有注意，我们的感觉和知觉就会模糊不清，甚至无法对生产环境的信息产生感觉，因此也就不会作出有效的反应，或完成正确的操作。而注意力不集中时人的判断就易于失误，一切行动就失去协调和准确性。

2. 注意的种类

（1）无意注意。无意注意也叫不随意注意，它是人在没有任何意图和意志努力的情况下产生的注意。比如，一个人在大街上行走，前方树立着一块颜色很鲜艳的广告牌，他便不由自主地去看它的内容，这便是无意注意。

（2）有意注意。有意注意又叫随意注意，它是一种自觉的、有预定目的的，并经过意志的努力而产生和保持的注意。例如青年工人在开始学习机器操作的时候，对于操作过程还没有掌握，操作动作还不熟练，稍不注意就会出现失误或发生事故。因此他必须经过意志努力集中注意，即进行有意注意。在生产劳动中，主要靠有意注意来保证操作活动的正常进行，只有自觉地集中自己的注意，排除一切内外因素的干扰，才能够专心于工作，及时发现和处理各种异常现象，确保安全生产和保证工作质量。

3. 注意的特征

注意的特征主要包括注意的广度、注意的分配与转移、注意的稳定性。

（1）注意的广度。注意的广度也叫注意的范围，它是指在同一时间内所能清楚地注意到的对象的数量，例如人对一定范围的观察对象能一目了然。人的注意范围是有一定限度的，并且人和人之间也有差异。

注意广度在人的生活实践中有很重要的意义。注意范围的扩大，有助于一个人在同样的时间内接收更多的信息，提高工作效率或及时发现掌握更多的情况。

（2）注意的分配与转移。在需要同时进行两种或多种活动的时候，能把注意分配于不同的对象，叫做注意的分配。如汽车司机在驾驶时既要注意观察前方的路面、车辆及行人的情况，又要转动方向盘、脚踏油门、踏刹车、踩离合器等。注意的转移则是指把注意从一个对象转移到另一个对象上。例如，驾驶员在行驶过程中，如果突然发现险情，就会把注意力从其他方面移开，立即把注意集中在处理险情上。

注意的分配与转移特征，也叫注意的灵活性，它对每个人并不相同。有的人很善于分配自己的注意（所谓眼观六路，耳听八方），注意的转移也比较迅速，而有的人就相对差一些。注意的灵活性并非生来所固有的，它与人的工作熟练程度、经验和个性心理特征有关，通过有意的训练可以改善。

（3）注意的稳定性。注意的稳定性是指注意长时间地保持在感受某种事物或从事某种活动上，即长时间专心致志地做某种工作而不受其他无关事物的影响。注意的稳定性对安全生产有极为重要的意义，脑子好“开小差”的人容易出事故。例如，从事仪表监视工种的工人，在工作时必须长时间集中注意仪表运转的情况，以保证生产的正常进行并及时发现异常情况。许多生产事故的发生，往往是由于注意不集中造成的。

注意的稳定性并不是每个人都相同的，它与人的个性及工作责任心有关，还常常跟一个人的主体状态有关。例如在失眠、疲劳、生病或有别的事情挂念时，注意不易稳定。

4. 注意的规律在煤矿安全生产中的应用

注意这一心理现象，在煤矿安全生产中有着极为重要的意义。关于注意的规律在安全生产中的应用，本书主要讨论以下几个问题。

(1) 无意注意规律的应用。前面内容中关于产生无意注意的条件的规律，在煤矿安全生产中有重要的应用价值。比如，为了易于产生无意注意，井下各种设备、设施的表面（特别是运动的机械、车辆及设备的突出部分等）应涂成明亮度较高的浅色调的颜色（如白色、浅黄色、浅红色等），以便与灰黑色调子的四壁背景区别开来。这样矿工在无意中就能注意到它们并很容易分辨它们的形状和动态，因此可避免伤害事故。其次，井下的禁止标志、危险或警告标志除应采用国家规定的颜色（红、黄）和图案外，还应根据井下的特殊性增加照明等措施，以利于引起注意。在各种安全宣传栏的设计上，除了用鲜明的颜色外，还可运用多种颜色相间的色块、线条来求变化，以起到引起无意注意的效果。再者，矿工的安全帽、服装等也应采用与灰黑色背景较易分辨的颜色，以便于工友间的互相照应，或有利于放炮清场，或在救护工作中易于发现人员。煤矿曾发生过多起由于在放炮清人时未发现睡觉的人员（沾满煤粉的深色服装是很难分辨的），而发生伤亡事故的例子。此外，井下各种声光信号均应设计成富有变化的形式，以引起人们的无意注意。

(2) 注意的分配与转移在煤矿安全生产中的应用。注意的分配和注意的转移在煤矿安全生产中均有十分重要的作用。

在煤矿井下生产现场，采掘工作面的冒顶、落矸或煤壁片帮等情况时有发生，现场工作人员的注意分配与转移品质（或注意的灵活性）很重要。只埋头于手中的工作而不把注意力适当地分配于顶板和煤壁的观察，一旦发生险情又不能立刻把注意转移到处理险情上，就有可能突然地发生事故。例如，采煤机司机在工作面割煤时，既要注意滚筒的高低程度（上面割得过高会割到顶板或割到铁丝网前探梁，造成冒顶或设备损坏；下面割得过低，会造成采高过大，给推溜或支护带来困难），同时又要注意防止滚筒转动时飞出的煤块伤人。还要注意输送机的运转情况和周围人员的活动情况，以避免人员因采煤机致伤等。

在注意的转移方面，如在生产劳动中，从手中正干的工作突然转移到另一件工作时，要是不能迅速地将注意集中于新的活动，就很容易出现差错。这里还要提出一个较重要的问题——“慎始而善终”的劳动规范。在一个工作班次或完成一项特定任务的时间进程上，有这样一种现象，即工作一开始时，注意不易及时完全地转移到工作状态；而在工作将要结束时，往往又相反地过早转移到下班后的事务上。这两个转移点都容易使人产生“忽略性”失误。这种“人已到而心未至，人未走而心先离”的现象在实践中也确实证明了有它的危害性。如有调查表明，在临下班之前和刚接班不久（或一个新的工作面开始生产时）发生的事故所占的比例较大。因此，我们提出在工作中要“慎始而善终”。在煤矿安全工作中，除了在安全教育中应强调这一点之外，特别是生产的指挥员，要发挥提醒、强调和引导、示范的作用。

(3) 培养良好的注意品质。良好的注意品质对安全生产有着极为重要的意义。“注意不能集中于正在从事的工作”是事故发生的一个很重要的直接原因。一位在井下干了30年采煤工作而未出过事故的退休工人，曾告诉人们一个“秘诀”，即“遵章守纪，专心干活”。“专心”两字，显然是指注意的集中或注意的稳定。但是，保持注意的稳定也是有条件的，除了要有强烈的工作责任心外，还要保证充足的睡眠和稳定健康的情绪。另外要注意劳逸结合，适当进行体育锻炼和娱乐活动，保持身体健康。

此外，在工作过程中还应掌握调节注意紧张度的技巧。注意的紧张度就是注意的集中程度。在一般情况下，人的注意力很难长时间地保持高度集中，而是呈现出某种波动性。持续紧张的注意集中，会使注意力产生“疲劳”，导致注意集中困难。因此，这里存在一个如何调节注意的节奏问题。比如，操作者在机器运转正常、平稳时，可以适当松弛一下注意，降低一下注意的紧张度，以保持长时间注意，稳定地工作。

三、情绪与煤矿安全生产

1. 情绪的概念

人们在认识世界和改造世界的活动中，不但认识了客观事物而且还表现出不同的好恶态度。对这些态度的体验就是情绪。喜、怒、悲、恐等是一些最基本的情绪。

人对客观事物采取的不同态度，是以某事物是否满足人的需要为前提的。客观事物对人的意义，也往往与它是否满足人的需要有关。凡是能直接或间接满足人的需要或符合人的愿望的事物，就会引起喜爱、快乐的情绪；凡是不能满足人的需要或违背人的意愿的事物，则会引起悲哀、愤怒、憎恨等情绪。至于那些与人的需要毫无关系的事物，一般对它抱着既不厌恶、也不喜欢的“无所谓”态度，它们不能引起人的情绪。

综上所述，情绪是由客观事物是否符合人的需要而产生的，是人对客观事物所持态度的体验，这种体验反映着客观事物与人的需要之间的关系。

2. 情绪的两极性及其对安全的影响

情绪的两极性首先表现为肯定和否定的对立性质。几乎每一种情绪都是与人们的肯定和否定的内心体验相联系的。例如，满意、喜悦、快乐和喜欢等，都是肯定性质的；反之，不满意、痛苦、忧愁、悲哀和厌恶等都是否定性质的。情绪的两极性除了从性质上分为肯定和否定之外，从情绪所起的作用方面还可以分为积极和消极两种。积极的情绪可以明显地提高人的活动能力，起着“增力”作用。如愉快的情绪使人精神焕发、干劲倍增。“人逢喜事精神爽”指的就是这类积极的体验。消极的情绪如悲哀、忧伤会削弱人的活动能力，起着“减力”作用，它使人丧失活动的积极性，工作效率降低并且容易出差错。在生产劳动中，积极、稳定的情绪会使人思维活跃、精力饱满、责任心增强，并且不易疲劳，因此是安全生产的有力保证。

另外，情绪高涨和情绪低落也是情绪两极性的一种表现形式，并且与安全生产有密切关系。人在情绪低落时，主要表现为精神不振、心灰意懒，对周围事物的兴趣明显降低，意志减退，特别是注意范围狭窄，精神往往时刻被不愉快的事所缠绕，甚至外界很强烈的危险信息都不能引起注意。显然，人在这种情况下操作对安全将极为不利，因为情绪低落者很难集中注意于当前的工作，很容易导致错误操作而发生事故。再者，当出现意外危险时，也不易发现危险信号和想起应该采取的措施。与此相反，人在情绪高涨时，兴高采烈，浑身是劲。但这时人的注意范围同样会缩小，因为人在很兴奋时，大脑皮层的有关部位会产生很强的兴奋区，而这时其他部位则会受到较强的抑制。因此在这种情况下，对安全操作同样是很有害的。

关于情绪的两极性与安全的关系，在我国谚语中有“乐极生悲”和“祸不单行”的说法。“乐极生悲”蕴涵着中国古代哲学的观点，即“物极必反”，它反映了当事物发展到它的顶峰时，便会走向它的反面。它也反映了高度兴奋的情绪易使人发生失误，从而会导致事故的规律。这在生活和生产中屡屡得到证实。德国学者赫尔泽根据法国部分企业的调查结果，指出当人们处在特别兴奋状态时发生职业伤害的可能性提高。由于个人生活中的幸运而使人处于高度兴奋状态时，会使操作者忘乎所以，注意力不集中，忽视作业中的安全要求，就可能发生事故。

与“乐极生悲”相比，“祸不单行”在一般人的头脑中则具有一些迷信色彩，好像有某种看不见的力量使人们一祸必连二祸。其实，这里面毫无迷信之处，它同样反映了情绪与安全的关系。显而易见，人在发生灾祸之后，必然会导致情绪的低落，甚至是极度的悲哀和忧伤，在这种情绪状态下，当事者易于发生个人伤害等事故也在情理之中。

四、生产作业过程中常见的不安全心理因素

1. 侥幸心理

侥幸心理是一种在工作和生活中都广泛存在的心理现象，从性质上讲，应该是一种趋利意识作用下的投机心理，而这种心理又往往是冒险行为的主要心理因素构成成分。

在煤矿生产中，侥幸心理有着极其严重的危害性。在这种心理的支配下，人们可能为了省一点力气、少用点时间或多挣一些奖金而甘愿冒险违章作业（即不安全行为）。

侥幸心理的产生原因有主观原因和客观原因。

主观原因主要是趋利意识，这也是侥幸心理的根本原因。趋利避害在人的意识中普遍存在，但基于侥幸的趋利是许多悲剧的主要原因。

常见的主观原因，即趋利动机有图省劲、图省时、多挣钱等。

客观原因主要是冒险行为与事故之间的相对小概率决定的。或者说，人们虽然曾看到或听说过很多伤亡事故，但在实际的生产作业中并不是每一次违章冒险都出现事故，有时很多次违章也没出事故，因此风险评估会较低。这使人产生“这次违章冒险作业也会不出事故”的侥幸投机心理。虽然其并非完全没有冒险感觉，但总是想着“不幸（或意外）也许不会落在我身上”“不会正巧我们这次（不安全行为）赶上出事”。

海因里希曾对几十万起工业事故进行过统计，得出“1：29：300”的“海因里希法则”，即在330起冒险经历中，必有一起重伤或死亡以上的重大灾害，有29件轻伤事故，还有300件无伤亡有惊无险的冒险。当然煤矿事故可能与此有较大差别，估计应比此数严重。众所周知，当现实生命危险就在面前时，人们都会本能地采取回避行动。然而，当某种冒险行为被行为者评估为具有较小的风险率时，侥幸心理便产生了。正是这种侥幸心理

的存在，导致了众多的悲剧。这是概率性法则的必然结果。正如煤矿职工总结出的一句谚语：“闯侥幸庆侥幸万幸终不幸”。这可谓是从产生侥幸心理到冒险行为再到伤亡事故发生所经历程的经典描述。煤矿劳动强度高，工作时间长，安全行为（或遵章作业）需要耗费更多的体力和时间，而采取违章作业方法却可能省时省力，如果冒险作业多出了煤，也能增加收入。这一结果，大大削弱了安全行为的动机，并促使侥幸心理的产生，而且由于多次重复，其“得益”的冒险经历会使冒险行为得到强化。这种在侥幸心理下多次冒险违章作业“成功”后导致的行为强化，可使违章成为习惯行为，并使风险评估失误或风险意识淡化。

2. 冒险倾向性格

冒险倾向是指个体具有的冒险意识和冒险行为倾向，它是冒险行为的主要心理因素构成成分之一。研究表明，个体在冒险方面的差异十分明显，人的年龄、性别、职业、文化差异以及其他的一些人格特性均与冒险行为相关。具有冒险倾向的人往往也是事故易发者，其造成事故的主要原因常是错误认知风险或有意接受风险。面临同样一种危险的情境，不同的人反应是不一样的，有的人可能三思而行，规避风险；有的人则可能拿生命当儿戏，冒险蛮干。研究和观察表明，有些人的某些性格特征与冒险行为密切相关。这种人的性格特征往往表现为：对安全采取满不在乎的态度，自己想怎么干就怎么干，自以为是；性格外向，情绪不稳定，漫不经心，逞能好胜，甚至以敢冒险来炫耀自己的勇气。这种性格倾向往往在青年工人中表现较多，这个时期由于实践经验和社会经历还不丰富，加上生理上的一些特殊情况，往往情绪不太稳定，思想较简单，而对事情的后果考虑较少，容易表现为感情冲动、缺乏耐心和争强好胜。

3. 时间紧迫感或焦急心理状态

时间紧迫感是一种类似于“焦急”的心理状态，这种心理状态是人们在有限的时间内感到难以完成预定或期望的工作量时产生的。这里的“有限的时间”和“预定工作量”既可以是个体自己限定的，也可以是生产管理者所限定的。在时间紧迫感的状态下，会促使冒险行为的产生。特别是在临下班或交接班之前，由于交接班前的一轮工作没干完（如一架棚支半截或一茬炮后矸石未出完）不算工作量，所以会出现紧迫焦急的心理状态，这很容易出现冒险凑合的行为。事故统计也发现，在临下班时事故要比其他时间段多，这其中就有这个原因。甚至有一起这样的事故：一掘进工作面临下班时，由于班长一再催促抓紧时间，一名把钩工忘了将一矿车进行连接就把车推了下去，结果导致跑车撞死人的事故。

4. 重体力劳动下的省能心理和图省事（凑合）心理

重体力劳动常给作业人员造成一种特殊的心理状态——省能心理，反映在作业动作上，常表现为简化作业而故意违反操作规程。例如，某煤厂冬季煤堆表面冻结，作业人员在装煤时贪图省力，挖空煤堆底部，造成屋溜形，结果煤顶塌落，压死、压伤多人。

图省事是一种为节省体力及精力而故意省略必要工序、减少劳动或工作量的动机和行为。类似于平时所说的“图省事、怕麻烦、走捷径、找窍门”等。工人在疲劳或情绪消极等生理、心理状态下很容易产生企图省劲、减少麻烦的心理。特别是在过度疲劳的情况下，由于机体的休息需要十分强烈，克服困难的意志力明显减退，这样会大大增强减少体力劳动的动机，以至于忽视安全，采取“走捷径”的不安全行为。比如，在图省劲的动机下，放炮员在母线不够长的情况下放炮，或者“放糊炮”，明火放炮；把钩工挂车时不挂保险绳；支柱工少打支柱；上下班的工人违章爬车等，由此发生的事故是很常见的。

5. 麻痹心理

国内外的调查和统计资料表明，思想麻痹、轻视松懈是引起事故的重要因素。如瓦斯涌出量很大的矿井容易引起重视，而瓦斯涌出量很少的矿井可能使人们产生麻痹心理。英国一个多年来在风流中未测到瓦斯存在的矿井，曾发生两次瓦斯爆炸事故。2005 年 4 月至 5 月初全国发生 6 起 10 人以上瓦斯爆炸事故，其中 3 起发生在低瓦斯矿井，对此更值得深思。

在煤矿救护队员中也存在很多麻痹心理及其行为表现，比如对氧气呼吸器不认真进行检查维护，不按规定检查和更换氢氧化钙；战前检查不认真，不带呼吸器进灾区，或把呼吸器放在远离工作地点的地方；不认真检查工作地点有害气体浓度，不携带备用呼吸器或充满氧气的氧气瓶，不悬挂引线绳或不系联络绳；巷道交叉点不留标志或只在顶板上用粉笔作记号；尚未走到新鲜风流地点，就摘掉口具休息等。一般而言，麻痹多发生在经多见广的老队员身上。须知“麻痹大意害死人”，由麻痹大意所导致的事故数不胜数。

6. 感知、判断与记忆失误

（1）感知失误。当一个信号发出后或某种危险状况出现时，生产作业人员没看见或看错、没听见或听错警告信号，从而没有采取正确的行为避免事故的发生，这种情况即属于感知障碍产生的非故意不安全行为。

煤矿井下空间狭窄、战线长，照明又常不足，人们之间的工作配合主要靠非语言的声光信号，而操作控制人员在不少情况下又往往看不到被控制对象的运动情况，因此，由于信号感知和判断失误等引起的事故很多。

另外，感知失误还可能存在以下原因：①信号显示得不够完善，人机界面设计不合理。②因存在有噪声，存在环境干扰，造成信号紊乱或被掩蔽。③感知能力低下。④在先入感的强烈影响下发生错觉。

（2）判断失误。判断是大脑将当前的感觉表象的信息和记忆中信息加以比较，以形成完整知觉的过程。若信息显示方式不够鲜明，缺乏特色，操作者对其印象不深，当此信息再次呈现时，就有可能出现判断失误。由于作业者知觉能力缺陷也能产生判断失误，如由于操作者感觉通道有缺陷（如近视、色盲、听力障碍），常不能全面感知知觉对象的本质特征。

（3）由于联络和确认不充分而相互误解信号造成的失误。这种失误一般有 4 种情况：①联络信号及其方法不完备或信号装置有故障。②联络信号实施时不明确、不彻底。③接收信号的一方没有确认信号的意义、产生误解而发生失误。④发信号的人误发信号或双方都没有经过确认。

如某矿发生过这样一件事故，有大煤块卡在了刮板输送机和转载机之间，刮板运输机司机就把刮板机和转载机停下来，用锤把破碎大煤块。当时是两个大煤块，一上一下把煤堆得很高，该职工站在溜头采空区一侧的转载机上方，左脚踏在下面的煤块上破碎上面的煤块。完成后他发出开动转载机的信号，想把下面的煤块拉出后再处理。然而，本应发出一长一短的点车信号，他却误发出了两点的开车信号，随着转载机的开动，支持重心的左腿随即被拉进溜头下面，此时虽大声呼救为时已晚，身体受到挤压，并被转载机拖出好几米远。结果导致骨盆部粉碎性骨折，腿部严重创伤，并很快休克。后经数天抢救虽保住了生命，但致左腿高位截肢。

解决上述失误比较有效的方法是实行“接受复诵”制或可叫做“接受确认”制。即接受方应向发信号人复诵一遍，双方都真正确认无误后再操作。例如，井下把钩工、信号工向绞车司机发信号后，绞车司机回一次相同的信号（俗称“回铃”），即复诵自己收到的信号。特别是传述口头指令或相互约定使用手势、矿灯、口哨等信息发送方式时，进行“接受复诵”更为重要。

有的事故是未经联络造成的，比如，某绞车司机往轨道下山放车，车到位后把钩工发出停车信号并前去摘钩头，绞车司机停车后发现余绳过多，在未经联络的情况下就急忙重新启动绞车，结果将矿车上拉造成车掉道，将把钩工砸成重伤。

（4）遗忘。许多工作任务包含着大量的记忆成分，操作人员必须记住各种操作顺序、部件名称以及各种指令和动作要领等。再加上现场有许多动态信息也需短时记忆，而由于人的信息加工能力是有限的，且易于受内部心理状态和外部环境的干扰，因此，有时会发生遗忘性的失误。

在井下生产作业的许多场合，都存在工人之间互相配合协作来完成一项任务的情况，这时，常需要用口头表达的方式来说明意图、要求、指令等。但是，这些口述的指令要求及接受者的应诺很容易被听错、曲解或遗忘，而导致操作失误，并常导致人员伤亡。这里有一个案例：某矿一掘进班，在喷浆施工中，由于喷枪堵塞，班长让工人小赵到后面去关上进风阀，以安全地排除故障，小赵答应着去关了。但当班长将喷头卸开时，一股强大的风压带着混凝土浆料喷射到班长脸部，造成双目失明的重伤事故。原来，小赵正因失恋而烦恼，班长的指令在小赵脑中转眼即忘，结果他并没有去关进风阀，而关了供水阀。

另外，还可能出现由于对信号未能充分感知或信号显示及操作装置设计不符合人的特点而发生选错操作工具、按错操作按键及弄错操作方向等失误。比如有一起事故案例就是要“前进”，却按了“后退”的电键，致使煤矿井下巷道装岩机司机将自己挤压于岩壁而死亡。

也有的正在作业之时，突然的外来干扰（如叫听电话、别人召唤、环境吸引）使作业中断，等到继续作业时忘记了应注意的安全问题。

第四节　煤矿电气事故案例心理原因综合分析

案例一　鲜血写成的规程，不要再用鲜血去验证

一、事故简况

某矿一电工在维修一井下绞车电气开关故障时，触电身亡。

二、事故经过

当日中班14时30分，采区一提升小绞车发生故障，无法启动（故障现象是：通电后只听见“嗡嗡”响声，但电动机不转，真正故障据检查是一相掉电）。小绞车司机请求该电工维修。该电工停下绞车上级电源，并上好闭锁，然后打开绞车电源开关开始检修。然而，他并没有完全把电器维修的规程继续执行下去，在打开绞车电源开关后并未按规程要求“用专用验电笔验电，并放电后再进行维修”，而是直接用手验电准备维修，导致自己触电身亡。

三、原因分析

1. 侥幸心理

本事故直接行为原因是该电工的故意违章作业行为。而在行为的背后是受害者在图省事的趋利意识作用下的侥幸心理。

2. 性格因素

该职工29岁，受过电工安全技术培训，干电工也有多年，但粗心，做事急躁，麻痹心理严重，常有不按规程作业的做法，也有过侥幸事故发生的经历。从这次维修前他能停掉上级电源并加上闭锁的做法看，也是在执行规程上有些自觉性的。但由于他粗心，性格带有冒险倾向性因素，还是没有把规程一丝不苟地执行下去。可以说这次事故并非偶然，正如广大职工在实践中总结的那样：“鲜血写成的规程，不要再用鲜血去验证。”

案例二　学徒工冒险加好奇，电弧烧伤悔莫及

一、事故简况

某矿回采工作面一实习电工带电操作，造成短路性电弧，造成重度烧伤事故。

二、事故经过

当日 18 时许，该实习生与其带徒师傅一起检修电器开关，为生产作准备。检修完毕后，设备达到完好状态。师傅为教其学习维修技术，又再次打开开关进行演示，并告知了他整定方法。同时，师傅教育他要严格按照安全规程的要求去做，严禁带电作业，不可有半点马虎。然而，在师傅不在场的情况下，该生又在设备带电的情况下打开开关，拔下插件，进行测量工作。这时，工作面一信号装置某电气开关出现故障，师傅将故障排除。但师傅走后，该生好奇心切，又打开电气开关，在设备带电的情况下取出万用表测量元件时，造成短路，产生电弧，将其面部及身体裸露部位严重烧伤。

三、原因分析

本事故的主要心理因素是受伤者的特殊性格。该生 23 岁，性格外向，做事粗心好冒险，好奇心强，喜欢表现自己，好自行其是，不听别人劝告，具有典型的冒险倾向性格。当班连续两次严重违章，终于出事，可以说，本事故的发生与其性格因素有密切关系。

四、教训与后果

事故造成了严重后果，该生住院虽经几次植皮手术但仍难以恢复容貌，造成了严重的身心创伤。

这次事故告诉我们，煤矿安全生产来不得半点儿戏，对于性格上好冒险的矿工朋友，要坚决克服性格的不足，严格按规程作业。而从安全心理管理的角度看，这种性格的职工不适合从事电工等高风险特种作业的工种。另外，青年工人一般好奇心较强，

因此对青年工人应进行针对性安全教育，在教育过程中，最好能运用丰富生动的事故案例，以加强教育效果。

案例三　口头约定拉闸断开关，短路电弧灼伤三人眼

一、事故经过

某矿采煤工作面一开关有故障要求维修，当班领导安排三名工人执行维修任务。一刚参加工作不久的新工人被要求去变电所执行拉闸任务，修开关的三工人为了图省事和赶时间干活，和新工人约定“六点钟给我们准时拉闸断电”，那工人就去了。当时三个人在修开关处等候，到六点整用电表测量发现没有电流。于是他们卸开外壳，把接线柱螺钉拧开开始拽电缆，就在刚拽开的一刹那，“呼”的一声，一个火球极亮，他们顿时什么也看不见了，所幸三人只眼睛被轻度灼伤，没电死人，只经历了一场重大侥幸事故。

原来，那个新工人拉掉那个开关之后，听到一声报警声，过了一会他觉得可能有问题，想到合闸可能就好了，于是就去合闸。结果造成再次送电，险些发生重大伤亡事故。

二、原因分析与教训

这是一起多人在图省事心理作用下集体故意违章造成的重大侥幸电器事故。按安全作业规程规定，执行拉闸任务应有专职电工担任，并且断电请求人员应在场监视拉闸（不能用约定方式停电），并加上闭锁，把闸柄用螺钉固定，再挂上停电牌，然后执行作业。

另外也再次说明，在需要多人或多岗位协作进行作业的情况下，用口头约定的方式进行联合作业是很不可靠的，此类事故教训甚多。这起重大侥幸事故再次证明，安全作业规程是绝对不可违反的。

复习思考题

1. 什么是煤矿安全心理学？其主要研究内容有哪些？
2. 简述影响作业可靠性的内部和外部干扰因素。
3. 简述易致事故发生的生理因素。
4. 为什么说疲劳是引起工业事故的重要性因素？
5. 简述煤矿事故致因中的心理因素。
6. 简述生产作业过程中不安全行为的主要心理因素。
7. 什么是人机匹配？
8. 试对一起煤矿事故作综合心理原因分析。
9. 搞好煤矿日常安全心理管理应采取哪些措施？

第三章 矿井通风与灾害防治

第一节 矿井通风

一、井下空气主要成分

矿井通风的任务是向井下各工作场所连续不断地输送适量的新鲜空气，冲淡并排出井下一切有毒有害气体和粉尘；调节井下的气候条件，保证井下空气的含氧量，使井下作业人员身体健康和生命安全得到保障；保证井下机械设备的正常运行，提高劳动生产率，达到安全生产的目的。

1. 地面空气主要成分

地面空气主要由氧气（O_2）、二氧化碳（CO_2）和氮气（N_2）组成，这 3 种主要成分按体积百分数分别为：氧（O_2）20.96%，氮（N_2）79.00%，二氧化碳（CO_2）0.04%。

除上述之外，地面大气还含有少量的水蒸气、微生物和灰尘等，因其对空气成分影响极小，通常忽略不计。

2. 井下空气主要成分及性质

地面空气进入井下后，由于井下工作人员的呼吸、炸药爆炸、坑木腐朽、煤的氧化、煤层及围岩中涌出的各种有害气体、矿井火灾或瓦斯煤尘爆炸等各种因素的影响，其成分和性质都发生了变化：氧浓度减小；混入了各种有害和爆炸性气体；混入了煤尘、岩尘等固体颗粒；空气的温度、湿度和压力发生了变化。就一般矿井而言，井下空气成分的组成有氧气（O_2）、氮气（N_2）、甲烷（CH_4）、二氧化氮（NO_2）、二氧化硫（SO_2）、硫化氢（H_2S）、氨气（NH_3）、氢气（H_2）、矿尘和水蒸气等。

（1）氧气（O_2）。空气中的氧气是无色、无味、无嗅的气体，它的密度为空气密度的 1.11 倍，化学性质活泼。氧能助燃及供人和动物呼吸。

空气中氧的浓度对人体的健康影响很大，最有利于人呼吸的氧气浓度为 21%左右；当氧的浓度降低到 17%时，人在静止状态下影响很小，若是工作，就会感觉到心跳加快、呼吸困难；当氧浓度减少到 6%～9%时，若不急救，人在短时间内会死亡。

《煤矿安全规程》规定，在采掘工作面进风流中，按体积百分数氧气浓度不得低于 20%。

（2）氮气（N_2）。氮气是无色、无味、无嗅的气体，它的密度为空气密度的 0.97 倍，不助燃，也不能供人呼吸。在正常情况下，对人体无害。但当空气中含量过多时，就会使氧的浓度相对降低而使人窒息死亡。

（3）二氧化碳（CO_2）。二氧化碳是无色、略有酸味的气体。对空气的相对密度为 1.52，是一种较重的气体，常积存于巷道的底部、下山等低洼的地方；二氧化碳不助燃，也不能供人呼吸，易溶于水而生成碳酸，略有毒性；对眼、鼻、喉的黏膜有刺激作用。

当空气中二氧化碳浓度为 1%时，人会呼吸急促；当二氧化碳浓度增加到 5%时，呼吸困难，同时伴有耳鸣和血液流动加快的感觉；当二氧化碳浓度高达 20%～25%时，人将中毒死亡。

《煤矿安全规程》规定，采掘工作面的进风流中，二氧化碳浓度不超过 0.5%；矿井总回风巷或一翼回风巷中二氧化碳浓度超过 0.75%时，必须立即查明原因进行处理。采区回风巷、采掘工作面回风巷风流中二氧化碳浓度超过 1.5%时，必须停止工作，撤出人员，采取措施，进行处理。采掘工作面风流中二氧化碳浓度达到 1.5%时，必须停止工作，撤出人员，查明原因，制定措施，进行处理。

二、井中的有害气体

1. 一氧化碳（CO）

一氧化碳是无色、无味、无嗅的气体。它对空气的相对密度为 0.97，微溶于水，能和空气均匀地混合。在常温和常压下，一氧化碳的性质不活泼，但当空气中一氧化碳浓度在 12.5%～75%时，遇火能引起燃烧或爆炸。

一氧化碳毒性很强，当发生一氧化碳轻微中毒时，中毒者会有耳鸣、心跳加速、头昏、头痛等症状；严重中毒者则会出现四肢无力、哭闹、呕吐、嘴唇成桃红色及两面颊有红斑点等症状。如果一氧化碳浓度达到 1%时，人只要呼吸几口就失去知觉；如果长期在一氧化碳浓度 0.01%的空气中生活或工作，还会发生慢性中毒。

2. 二氧化氮（NO_2）

二氧化氮为红褐色气体，它对空气的相对密度为 1.57，极易溶于水，能和水结合成有腐蚀性的硝酸，对人的眼、鼻、呼吸道和肺部组织有强烈腐蚀作用，严重时造成肺水肿，是一种毒性很强的气体。

二氧化氮中毒可以有潜伏期，中毒后经 6～24 h 才可能发作。即使二氧化氮浓度在 0.006%时，经过长时间的潜伏期，也会出现咳嗽、吐黄痰；达 0.01%时，强烈刺激呼吸器官，严重时头痛、肺水肿、呕吐、神经麻木；达 0.025%时，短时内即可死亡。

3. 二氧化硫（SO_2）

二氧化硫是无色、具有强烈硫磺燃烧味的气体。它对空气的相对密度为 2.2，易溶于水，常积聚于巷道的底部。二氧化硫对人的眼、鼻和呼吸系统有强烈的刺激腐蚀作用，当空气中二氧化硫浓度达 0.002%时，能引起眼红肿、流泪、咳嗽、头痛、喉痛；达 0.005%时，能使喉咙和支气管发炎、呼吸麻痹，严重时引起肺水肿甚至死亡。所以矿工称它为“害眼气体”。

4. 氨气（NH_3）

氨气是无色、有强烈刺激臭味的气体，它对空气的相对密度为0.58，易溶于水，有毒。对眼、皮肤和呼吸系统有刺激作用，严重时可引起肺水肿、失去知觉甚至死亡。当空气中氨的浓度达到0.001 1%时，人可嗅到气味，浓度在0.047%时，人接触后就会出现受刺激、贫血、抵抗力降低等症状。

5. 硫化氢（H_2S）

硫化氢是无色、微甜、有臭鸡蛋味的气体。它对空气的相对密度为1.19，易溶于水，能燃烧，当浓度在4.3%～46%时，还能爆炸。硫化氢极毒，能使血液中毒，对眼睛、黏膜和呼吸系统有强烈刺激作用。当空气中硫化氢浓度为0.01%时，就能闻到气味，流唾液，流清鼻涕并呼吸困难；当硫化氢浓度达0.02%时，眼、鼻、喉黏膜受强烈刺激，头痛、呕吐、四肢无力；浓度达0.05%时，30 min内人失去知觉、痉挛或死亡。

除上述气体以外，瓦斯也是井下的有害气体，将在第二节中详述。

《煤矿安全规程》对井下有害气体最高允许浓度做了规定，见表3—1。

表3—1　矿井有害气体最高允许浓度

名　称	最高允许浓度（%）
一氧化碳（CO）	0.002 4
氧化氮（换算成二氧化氮 NO_2）	0.000 25
二氧化硫（SO_2）	0.000 5
硫化氢（H_2S）	0.000 66
氨气（NH_3）	0.004

三、矿井气候条件

矿井气候条件是指矿井空气的温度、湿度及风速三者的综合作用。矿井气候条件对矿工的身体健康和工作效率有直接的关系。实践证明，人体最适宜的矿内温度为15～20℃，相对湿度为 50%～60%，风速为 1～1.5 m/s。《煤矿安全规程》对矿井气候条件，尤其是风速和温度都有明确的规定。

1. 影响矿内空气温度因素

地面空气进入井下沿巷道流动时，空气温度要发生变化，其影响因素有以下几个方面：

(1) 风流上行或下行的影响。空气沿井筒向下流动时，气体分子受压缩，空气温度上升。大约每下行 100 m，空气温度升高 1℃。空气沿回风井向上流动时，气体膨胀吸热，空气温度下降，每上升 100 m，空气温度下降约 0.9℃。

(2) 矿内岩石温度的影响。在地层恒温带（约 25～30 m）以下，岩石温度随深度的增加而升高。当岩石温度与流经的空气温度不同时，就要发生热交换作用。在不太深的矿井里，夏季进入矿井的空气温度高于井下岩石温度，岩石吸收空气中的热量，使空气温度降低；在冬季则相反，进入井下的空气温度低于岩石温度，岩石放热使空气温度升高。在深矿井中，因岩石温度高，进入井下的空气要从岩石中吸收热量，起到降温的作用。

(3) 矿内物质氧化的影响。如井下煤或坑木氧化时产生热量，使空气温度升高。

(4) 矿内水分蒸发的影响。井下空气中的水分蒸发时要吸收热量，使空气温度降低。

(5) 井下通风强度的影响。如果井下通风断面一定，井下空气温度高时，增大风量，风流速度增大，空气与岩石的热交换时间短，空气温度就能降低；如果减少风量，风流速度减慢，空气与岩石的热交换时间增长，则空气温度上升。

2. 矿内空气湿度

矿井空气中的湿度是指矿井空气中所含的水蒸气数量。表示空气湿度的方法有绝对湿度和相对湿度。绝对湿度是指 1 m^3 或 1 kg 空气中实际含有的水蒸气的克数，用 g/m^3 或 g/kg 表示。相对湿度是指在同体积和同温度下，空气中实际含有的水蒸气数量与饱和水蒸气数量之百分比。矿井通风中通常使用相对湿度表示矿井气候条件的指标。

3. 矿井中风流速度

风流速度能够影响井下的气候条件。人体在温度高、湿度大的作业环境中作业时，感到很不舒服，需要增加风速改善作业环境。增加风速，作业人员可以得到蒸发汗水、散发体热的条件，因而感到舒适。但在温度低和湿度小的环境中，风速过大反而使人体感觉不舒适，并造成煤尘飞扬和通风阻力增大、作业环境不安全的隐患。

4. 改善井下气候条件的方法

为使人们在工作时有良好的精神状态，必须使人体产生的热量和散放的热量保持平衡，而使体温保持在 36.5～37℃之间。如果空气温度过高，人体散热困难，会引起中暑。如果空气温度过低，散热能力太强，会引起感冒，同时人穿很厚的工作服工作起来也不方便，所以，井下温度必须经常进行调节。人体散热方式有 3 种，即辐射、对流和蒸发。空气温度低时辐射散热快；空气温度高时辐射散热慢；空气温度超过人的体温时，不能辐射散热。风速大，对流散热快；风速小，对流散热慢；风速为零时不能靠对流散热。湿度小时蒸发散热快；湿度大时蒸发散热慢；湿度达到 100%时不能靠蒸发散热。

对于人体最适宜的相对湿度为 50%～60%，当相对湿度超过 80%时，人就不容易出汗散热。相对湿度过低，少于 30%，会使人感觉干燥，引起口腔和鼻黏膜破裂。矿井空气中的相对湿度一般比较大，故矿内气候条件必须从温度和风速两个方面进行调节。

当井下空气温度高、湿度大时，增加风速可以提高散热效果。所以对采煤工作面，可以根据温度的高低来调节风速。

《煤矿安全规程》规定：采掘工作面的气温不得超过 26℃，机电硐室的气温不得超过 30℃。当气温超过规定值时，必须采取降温措施。当采掘工作面气温超过 30℃、机电硐室的气温超过 34℃时，必须停止作业。

进风井筒冬季结冰，对工人身体健康、提升和其他装置有危害时，必须安装暖风装备，保持进风井口以下的空气温度在 2℃以上。

《煤矿安全规程》对井巷各工作地点风速规定见表 3—2。

表 3—2　　井巷中的允许风流速度

井巷名称	允许风速（m/s）	
	最低	最高
无提升设备的风井和风硐		15
专为升降物料的井筒		12
风桥		10
升降人员和物料的井筒		8
主要进、回风巷		8
架线电机车巷道	1.0	8
运输机巷，采区进、回风巷	0.25	6
采煤工作面、掘进中的煤巷和半煤岩巷	0.25	4
掘进中的岩巷	0.15	4
其他通风人行巷道	0.15	

四、矿井通风系统及采区通风系统

1. 矿井通风系统

矿井风流由入风井口进入井下，经过各用风场所，然后由回风井排出矿井，所经过的整个路线称为矿井通风系统。矿井通风系统包含矿井通风方式、通风方法和通风网络 3 个方面的内容。为了保证通风系统能够连续稳定地向各用风地点供给所需风量，既要有向空气提供通风动力的通风机械，还要有引导风流的井下巷道、风筒等，还必须有一系列控制风流的通风设施，如风门、风桥、密闭等。矿井通风系统对矿井的经济、安全运行有决定性作用。

（1）通风方法。通风方法是指矿井主要通风机对矿井供风的工作方式。分为抽出式、压入式和抽压混合式 3 种。采用不同的通风方法对进风量、回风量、漏风及空气质量和自然风压的干扰程度都有所不同。

1）压入式。压入式通风是将矿井主要通风机安设在地面，以压风方式向矿井内供风，使整个通风系统在主要通风机作用下，形成高于当地大气压力的正压通风。因此，在进风侧空气压力较大、风流集中的条件下，将新鲜空气送往各处。压入式通风矿井中，控制风流的设施一般都在进风侧安设，这对运输、行人等都不便，不易管理和控制，井底车场及进风井口漏风大。回风侧空气压力较低，分支风路较多，污风不易集中迅速排出井外。在煤矿中还须考虑到，若矿井主要通风机一旦因故停止运转时，井下气压将降低，这会使采空区或封闭区内瓦斯涌出量增加，对安全不利。故一般在瓦斯矿井中很少采用压入式通风。但在矿井浅部开采时，由于地表有塌陷出现裂缝与井下沟通，为避免从地面吸入空气或从老空内吸入有害气体，可在开采第一阶段时采用压入式通风，当在开采以下各阶段时再改为抽出式通风。

2）抽出式。抽出式通风是将矿井主要通风机安设在地面，向外抽出井下空气，形成使井下空气低于当地大气压的负压通风。由于通风阻力的影响使回风侧处于高负压，而进风侧处于低负压，在这种情况下，回风流不易向它处乱窜，可以集中而迅速地流入回风系统排出井外。此外，在抽出式通风中通风设施安设在回风侧，不妨碍运输行人，管理简单又控制可靠，对于瓦斯矿井和有自然发火危险的矿井来讲是有利的。在抽出式矿井中，主要通风机一旦停止运转，则矿内空气必然要恢复到当地大气压力，由于压力增高，一定时间内采空区及封闭火区中瓦斯等有害气体不易涌出。所以，煤矿一般多采用抽出式通风。

3）抽压混合式。抽压混合式通风是将地面新鲜空气由压入式主要通风机送往井下，污风由抽出式主要通风机排出井外。这种通风方法使矿井通风系统大部分都处于较高的压力状况，进、回风集中，易按指定路线流动，漏风少，不易受自然风压影响。但这种通风方法所需通风设备多，动力消耗也大。当用风地点与地表塌陷区沟通、漏风大时，可以用抽压混合式通风来平衡矿内外压力控制漏风。但在煤矿中一般很少使用抽压混合式的通风方法。

（2）矿井通风方式。按照进、回风井之间在井田内的位置关系，通风方式可分为中央式、对角式及混合式 3 种基本形式。

1）中央式。中央式是指矿井进、回风井大致位于井田走向中央，但是由于进、回风井在井田倾斜方向的位置不同又可分为中央并列式与中央分列式（中央边界式）两种。

中央并列式矿井的进、回风井均布置在井田走向的中央，如图 3—1 所示。

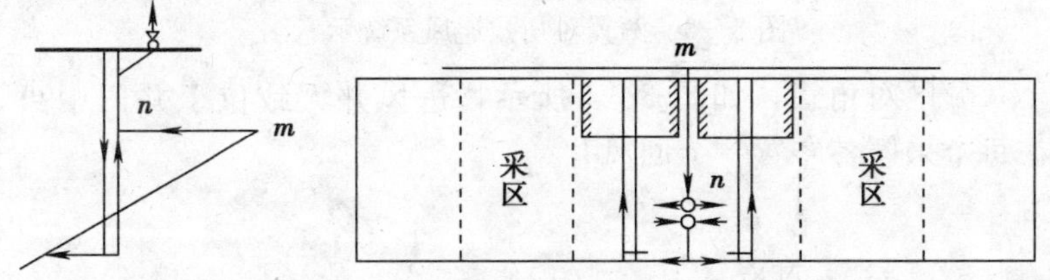

图 3—1　中央并列式通风系统示意图

中央分列式（中央边界式），如图 3—2 所示，进、回风井虽布置在井田走向中央，但在倾斜方向有一定的距离。回风井一般位于井田浅部边界。

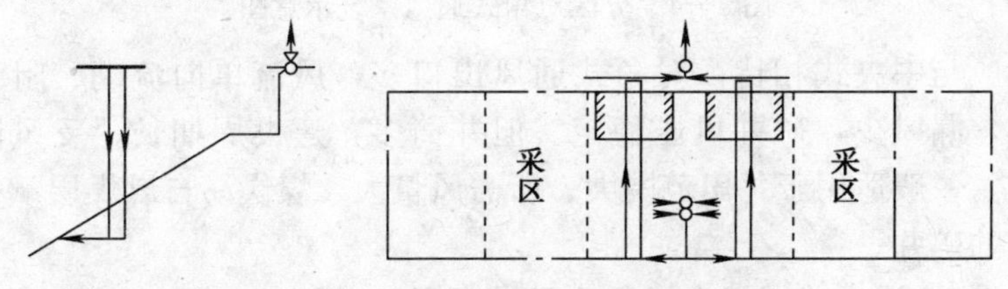

图 3—2　中央分列式通风系统示意图

利用中央式通风，通风线路是折返的，通风线路长，阻力大，漏风大，易引起采空区自燃。但建井期限短；井筒延深时通风方便，通风管理工作简单，易于全矿反风。适用于煤层倾角大、埋藏深，井田范围不大的矿井。

2）对角式。对角式通风根据回风井服务范围的不同，又可分为两翼对角式和分区对角式两种。

两翼对角式，如图 3—3 所示，进风井位于井田中央、两翼各布置一个回风井。

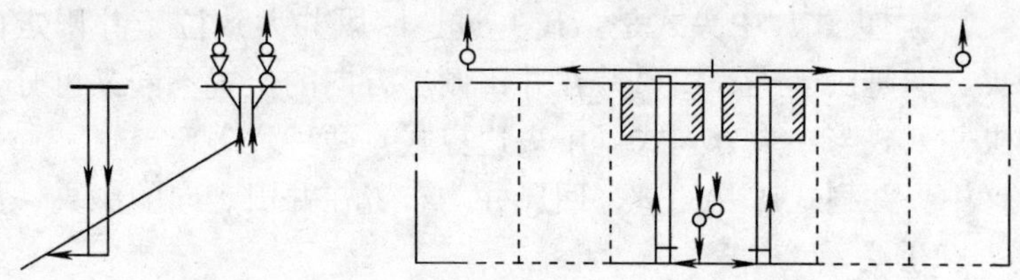

图 3—3　两翼对角式通风系统示意图

分区对角式，如图 3—4 所示，进风井大致位于井田中央，在每个采区各布置一个回风井。

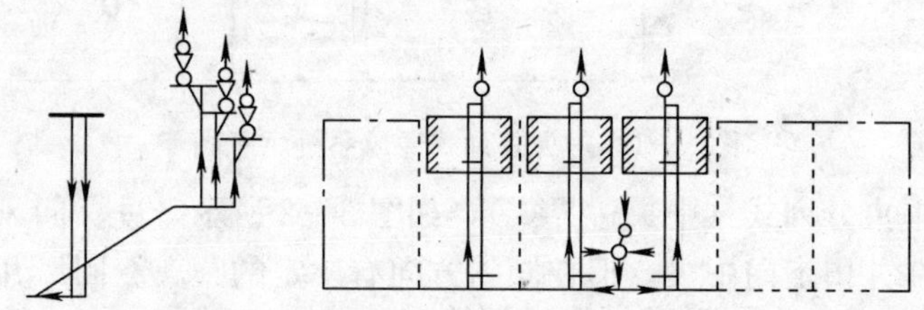

图 3—4　分区对角式通风系统示意图

与中央式相比，对角式通风出口多，风流单向流动、阻力小，漏风少，矿井风压稳定。但井筒多，建设周期长，反风困难。一般适用于井田范围大、所需风量大、煤炭易自燃煤层赋存浅的矿井。

3）混合式。混合式是由上述各种方式混合而形成的，种类繁多。其特点是，风井数量多，通风能力大，布置灵活。风网结构复杂，风流不够稳定。适用于井田范围大、产量大，自然发火倾向严重，瓦斯涌出量大的矿井。

（3）通风网络。矿井通风系统的井巷联接关系一般比较复杂，为了便于分析通风系统中各井巷间的联接关系及特点，把矿井或采区中风流分叉、汇合线路的结构形式和控制风流的通风构筑物通常用不按比例不反映空间关系的单线条示意图来表示通风系统的示意图叫通风网络图。通风网络的连接形式有串联网络、并联网络和角联网络 3 种。

1）串联网络。若前一井巷的出风端和下一井巷的进风端相接，这样的通风网络称为串联网络。串联网络的特点是，所串联的井巷越多，通风阻力越大；若进风侧发生灾害时将影响到回风侧，各段巷道中的风量等于串联风路风量，总风量不能随意变更。

2）并联网络。若两条或两条以上的通风井巷的进风端是在同一点分开，它们的出风端又是在同一点汇合，这样的通风网络称为并联网络。其特点为，并联的通风井巷越多，各井巷分得的风量也越少，通风阻力也越小；并联网络的总风量等于各条风路分量之和，各井巷互不干扰，安全性好。

3）角联网络。两条分路组成的并联系统中，若有 1 条或 1 条以上的井巷横跨于两个并联巷道上构成的系统称为角联系统，其网络图称为角联网络。横跨于并联分路上的井巷称为对角巷或对角风路。若仅有 1 条对角风路的角联网络，称为简单角联网络；若有 2 条或 2 条以上的对角风路的角联网络，称为复杂角联网络。角联网络的特点是，角联网络中的边缘风路的风流方向是稳定的，而对角风路中的风流方向不稳定，它在边缘风路的阻力影响下可能正向、可能反向，也可能无风。由于这个特点，在有瓦斯涌出的地点将会给通风管理工作带来不少困难和麻烦。在矿井设计中，应尽量避免出现角联网络。

2. 采区通风系统

通常矿井划分为若干采区，采区通风系统既是矿井通风系统的基本组成单元，又是采区生产系统的重要组成部分。在每个采区中有采煤工作面、备用工作面、掘进工作面和硐室等用风地点，是矿井通风的主要研究对象。搞好采区通风是保证矿井安全生产的基础，也是日常生产和管理工作的重点内容之一。

(1) 采区通风系统的要求。《煤矿安全规程》规定，采掘工作面都应独立通风，即各用风地点的回风直接进入回风巷中。独立通风对保证煤矿井下安全生产和改善作业场所条件相当重要。在同一采区内，同一煤层上、下相连的两个同一风路中的采煤工作面、采煤工作面与其相连接的掘进工作面，相邻的两个掘进工作面布置独立通风有困难时，在制定措施后，可采用串联通风。但串联通风的次数不得超过1次。

采区内为构成新区段通风系统的掘进巷道或采煤工作面遇地质构造而重新掘进的巷道，布置独立通风确有困难时，其回风可以串入采煤工作面，但必须制定安全措施，而且串联通风次数不得超过1次；构成独立通风系统后必须立即改为独立通风。在串联通风中必须在进入被串联的风流中装设甲烷断电仪，且瓦斯和二氧化碳浓度不得超过0.5%，其他有害气体都应符合《煤矿安全规程》规定。

在采区通风中要尽量避免采用角联网络，否则应有保证风流稳定的措施。对于必须设置的通风设施和通风设备，要选择适当位置，严守规格质量，加强管理，保证安全运转。保持通风巷道的有效面积，保障风流稳定。

(2) 采煤工作面通风。采煤工作面风流中，针对风流方向与煤层倾斜的关系不同，可分为两种通风方式：风流沿采煤工作面由下向上流动的称为上行风；风流沿采煤工作面由上向下流动的称为下行风。两种采煤工作面通风方式在现场应用中各有优、缺点。与上行风比较，下行风有利于控制工作面的粉尘浓度；有利于工作面降温；易于瓦斯的充分混合；对于外因火灾的控制和降低火灾扩散速度比较有利。但在某些方面上行风的安全性能优于下行风。

自20世纪60年代以来，为了达到降温、降低瓦斯浓度和煤尘浓度等目的，国内外采用下行风的工作面，特别是综采工作面采用下行风的越来越多，取得了较好的效果。虽然如此，各国的安全规程对下行风的使用仍采取谨慎态度。我国《煤矿安全规程》第115条亦有明确规定：有煤（岩）与瓦斯（二氧化碳）突出危险的回采工作面不得采用下行风。

目前我国主要采用长壁式开采，在长壁式开采的回采工作进风巷与回风巷的布置有U、Z、Y及W等形式。如图3—5所示，工作面的推进方向采用前进和后退时，每种形式又有前进式和后退式之分。我国主要采用U形后退通风形式。其他通风形式是为了加大工作面长度，增加工作面供风量，改善工作面气候条件，预防采空区漏风和瓦斯涌出等目的，在U形通风形式的基础上进一步演变而来的。

在相同的地质条件下，W形工作面的供风量要比U形、Y形约增加一倍，采煤工作面产量显著提高。瓦斯相对涌出量大的工作面效果更显著。W形由于供风量增加，有利于稀释和吹散瓦斯；还有利于瓦斯抽放，既可在中间平巷布置钻孔，抽放孔能打在预备抽放区域的中心，抽放效率比U形高50%。但是，前进式的W形，巷道维护在采空区，漏风大，有效风量率低，且易于自然发火。W形后退式较前进式优越，是解决综采工作面通风的重要形式。

3. 局部通风

在矿井的生产建设过程中都必须开掘大量的巷道。在掘进巷道时，为了供给人员呼吸新鲜空气，排除冲淡有害气体和矿尘，并创造良好的气候条件，必须对掘进工作面进行通风，这种通风叫局部通风或掘进通风，掘进通风的特点是：在一般情况下都是同一井巷既作进风，又作回风，风量较小，通风距离经常变化，

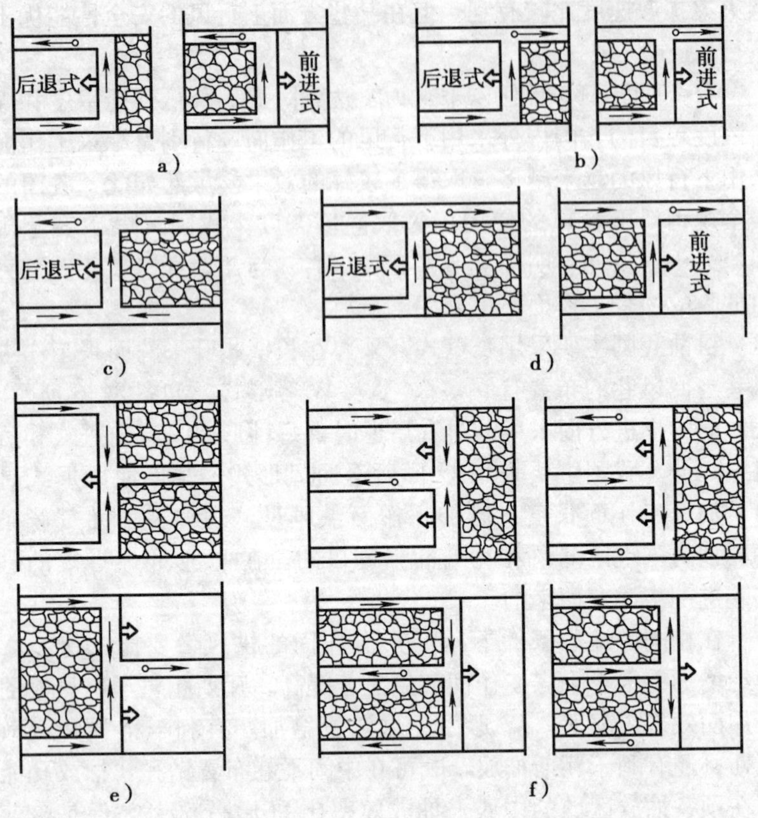

图 3—5　进风巷与回风巷的布置形成

a) U形　b) Z形　c) H形　d) Y形　e) 双Z形　f) W形

短则几米，长则千米以上。局部通风常用矿井全风压通风、引射器通风和局部通风机通风。

(1) 全风压通风。全风压通风又称总风压通风，是利用矿井主要通风机的风压对掘进工作面通风。这种方法不增设通风动力设备，直接利用矿井主要通风机造成的风压对局部地点进行通风。为了把新鲜风流引入工作面并排出污风，必须采用挡风墙、风障和风筒等导风设施。如图 3—6 至图 3—8 所示。

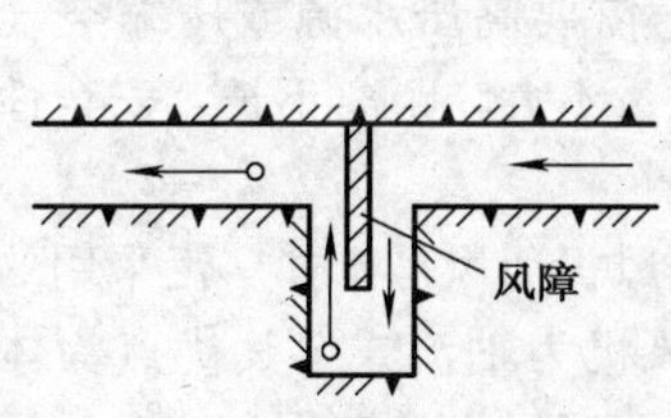

图 3—6　纵向风墙导风图

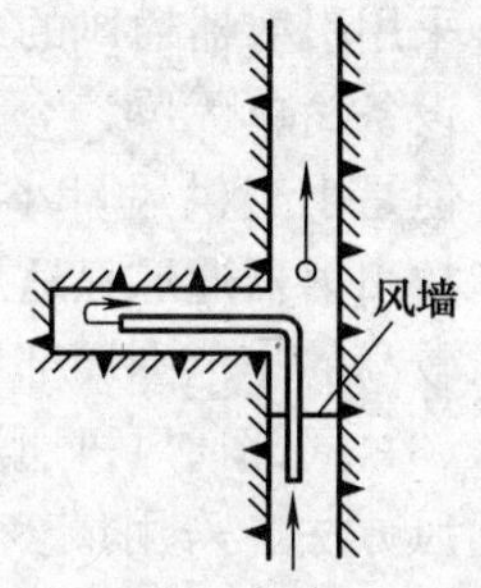

图 3—7　风筒导风图

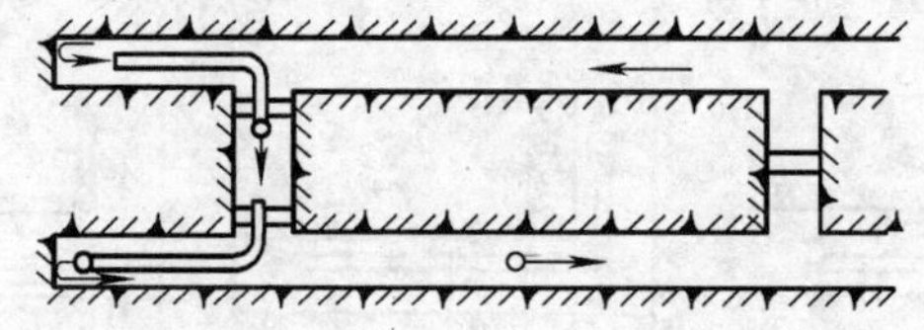

图 3—8　平行巷道通风图

全风压通风的优点是通风连续可靠，安全性能好，管理方便，但这种方法要消耗矿井总风压，使矿井通风阻力增大，要求有足够的全风压，而且行人与运输均有不便。这种方法一般用于通风距离不长的局部地点通风。

（2）引射器通风。引射器通风的原理如图 3—9 所示，是利用喷嘴喷出的高压水流或高压气流，在喷嘴射流周围形成负压而吸入空气，并经混合筒内混合，将能量传递给被吸入的空气使之具有通风压力，达到通风的目的。按引射器利用能源不同可分为压风引射器和高压水引射器两种。

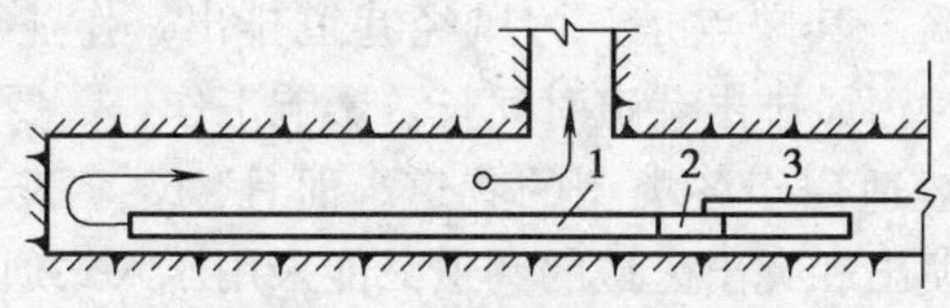

图 3—9　引射器通风

1—风筒　2—引射器　3—水管

采用引射器通风的主要优点是：无电气设备，无机械运转部件，设备简单无噪声，安全可靠，同时还具有降温和降尘的作用。但是由于供风量小，效率低，需要高压水源或压缩空气设备。故引射器通风只适用于需要风量不大，距离不长，安全性能要求较高的小范围局部地点通风。

（3）局部通风机通风。局部通风机通风是矿井广泛采用的局部通风方法。采用最多的局部通风机为轴流式，其优点为体积小，安装方便，易串联使用等。按照通风机的工作方式分为压入式、抽出式和混合式 3 种，如图 3—10 所示。

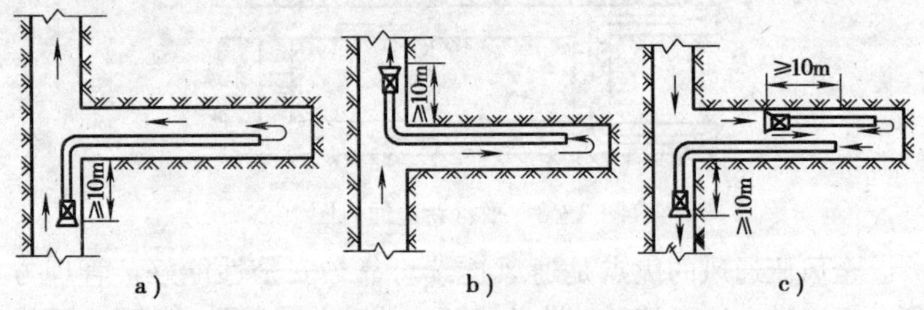

图 3—10　局部通风机布置

a）压入式　b）抽出式　c）混合式

压入式通风的局部通风机和启动装置必须安装在离掘进巷道回风口 10 m 以外的进风巷道中，局部通风机把新鲜空气经风筒压送到掘进工作面，污风沿巷道排出。

压入式通风的优点是：污风不通过局部通风机，安全性能好；有效射程远，工作面通风效果好；由于采用正压通风，可以使用柔性风筒。其缺点是：污风经巷道排出，作业环境空气不良，巷道长时污风排出巷道时间长，影响工作，需要风量大。压入式通风一般适用于各类型的巷道。而且《煤矿安全规程》规定，在瓦斯喷出和突出区域的巷道只能采用压入式通风。

抽出式通风的局部通风机安装在离巷道口 10 m 以外的回风流中，新鲜风流沿巷道流入，污风通过刚性风筒由局部通风机排出。

抽出式通风的优点是：污风经风筒排出，巷道作业环境好，当风筒吸风口离工作面小于有效吸程时，通风效果良好，所需风量小。其缺点是：有效吸程短，风筒吸入口离工作面过远时，工作面通风效果差；污风由局部通风机排出，当局部通风机防爆性能不良时，有瓦斯爆炸的危险；由于抽出式采用负压通风，不能采用普通柔性风筒。抽出式通风一般适用于无瓦斯巷道，《煤矿安全规程》规定，煤巷、半煤岩巷和有瓦斯涌出的岩巷不得采用抽出式局部通风机通风。

混合式通风是抽出式局部通风机和压入式局部通风机联合工作。其优点是：有压入式、抽出式通风的优点，通风效果最好；其缺点是：通风设备较多，管理较复杂，抽出部分不能用普通柔性风筒。一般适用于大断面、长距离的无瓦斯巷道。在有瓦斯巷道使用必须制定安全措施。

煤矿生产中，有许多掘进工作面安装有除尘风机和引射器除尘装置，其主要目的是降低掘进工作面及巷道中的粉尘浓度，这种情况下掘进工作面及巷道的风流状态是与混合式通风相似的。《煤矿安全规程》规定：掘进巷道必须采用全风压通风或局部通风机通风。局部通风机必须由指定人员负责管理，保证正常运转。全风压供给该处的风量必须大于局部通风机的吸入风量，局部通风机安装地点到回风口间的巷道中的最低风速必须符合规定。必须采用抗静电，阻燃风筒；风筒口到掘进工作面的距离以及混合式通风的局部通风机和风筒的安设，应在作业规程中明确规定。

瓦斯喷出区域、高瓦斯矿井、突出矿井中掘进工作面局部通风机应采用三专（专用变压器、专用开关、专用线路）供电；严禁使用 3 台及其以上的局部通风机向 1 个掘进工作面供风，不得使用 1 台局部通风机同时向 2 个作业的掘进工作面供风。

使用局部通风机的掘进工作面，不得停风；因检修、停电等原因停风时，必须撤出人员，切断电源。

(4) 扩散通风。它是利用空气中分子的自然扩散运动，对局部地点进行通风的方式。由于扩散通风没有动力装置，而空气分子的扩散运动范围是相当有限的。在正常情况下很难达到规程的要求，所以对扩散通风只允许有选择地使用。

《煤矿安全规程》规定：如果硐室深度不超过 6 m，入口宽度不少于 1.5 m，而无瓦斯涌出，可采用扩散通风。

(5) 循环风。某一用风地点部分或全部回风再进入同一地点的风流中的现象称为循环风。循环风一般发生在局部通风过程中，由于局部地点的风流反复返回同一局部地点，有毒有害气体和粉尘浓度越来越大，不仅使作业环境越来越恶化，同时也会由于风流中瓦斯浓度不断增加，引起瓦斯事故。

为了防止出现循环风，《煤矿安全规程》规定：压入式局部通风机和启动装置，必须安装在进风巷道中，距掘进巷道回风口不得小于 10 m；全风压供给该处的风量必须大于局部通风机的吸入风量，局部通风机安装地点到回风口之间的巷道中的最低风速必须符合规程的有关规定。

五、矿井通风设施

通风设施是控制井下风流流动的设施，是形成矿井通风系统的重要组成部分。为了在正常情况下保证风流按照规定的方向定量流动，而在灾变时期仍维持正常通风或便于调整风流，就必须在矿井井巷中某些地点设置一系列通风构筑物，这些构筑物统称为通风设施。主要通风设施有：风门、风桥、风硐、防爆门、反风装置、风墙和风窗等。

1. 风门

在不允许风流通过，但需行人或行车的巷道内，必须设置风门。风门的门扇安设在密闭墙垛的门框上。墙垛多为砖、石、木段和水泥砌筑。

目前，为了防止同一巷道中两道风门同时被打开时使矿井风流短路，在矿井的主要进、回风巷道间使用闭锁风门。同时，有些矿井还利用集中监视系统，在地面远距离对井下主要风门开、关或故障情况进行监视。这些手段都有效地保证了井下正常通风和安全生产。

由于井下的风门对矿井安全影响极大，因此，每个职工都应注意保护好风门，通过风门时，要及时关闭风门，防止风流短路，避免发生瓦斯、煤尘爆炸事故。

2. 风桥

风桥是利用立体交叉的形式，将两股平面交叉的新、污风流相隔，使进风与回风分开，互不相混的一种通风设施。根据服务年限、巷道中通过风量大小及结构特点的不同，风桥分为铁筒式风桥、混凝土风桥和绕道式风桥 3 种。

各类风桥必须用不燃性材料建筑，漏风率不大于 2%，通风阻力不大于 150 Pa，风速不大于 10 m/s。风桥质量不高、漏风严重将使用风地点的风流短路，供风量不足，容易造成瓦斯积聚或引发恶性事故。

3. 风硐

风硐是连接矿井主要通风机和风井的一段巷道。因为通过风硐的风量较大，而且风硐内外的压力差较大，故对风硐的设计和施工质量要求较高；又由于风硐的服务年限较长，所以必须采用混凝土、砖石等耐用材料建筑。

4. 防爆门

防爆门是在装有主要通风机的出风井筒，为防止瓦斯、煤尘爆炸时毁坏主要通风机而构筑的安全措施。当井下发生瓦斯爆炸时，防爆门即能被气浪冲开，爆炸波直接冲入大气，从而起到保护主要通风机的作用。此外，当主要通风机停止运转时，打开防爆门，还可使矿井保持自然通风。

5. 反风装置

为了处理进风系统发生的火灾，生产矿井主要通风机必须装有反风设施，并必须能在 10 min 内改变巷道中的风流方向。当风流方向改变后，主要通风机的供给风量不应小于正常风量的 40%。井下的反风装置应经常保持完好，在发生灾害时能及时使用，防止事故扩大。

6. 挡风墙（密闭）

在不允许风流通过，也不允许行人、行车的井巷，如采空区、旧巷、火区以及进风与大巷之间的联络小巷，都必须设置挡风墙，将风流截断，以免造成漏风、风流短路、有害气体扩散以及因其自然发火或火区内火势扩大等。挡风墙的质量要求不透气、不漏水，坚固可靠。永久性密闭和临时性密闭都必须按质量标准建造。

7. 调节风窗

调节风窗是安装在风门或其他通风设施上用于调节风量的设施，用于采区内各工作面之间、采区之间、需独立通风的机电硐室以及各生产水平之间的风量调节。调节风窗不能随意损坏或长期打开，以防止漏风过大或风流短路。

第二节　矿井瓦斯防治

一、瓦斯的性质、赋存及其危害

1. 矿井瓦斯的概念

矿井瓦斯是成煤过程中的一种伴生气体，是指煤矿井下以甲烷（CH_4）为主的有毒、有害气体的总称，有时单独指甲烷。矿井瓦斯来自煤层和煤系地层，它的形成经历了两个不同的造气时期，从植物遗体到形成泥炭，属于生物化学造气时期；从褐煤、烟煤到无烟煤，属于变质作用造气时期。由于在生化作用造气时期泥炭的埋藏较浅，覆盖层的胶结固化也不好，因此生成的气体通过渗透和扩散很容易排放到大气中，留存在现今煤层中的瓦斯，只是其中很少的部分。

2. 瓦斯的性质

瓦斯通常指甲烷，分子式为CH_4，它是一种无色、无味、无毒的气体。在标准状态下（气温为0℃，大气压为1.01×10^5 Pa），1 m^3 甲烷的质量为0.761 8 kg，而1 m^3 空气的质量为1.293 kg，因此，瓦斯比空气轻，其相对密度为0.554。瓦斯有很强的扩散性，扩散速度是空气的1.34倍。巷道内瓦斯浓度的分布取决于其涌出源的分布和涌出强度。当无瓦斯涌出源时，瓦斯在井巷断面内的分布是均匀的；当有瓦斯涌出源时，在其涌出的侧壁附近会出现瓦斯浓度增高。巷道顶板、冒落区顶部往往积聚高浓度瓦斯，这不是因为瓦斯表现出上浮力，而是说明这里有瓦斯涌出源。瓦斯具有燃烧和爆炸性。

3. 瓦斯的赋存状态

瓦斯在煤层及围岩中的赋存状态有两种。

（1）吸附状态，又分为吸收状态和吸着状态，吸着状态是指瓦斯被吸着在煤体或岩体微孔表面，在表面形成瓦斯薄膜（这些瓦斯不能自由活动）。吸收状态是指瓦斯被溶解于煤体中，与煤的分子相结合，即进入煤体胶粒结构。

（2）游离状态，瓦斯以自由气体状态存在于煤（岩）孔洞或裂隙内。其分子可自由运动，处于承压状态。

4. 矿井瓦斯的危害

（1）瓦斯窒息。甲烷本身虽然无毒，但空气中甲烷浓度较高时，就会相对降低空气中氧气浓度，在压力不变的情况下，当甲烷浓度达到43％时，氧气浓度就会被冲淡到12％，人就会感到呼吸困难；当甲烷浓度达到57％时，氧气浓度就会降到9％，这时人若误入其中，短时间内就会因缺氧窒息而死亡。因此《煤矿安全规程》规定：凡井下盲巷或通风不良的地区，都必须及时封闭或设置栅栏，并悬挂“禁止入内”的警示牌，严禁人员入内。

（2）瓦斯的燃烧和爆炸。当瓦斯与空气混合达到一定浓度时，遇到高温火源就能燃烧或发生爆炸，一旦形成灾害事故，会造成大量井下作业人员的伤亡，严重影响和威胁矿井安全生产，会给国家财产和职工生命安全造成巨大损失。瓦斯爆炸事故是矿井五大自然灾害之首。

二、矿井瓦斯涌出及矿井瓦斯等级划分

1. 煤层瓦斯含量的概念

煤层瓦斯含量指煤层在自然条件下单位重量或单位体积所含有的瓦斯量，一般用 m^3/t 或 m^3/m^3 表示。煤层瓦斯含量包括游离瓦斯和吸附瓦斯两部分，其中游离瓦斯占 10%～20%，吸附瓦斯占 80%～90%。

2. 煤层瓦斯含量的主要影响因素

煤层瓦斯含量的大小决定于两个方面的因素，一是在成煤过程中伴生的气体量和煤的含瓦斯能力，二是煤系地层保存瓦斯的条件。

（1）煤的变质程度。煤的变质程度决定了成煤过程中伴生的气体量和煤的含瓦斯能力。煤的变质程度越高，生成的气体量就越大，煤的微孔隙就越多，总的表面积就越大（1 kg 煤的孔隙表面积可达 200 m^2），吸附瓦斯的量就越大，含瓦斯能力就越强。因此，在其他条件相同的情况下，变质程度高的煤层，瓦斯含量就越大。煤的变质程度增高的顺序是：褐煤、烟煤、无烟煤。根据实验室测定，煤层含有瓦斯的最大能力，一般不超过 60 m^3/t。

此外，煤层中的灰分和杂质也降低煤层吸附瓦斯的能力。煤中的水分，不仅占据了孔隙空间，也占据了煤的孔隙表面，降低了煤的含瓦斯能力。

（2）煤系地层保存瓦斯的条件。当前煤层瓦斯含量的大小，主要取决于煤系地层保存瓦斯的条件。

1）煤层有无露头。煤层有无露头对煤层瓦斯含量有很大影响。有露头时一般存在着瓦斯风化带，在该带内瓦斯沿煤层向大气中动阻力较小，煤层的瓦斯很容易放散到大气中去。所以，地表有煤层露头时，该煤层的瓦斯含量会很低。

2）煤层埋藏深度。煤层埋藏深度增加，保存瓦斯的条件就变好，煤层吸附瓦斯的能力就加大，瓦斯放散就越困难，在瓦斯带内，煤层的瓦斯含量和瓦斯压力随埋藏深度的增加而增加。

3）围岩的透气性。煤层上覆和下伏岩层的透气性，对煤层瓦斯含量影响很大。煤层被透气性很低的岩层包围，煤层的瓦斯放散不出去，瓦斯含量就高；反之，瓦斯含量就低。

4）煤层的地质史。成煤有机物沉积后，直到现今的变质作用阶段，经历了漫长的地质年代。其间，地层多次下降或上升，覆盖层加厚或遭受剥蚀，海相与陆相交替变化并伴有地质构造运动等。这些地质过程的形式和持续的时间对煤层瓦斯含量影响很大。一般来说，以下降、覆盖层加厚和海相沉积为主要变化的地质活动过程，会导致煤层瓦斯含量增高；反之，煤层瓦斯含量则降低。

5）地质构造及其条件。闭合的和倾伏的背斜或穹隆，通常是储瓦斯构造，在其轴部区域形成瓦斯包，即所谓“气顶”。构造形成的煤层局部变厚的大型煤包，往往也是瓦斯包。断层对煤层瓦斯含量的影响与其性质有关，开放性断层（一般是指张性、张扭性或导水的压性断层等）会导致煤层瓦斯含量降低；封闭性断层（压性、压扭性或不导水断层）会导致煤层瓦斯含量增高。

煤层倾角小，瓦斯沿层运移的路径长，阻力大，煤层瓦斯不易流失，导致煤层瓦斯含量大；反之，则煤层瓦斯含量小。

地下水活跃的矿区，通常煤层的瓦斯含量小。地下水对煤层瓦斯含量的降低作用表现在 3 个方面：一是长期的地下水活动，带走了部分溶解的瓦斯；二是地下水渗透的通道，同样可以成为瓦斯渗透的通道；三是地下水带走了溶解的矿物，使围岩及煤层卸压，透气性增大，造成了瓦斯的流失。

3. 矿井瓦斯涌出的形式

当煤层被开采时，煤体受到破坏，储存在煤体内的部分瓦斯就会离开煤体而涌入采掘空间，这种现象叫做瓦斯涌出。

（1）普通涌出。瓦斯从采落的煤炭及煤层、岩层的暴露面上，通过细小的孔隙缓慢而长时间地涌出。首先是游离瓦斯，而后是部分解吸的吸附瓦斯。普通涌出是矿井瓦斯涌出的主要形式，不仅范围广，而且数量大。

（2）特殊涌出。如果煤层或岩层中含有大量瓦斯，采掘时，这些瓦斯有时会在极短的时间内突然地、大量地涌出，可能还伴有煤粉、煤块或岩块，瓦斯的这种涌出形式称为特殊涌出。瓦斯特殊涌出是一种动力现象，分为瓦斯喷出和煤与瓦斯突出。瓦斯特殊涌出的范围是局部的、短暂的、突发性的，但其危害极大。

4. 矿井瓦斯涌出来源

掌握矿井瓦斯涌出的来源，是实行瓦斯分源治理的前提条件。按照瓦斯涌出地点和分布状况，瓦斯涌出来源可分为：

（1）煤岩壁瓦斯涌出。即从采掘工作面及巷道周围的煤壁中涌出的瓦斯。

（2）采落煤炭瓦斯涌出。即采掘工作面进行采煤和掘进时从落煤中涌出的瓦斯。

（3）采空区的瓦斯涌出。即从采空区的顶、底板和浮煤中涌出的瓦斯。

（4）邻近煤层瓦斯涌出，即从邻近煤层中的煤岩壁、巷壁和落煤中涌出的瓦斯。

上述瓦斯构成了矿井瓦斯涌出总量，它们各自在总量中所占比例大小随着生产条件的改变而改变，其测定方法是：在全矿同时测定各区域的绝对瓦斯涌出量，然后分别计算出各自所占的百分比。

通过对瓦斯涌出来源及构成比例关系的分析，可以找出主要瓦斯涌出源，并采取相应措施进行重点控制与管理，尽量减少其涌出量。

5. 矿井瓦斯涌出量

(1) 矿井瓦斯涌出量的概念与计算。矿井瓦斯涌出量是指在开采过程中，单位时间内或单位重量煤中涌出的瓦斯量，仅指普通涌出。表示矿井瓦斯涌出量的方法有两种。

1) 绝对瓦斯涌出量。绝对瓦斯涌出量是指单位时间内涌入采掘空间的瓦斯数量，用 m^3/min 或 m^3/d 表示，可用下式进行计算：

$$Q_{CH_4} = QC$$

或

$$Q'_{CH_4} = 1\,440QC$$

式中 Q_{CH_4}——矿井（或采区）绝对瓦斯涌出量，m^3/min；

Q'_{CH_4}——矿井（或采区）绝对瓦斯涌出量，m^3/d；

Q——矿井（或采区）总回风量，m^3/min；

C——矿井（或采区）总回风流中的瓦斯浓度，%；

1 440——1 昼夜的分钟数。

2) 相对瓦斯涌出量。相对瓦斯涌出量是指在矿井正常生产条件下，月平均日产 1 t 煤所涌出的瓦斯数量，用 m^3/t 表示。可用下式进行计算：

$$q_{CH_4} = 1\,440Q_{CH_4}N/A$$

式中 q_{CH_4}——矿井（或采区）相对瓦斯涌出量，m^3/t；

Q_{CH_4}——矿井（或采区）绝对瓦斯涌出量，m^3/min；

A——矿井（或采区）月产煤量，t；

N——矿井（或采区）的月工作天数。

必须指出，对于抽放瓦斯的矿井，在计算矿井瓦斯涌出量时，应包括抽放的瓦斯量。

(2) 影响瓦斯涌出量的因素。矿井瓦斯涌出量并不是固定不变的，它随自然条件和开采技术条件的变化而变化。

1) 煤层瓦斯含量。它是影响矿井瓦斯涌出量的决定因素。被开采煤层的原始瓦斯含量越高，其涌出量就越大。如果开采煤层附近有瓦斯含量大的围岩或煤层（通常称为邻近层），由于采动影响，邻近层中的瓦斯就会沿采动裂隙涌入开采空间，导致实际瓦斯涌出量大于开采煤层的瓦斯含量。

2）地面大气压力的变化。正常情况时，采空区及裂隙中的瓦斯与巷道风流处于相对平衡的状态。当大气压力突然降低时，就会破坏原来的平衡状态，瓦斯涌出的数量就会增大；反之，瓦斯涌出量变小。因此，当地面大气压突然下降时，必须百倍警惕，加强对采空区和密闭区等附近的瓦斯检查，否则，可能造成重大事故。

3）开采规模。开采规模是指矿井的开采深度、开拓开采的范围以及矿井产量。开采深度越大，煤层瓦斯含量越高，瓦斯涌出量就越大；开拓与开采范围越大，瓦斯涌出的暴露面积越大，其涌出量就越大；在其他条件相同时，产量高的矿井其瓦斯涌出量一般较大。

4）开采程序。厚煤层分层开采时，第一分层（上分层）的瓦斯涌出量最大，这是由于采动影响，其他分层中的瓦斯也会沿裂隙渗出的缘故。显然，对顶底部邻近层都已采过的煤层，其开采过程中的瓦斯涌出量会显著地减少。

5）采煤方法与顶板管理。机械化采煤时，煤的破碎较严重，瓦斯涌出量高；水力采煤时，水包围着采落的煤体，对其中的瓦斯的排出起阻碍作用，导致湿煤中残余的瓦斯含量增大，其瓦斯涌出量较小。采用全部陷落法管理顶板时，由于能够造成顶底板更大范围的松动，以及采空区存留大量散煤等原因，其瓦斯涌出量比采用充填法管理顶板时要高。另外，回采率低的采煤方法，瓦斯涌出量相对就高。

6）生产工序。同一采面，爆破或割煤时的瓦斯涌出量最高，较该面平均涌出量可高出一倍或几倍。

7）通风压力。采用负压通风（抽出式）的矿井，风压越高瓦斯涌出量越大，而采用正压通风（压入式）的矿井，风压越高瓦斯涌出量越小。这主要是风压与瓦斯涌出压力相互作用的结果。

8）采空区管理。一般来说，多数采空区都积存有大量瓦斯，其管理方法及好坏程度对瓦斯涌出量影响很大。例如，该封闭而未封闭或密闭质量很差，就会造成采空区瓦斯向外涌出。对采空区进行合理抽放就会降低矿井的实际瓦斯涌出量。

总之，矿井瓦斯涌出量的影响因素很多，但有主有次，应根据不同矿井的具体条件，找出其主要因素及影响规律，以制定和采取针对性的防治措施。

6. 矿井瓦斯等级划分的目的

矿井瓦斯等级是矿井瓦斯涌出量大小和安全程度的基本标志。由于不同煤田瓦斯生成与赋存的条件不同，开采时不同矿井的瓦斯涌出量就有很大差异。为保障安全生产，并做到经济合理，所选用的通风设备、通风要求及有关管理制度都应有所不同。因此，根据瓦斯涌出量和涌出形式将矿井瓦斯划分为不同等级，对矿井瓦斯实行分级管理，是十分必要的。

7. 矿井瓦斯等级划分的依据

《煤矿安全规程》规定：一个矿井中只要有一个煤（岩）层发现瓦斯，该矿井即为瓦斯矿井。瓦斯矿井必须依照矿井瓦斯等级进行管理。

矿井瓦斯等级，根据矿井相对瓦斯涌出量、矿井绝对瓦斯涌出量和瓦斯涌出形式划分为：

（1）低瓦斯矿井。矿井相对瓦斯涌出量小于或等于 10 m^3/t 且矿井绝对瓦斯涌出量小于或等于 40 m^3/min。

（2）高瓦斯矿井。矿井相对瓦斯涌出量大于 10 m^3/t 或矿井绝对瓦斯涌出量大于 40 m^3/min。

（3）煤（岩）与瓦斯（二氧化碳）突出矿井。

8. 矿井瓦斯浓度的规定与处理

矿井瓦斯浓度的规定与处理见表 3—3。

表 3—3　井下各地点瓦斯浓度规定与处理要求

巷道（地点）名称	超限瓦斯浓度（%）	瓦斯超限（或达到）处理要求
矿井总回风巷或一翼总回风巷风流	>0.75	矿总工程师必须查明原因进行处理，并报局总工程师
采区的回风巷风流	>1.00	必须停止工作，由矿总工程师负责采取措施进行处理
采掘工作面回风巷风流	>1.00	必须停止工作，由矿总工程师负责采取措施进行处理
采掘工作面风流	≥1.00	必须停止用电钻打眼
	≥1.50	必须停止工作，撤出人员，切断电源，进行处理
放炮地点 20 m 以内风流	≥1.00	禁止爆破
采掘工作面电动机附近 20 m 以内风流	≥1.50	必须停止运转，切断电源，进行处理，必须降至 1%以下启动
井下巷道局部地点	≥2.00，体积≥0.5 m³	停止运转，切断电源，进行处理，必须降至 1%以下启动
采掘工作面局部积聚瓦斯浓度（范围包括冒顶处、背风处、回风角及距顶板 200 mm、距煤帮 300 mm 处）	≥2.00，体积≥0.5 m³	附近 20 m 范围内，必须停止工作，切断电源，进行处理
采掘工作面上隅角（按作业规程规定回风巷进度棚最后一架靠冒落侧 1 m 处；使用液压支架工作面上隅角；单体液压支柱以最后一架挡矸帘为准；掩护支架以最后一架掩护梁上端为准；以及木垛的靠冒落侧 1 m 处）	≥2.00	停止工作，进行处理

续表

巷道（地点）名称	超限瓦斯浓度（%）	瓦斯超限（或达到）处理要求
采煤工作面结束，末次放顶，正常通风系统破坏后，回风及回风隅角浓度	＞1.50	在 24 h 内进行密闭
	＞2.50	
临时停工停风的掘进工作面（在栅栏处检查）	≥2.00	采取风流短路方法进行处理
井下停电后，由主要通风机排除瓦斯时，主要通风机出口扩散处	＞2.00	救护队员方可入井检查瓦斯
	≤1.00	通风人员方可入井检查瓦斯
	≤0.75	其他人员方可入井
采煤工作面尾巷风流（尾巷栅栏处）	≥2.5	停止工作面工作，由矿总工程师负责，采取措施处理
井下采用串联通风，进入串联工作面风流	＞0.50	必须停止工作，切断电源，进行处理
井下煤仓（以胶皮管介入煤仓 2 m 处检查数为准）	≥1.50	停止附近 20 m 电气设备运转，进行处理
主要通风机停电检修恢复通风后，电机车架线附近（距架线 20 m 范围内）	≥2.00，体积≥0.5 m^3	不许给电机车架线送电，并立即处理
抽放瓦斯泵房内（包括机房顶）	≤0.50	发现超限，立即处理
瓦斯泵房内机体附近（机体附近 300 mm 内）	＞1.00	立即处理
瓦斯泵抽放浓度	＜30.00 ≥25.00	查明原因，进行处理，禁止利用，立即停止瓦斯泵运转

除遵守以上规定和要求外，还应遵守以下规定：

临时停工的地点，不得停风；否则必须切断电源，设置栅栏，揭示警标，禁止人员进入，并向矿调度室报告。停工区内瓦斯或二氧化碳浓度达到3.0%或其他有害气体浓度超过《煤矿安全规程》第100条的规定不能立即处理时，必须在24 h内封闭完毕。

局部通风机因故停止运转，在恢复通风前，必须首先检查瓦斯，只有停风区中最高瓦斯浓度不得超过1.0%和最高二氧化碳浓度不得超过1.5%，且符合《煤矿安全规程》第129条开启局部通风机的条件时，方可人工开启局部通风机，恢复正常通风。

三、瓦斯爆炸及预防

1. 瓦斯爆炸的基本条件

瓦斯是一种能够燃烧或爆炸的气体，当同时具备以下3个基本条件时，就会发生爆炸。

（1）在正常情况下，瓦斯爆炸浓度为5%～16%（按体积计算），5%是最低爆炸浓度，叫爆炸下限；16%是最高爆炸浓度，叫爆炸上限。瓦斯浓度低于下限时，只能发生燃烧，不能爆炸；瓦斯浓度高于上限时，只能在混合气体与新鲜空气的接触面上发生燃烧，而不能发生爆炸。当瓦斯浓度为9.5%时，爆炸威力最大。

（2）引爆火源温度。一般为650～750℃以上，且火源存在的时间大于瓦斯爆炸的感应期。炮火、明火、吸烟、电器火花、煤炭自燃甚至铁器撞击或摩擦产生的火花都能达到这个温度。

（3）氧气浓度。煤矿井下空气中氧气的浓度大于12%时，瓦斯才爆炸。低于12%时，瓦斯即失去爆炸性。

2. 影响瓦斯爆炸的因素

影响瓦斯爆炸的因素很多、很复杂，其主要因素有：

（1）可燃性气体的混入。当瓦斯和空气的混合气体中混入可燃性气体时，由于这些气体（如氢气、硫化氢、乙烷、一氧化碳等）本身具有爆炸性，不仅增加了爆炸气体的总浓度，而且会使瓦斯爆炸下限降低，从而扩大了瓦斯爆炸的界限。因此，井下发生火灾或有其他可燃性气体时，即使平时瓦斯涌出量不大的矿井，也可能发生瓦斯爆炸，应特别引起注意。

(2) 爆炸性煤尘的混入。在瓦斯和空气的混合气体中，如果混入有爆炸性煤尘时，由于煤尘本身遇火源能够放出可燃性气体，因此能够使瓦斯爆炸下限降低。当空气中煤尘含量为 5 g/m³ 时，瓦斯爆炸下限降到 3%；煤尘含量为 8 g/m³ 时，瓦斯爆炸下限降到 2.5%。当沉积煤尘被冲击波、高速风流扬起时，达到这样高的煤尘含量是很容易的。

(3) 惰性气体的混入。在瓦斯和空气的混合空气中，混入惰性气体（如二氧化碳、氮气、卤族元素等）将使氧气浓度减少，可缩小瓦斯爆炸界限，降低瓦斯爆炸危险性。如每加入 1%的氮气，瓦斯爆炸下限就提高 0.017%、上限降低 0.54%；每加入 1%的二氧化碳，瓦斯爆炸下限就提高 0.003 3%、上限降低 0.26%。二氧化碳还能降低瓦斯爆炸压力和延迟爆炸时间。当二氧化碳增加到 25.5%时，无论瓦斯浓度有多大，都不会发生爆炸。

(4) 混合气体的初始温度（即爆炸发生前混合气体的温度）。试验表明，初始温度越高，瓦斯爆炸界限就越大。当初始温度为 20℃时，瓦斯爆炸界限为 6.0%～13.4%；初始温度为 70℃时，瓦斯爆炸界限为 3.25%～18.75%。因此，井下发生火灾或爆炸时，高温会使原来并未达到爆炸浓度的瓦斯发生爆炸。

(5) 瓦斯浓度与引火温度。不同的瓦斯浓度，所需的引火温度（引起爆炸的最低温度）也不同。一般说来，当瓦斯浓度为 7%～8%，其引火温度最低，就是说，瓦斯最容易引爆的浓度是 7%～8%；高于或低于这个浓度，所需引火温度都较高。

(6) 混合气体的压力。压力越大，所需引火温度越低。当混合气体瞬间被压缩到原来体积的 1/20 时，由于混合气体被压缩而自身产生的热量就能使其自行爆炸。

煤矿生产中的爆破作业，爆破瞬间会产生 2 000℃以上高温和高压冲击波，为瓦斯爆炸提供了高温热源条件，并产生很大的气体压力。从而大大降低了引火温度，比较容易发生瓦斯爆炸事故。因此，爆破作业应严格执行“一炮三检制”，封孔要符合作业规程的规定；严禁明火爆破、裸露爆破；起爆要用防爆型发爆器，严禁用架线、裸露电缆作电源起爆等。

3. 防止引爆（燃）瓦斯的措施

瓦斯爆炸是煤矿井下危害最大的事故，从根本上控制瓦斯爆炸事故的发生，是目前“一通三防”工作的重点。

防治瓦斯爆炸，要从瓦斯爆炸的3个条件着手。氧浓度在井下总是能满足瓦斯爆炸需求的，但其余的两个条件是防止瓦斯爆炸的切入点，只要不让这两个条件同时存在，就能防止瓦斯爆炸。从发生瓦斯爆炸事故的原因可以看出，绝大多数事故都是人为因素造成的。因此，瓦斯爆炸事故是可以预防的，预防瓦斯爆炸要从下述几个方面进行：

（1）加强通风和矿井瓦斯管理：

1）建立完善、合理的矿井通风系统。各采掘工作面应实行独立通风；并做到稳定、连续地向井下所有用风地点供风，保持足够的风量；严防风流短路或风量不足引起瓦斯积聚。尤其是局部通风的管理，是防止瓦斯爆炸事故的重点工作之一。

2）严格执行《煤矿安全规程》有关瓦斯检查与管理的规定，防止和及时发现、处理局部瓦斯积聚，严禁超限作业。

3）对于瓦斯涌出量大或异常的区域，采用通风方法无法解决瓦斯超限时，必须抽放煤层瓦斯，以减少开采过程中的瓦斯涌出量。

4）建立安全监测机构，按规定安设甲烷断电仪，并及时检查维护，保证灵敏可靠和正常运行。严禁将瓦斯监控探头挪移放进风筒内或用塑料袋包住探头。

（2）防止出现引爆火源。防止引爆火源的措施是严禁和杜绝井下出现一切火源，严格管理和控制生产中可能发生的火、热源。

1）防止出现明火。遵守《煤矿安全规程》的有关规定，井口房和通风机房附近 20 m 内，不得有烟火或用火炉取暖；严禁携带烟草和点火物品入井；防止煤炭自燃，加强火区管理等。

2）防止出现炮火。爆破产生的火焰是最容易引起瓦斯爆炸的火源之一，因此，爆破工必须严格执行“一炮三检”制度；严禁放明炮、糊炮；应使用合格的煤矿许用爆炸材料和爆破器材，禁止使用变质炸药；合理布置炮眼，最小抵抗线不能过小，避免产生炮震裂缝而造成“走后门”现象；装药时，一定要清除炮眼内的煤粉，防止隔药，不装盖药、垫药；严禁用可燃性材料、无塑料的材料作炮泥封孔；封泥长度必须符合作业规程的规定；连线时，严禁使用明接头和裸露爆破母线。

3）防止出现电火花。瓦斯矿井必须采用安全型、防爆型和安全火花型的设备；井口和井下电器设备必须设有防雷电和防短路保护装置；所有电缆接头不准有“鸡爪子”“羊尾巴”和明接头；不准带电作业；严禁在井下拆开、敲打、撞击发爆器、矿灯的灯头和灯盖等。

4）防止出现其他火源。在搬运机械设备过程中要轻搬轻运，防止因摩擦、撞击而出现火花；采取有针对性措施，防止金属、岩石等坚硬物体从高处落下，以防产生撞击火花；严禁穿化纤衣服下井等。

四、煤与瓦斯突出及其防治

1. 煤与瓦斯突出的概念

在地应力和瓦斯（或二氧化碳）的共同作用下，破碎的煤和瓦斯由煤体内突然抛向采掘空间的现象，称为煤与瓦斯突出。

按矿井瓦斯动力现象，煤与瓦斯突出可分为倾出、压出和煤与瓦斯突出 3 种。

2. 煤与瓦斯突出的危害

我国是世界上煤与瓦斯突出最严重的国家，突出矿井数占世界突出矿井数的 45%，自 20 世纪 50 年代迄今，累计已发生约 1.4 万次突出，突出的总数最多，伤亡最为严重。每当发生煤与瓦斯突出时，采掘工作面的煤壁将遭到破坏，大量的煤与瓦斯将从煤层内部以极快的速度向巷道或采掘空间喷出，充塞巷道，煤层中会形成孔洞，同时由于伴随着强大的冲击力，巷道设施会被摧毁，通风系统遭受破坏、甚至发生风流逆转，还可能造成人员窒息或发生瓦斯爆炸、燃烧及煤粉埋人事故。

3. 煤与瓦斯突出的预兆

绝大多数的突出，在突出发生前都有预兆，没有预兆的是极少数。突出预兆可分为有声预兆和无声预兆。

(1) 有声预兆。煤层中有煤炮声，不同矿区、不同采掘工作面的地质条件、采掘方法、瓦斯大小及煤质特征等不一定相同，所以预兆发出的声音大小、间隔时间、响声的种类也不相同；有时出现像炒豆似的“噼噼啪啪”声，有的像鞭炮声，有的像机枪声，有的像闷雷声、嘈杂声、沙沙声、嗡嗡声以及气体穿过含水裂缝时的吱吱声。发生突出前，因压力突然增大，支架出现嘎嘎响、发出劈裂折断声；有时煤层内出现破裂，引起煤壁震动、开裂响声等。

(2) 无声预兆。煤层结构构造方面表现为：煤层层理紊乱，煤变软、变暗淡、变干燥、无光泽、易粉碎；煤层受挤压褶曲、倾角变大、变陡，煤层突然增厚或变薄，煤岩破坏严重并常常伴随断层出现等。

地压显现方面表现为：压力增大使支架变形，煤壁外臌、片帮、掉渣，顶底板出现凸起，炮眼变形，打钻时塌孔、顶钻、夹钻杆等。

其他方面的预兆有：瓦斯涌出异常、忽大忽小，煤层增大，空气气味异常、闷人，空气温度降低或升高等。

上述突出预兆并非每次突出时都同时出现，可能只出现其中的一种或几种预兆。

4. 煤与瓦斯突出的一般规律

人们在长期的实际工作中，发现了煤与瓦斯突出有以下的规律：

（1）突出多发生在一定深度上，突出的危险性随着开采深度的增加而增大。

（2）突出的危险性随着煤层厚度的增加而增大。

（3）突出的危险性随着煤层倾角的增大而增大。

（4）突出煤层的瓦斯含量和瓦斯压力一般都比较高。

（5）突出与煤层构造有一定关系。光泽暗淡、层理紊乱、煤质松软、强度低，用手捻之变成粉末、瓦斯扩散速率大的容易发生突出。

（6）突出多发生在地质构造发育、变化异常的地带。如断层带、破碎带、煤层厚度变化带、褶曲地点和煤层倾角变化大的地点等都容易发生煤与瓦斯突出。

（7）有外力激发容易发生突出。如爆破、打眼、冲孔等。但多发生在爆破这一工序。

（8）突出多发生在石门揭煤和煤层掘进工作面。

（9）突出的区域分布是不均衡的。同一矿区、不同矿井的突出煤层可能不同；同一矿井、同一煤层在不同地点的突出危险性也可能不同。

5. 防突措施

（1）防止煤与瓦斯（二氧化碳）突出综合措施。在开采突出煤层时，必须采取以防止突出措施为主，同时又避免人身事故的综合措施，综合措施的内容应包括以下方面：突出危险性预测；防止突出措施；防止突出措施的效果检验；安全防护措施。

为了防止因突出预测失误或防突措施失效而造成危害，无论是揭穿突出危险煤层还是在突出危险煤层中进行采掘作业，都必须采取安全防护措施。安全防护措施包括石门揭穿煤层使用震动爆破、采掘工作面的远距离爆破、设置避难所、备有压风自救系统和隔离式（压缩氧和化学氧）自救器等。

（2）区域性措施。主要有开采保护层、预抽煤层瓦斯。

（3）局部性措施。对于石门揭穿突出煤层或突出煤层掘进时，应采用抽放瓦斯、水力冲孔、排放钻孔、水力冲刷、金属骨架、松动爆破等措施。但掘进上山时不应采用松动爆破、水力冲孔、水力疏松等措施。

突出煤层上山掘进工作面采用爆破作业时，应采用深度不大于1.0 m的炮眼远距离全断面依次爆破。厚度小于0.3 m的突出煤层，可直接采用震动爆破或远距离爆破揭穿。

在突出煤层采煤工作面，应采用浅眼松动爆破、浅孔注水、超前卸压等措施。

有突出危险的采掘工作面爆破落煤前，所有不装药的眼、孔都应用不燃性材料充填，充填深度应不小于爆破孔深度的1.5倍。对采用直径大于120 mm的钻孔、水力冲刷或水力冲孔等措施在煤体中形成的孔洞，在爆破前应严密封闭孔口，孔内注满水、砂或填土。

爆破工在有突出危险的工作面作业时，都要严格按照规程规定的爆破方法步骤进行操作，在迎头，注意观察工作面有无突出预兆，随身携带隔离式自救器，熟悉避灾路线。

[案例] 1998年12月24日15时45分，辽宁省某局×矿南二下延一700 m南石门发生煤与瓦斯突出事故，死亡28人，伤6人，直接经济损失138.05万元。突出瓦斯量达81万m^3，风流逆转达到2 500 m，800 m处巷道瓦斯达10%以上；抛出煤量2 686.5 t，有317.5 m巷道被煤炭填充，440 m巷道有煤粉沉积；两道反向风门被破坏，起爆地点仅距突出地点242.5 m，并在非新鲜风流处躲避、起爆，加上该次突出强度大，导致揭煤人员、救护人员、爆破人员及在该区域内的其他人员全部受到瓦斯气流冲击和危害，最终造成伤亡事故。

第三节 矿井火灾

一、矿井火灾的分类及危害

凡是发生在煤矿井下或地面，威胁到井下安全生产，造成损失的非控制燃烧称为矿井火灾。

矿井火灾按引火热源不同，分为外因火灾和内因火灾。

按矿井发火地点不同，分为井筒火灾、巷道火灾、采面火灾、煤柱火灾、采空区火灾、硐室火灾。

按燃烧物的不同，分为煤炭自燃火灾、火药燃烧火灾、机电设备火灾、油料火灾及瓦斯燃烧火灾等。

矿井火灾对煤矿生产和职工安全的危害主要有以下 4 个方面：

1. 产生大量有害气体

矿井火灾对人身的危害主要是在火灾发展过程中产生大量的有毒有害气体。煤炭燃烧会产生一氧化碳、二氧化碳、二氧化硫、烟尘等；另外，坑木、橡胶、聚氯乙烯制品的燃烧也会产生大量的一氧化碳、醇类、醛类以及其他复杂的有机化合物。这些有害气体和烟尘随风扩散，有时可能波及相当大的区域，造成井下人员伤亡。据统计，在矿井火灾事故中的遇难者 95%以上是死于烟雾中毒。

2. 引起爆炸

矿井火灾不仅提供了瓦斯、煤尘爆炸的引火热源，而且火的干馏作用使可燃物放出氢气、瓦斯等爆炸气体，同时火灾还可以使沉降的煤尘重新悬浮。因此，火灾往往会造成瓦斯、煤尘爆炸事故。

3. 毁坏设备和资源

一旦发生井下火灾，就可能烧毁生产设备和造成煤炭资源的严重破坏。

4. 在火源及邻近处产生高温

高温往往引燃邻近处可燃物，使火灾范围迅速扩大。

矿井火灾还会造成矿井局部甚至全矿井的停产，冻结煤炭资源，严重影响矿井的生产。

二、外因火灾的预防

对于井下人员来说，外因火灾比自燃火灾危险性更大。如果不及时或者未能迅速将之扑灭，火势就很快扩大，产生一氧化碳，造成井下人员大量伤亡。所以，任何矿井都必须十分重视外因火灾预防。

预防外因火灾应从杜绝明火与机电火花着手，其主要措施有：

1. 井下严禁吸烟和使用明火。

2. 井下严禁使用灯泡取暖和使用电炉。

3. 瓦斯矿井要使用安全炸药，爆破作业要遵守《煤矿安全规程》。

4. 正确选择矿用型（具有不延燃护套）橡套电缆。按《煤矿安全规程》的规定做好电缆的连接悬挂，避免压在煤堆中，并坚持使用好过负荷、短路、漏电保护装置，并加强日常维修保养工作。对充油电气设备定期检查绝缘油的质量、设备的绝缘状态，坚持使用好的继电保护装置，保持设备的正常运转状态，及时、清楚的灭火器材。严禁带电检修、搬迁电气设备，防止短路、过负荷，防止电火花的产生。

5. 井下和井口房不得从事电焊、气焊、喷灯焊接。如在主要的硐室、主要进风井巷和井口房内进行电焊、气焊和喷灯焊接工作，每次都必须制定安全措施，经矿长批准，由矿长指定专门人员在场检查和监督。

6. 使用温升变色涂料。温升变色涂料是早期发现发热指示剂，它的特性是当涂料覆盖物温度升高超过额定时即会变色，而当温度下降到正常时，则会恢复原色。因此，人们应用温升变色涂料的特性，将其涂敷在机电或机械设备外壳上和容易发热的部位。根据颜色的变化，可以及时发现外因火灾初期的现象，采取有效措施，预防外因火灾发生。

7. 使用火灾检测器。人们利用外因火灾初起时会产生温升、烟雾、灰尘、气体等，运用现代科学技术，研制成感温、感烟等火烟检测器。这些检测器可以及时发现初期火灾。

8. 严控堆放易燃物品。《煤矿安全规程》规定，井下和硐室内不准存放汽油、煤油和变压器油。井下使用的润滑油、棉纱、布头和纸等，也必须存放在盖严的铁桶内，并由专人定期送地面处理，不准乱放乱扔。严禁将剩油和废油泼洒在井巷和硐室内。

9. 矿井必须设地面消防水池和井下消防管路系统。井下消防管路系统应每隔 100 m 设置支管和阀门，但在带式输送机巷道中应每隔 50 m 设置支管和阀门。地面的消防水池必须保持不少于 200 m^3 的水量。如果消防用水同生产、生活用水的水池共用，应有确保消防用水的措施。开采下部水平的矿井，除地面消防水池外，可利用上部水平或生产水平水仓作为消防水池。

10. 新建矿井的永久井架和井口房，或者以井口为中心的联合建筑，都必须用不燃性材料建筑。《煤矿安全规程》要求：平硐、井筒、各水平的井底连接处及其井底车场，主要绞车道同主要运输道、回风道的连接处，井下机电硐室，主要巷道内带式输送机机头前后两端 20 m 范围内，都必须用不燃性材料支护。

11. 设置防火门，防止地面火灾传入井下。《煤矿安全规程》规定，进风井口和进风平硐口都应装设防火铁门，如不设防火铁门，必须有防止烟火进入井筒的安全措施。同时，防火铁门必须易于关闭严密，打开时不妨碍提升、运输和人员通行，并定期维修。

三、内因火灾及其预防

1. 煤炭自燃的预兆

（1）视力感觉。煤炭氧化自燃初期生成水分，往往使巷道内湿度增加，出现雾气或在巷道壁挂有水珠。浅部开采时，冬季在地面钻孔或塌陷区处发现冒出水蒸气或冰雪融化的现象。当然井下两股温度不同的风流汇合处也可能有雾气出现。同时透水事故的前兆也会有水珠（但是尖形的）出现。因此，在井下发现雾气或水珠时，要结合具体条件加以分析。

（2）气味感觉。煤炭从自热到自燃中，氧化产物内有多种碳氢化合物，并产生煤油味、汽油味、松节油味或焦油味等气味。经验证明，当人们嗅到焦油味时，煤炭自燃已经发展到一定的程度了。

（3）温度感觉。煤炭氧化自燃过程中要放出热量，因此，从该处流出的水和空气的温度较正常时高。

（4）疲劳感觉。煤炭氧化自燃过程中从自热到自燃阶段都要放出有害气体（如 CO_2、CO 等），这些气体能使人头痛、闷热、精神不振、不舒服、有疲劳感觉。当然，生病时也有类似感觉。因此，当井下出现这种现象时，要结合具体情况，认真分析，如果是多数人的感觉，那更要提高警惕、查明原因，以防煤层自然发火。

（5）煤层的温度，附近的空气温度和水的温度都比正常情况下高。

（6）附近的氧气浓度降低。

（7）附近巷道中湿度增大。

（8）附近巷道的壁面和支架表面出现水珠，俗称“煤壁出汗”。

（9）出现有毒有害气体，如一氧化碳、二氧化碳和各种碳氢化合物。

2. 煤炭自燃的预防

（1）开采技术措施及通风系统。从预防煤炭自燃的角度出发，对开拓、开采方法的要求是：煤层切割量少、煤炭回采率高、工作面推进速度快、采空区容易封闭。为满足上述要求，通常应采取的技术措施：①合理地进行开拓布置。尽可能采用岩石巷道，推广无煤柱开采技术。②选择合理的采煤方法。应尽量采用长壁式采煤法，有条件的应布置综合机械化的长壁工作面，同时采用全部陷落法管理顶板。③选择合理的开采顺序。煤层间采用下行式，即先采上煤层，后采下煤层；上山采区先采上区段，后采下区段，下山采区与此相反；区段内先采上区段，后采下区段。

矿井通风网络结构简单，通风阻力适中（3 kPa 以下为宜），主要通风机与风网匹配；通风设施布置合理；通风压力分布适宜；矿井通风方式以中央分列式或两翼对角式为好；采区应用分区通风，主要通风机运行的工况点位于高效区内。风门、风墙及调节风窗在风路中应安设在使其前方压力降低的地方，而辅助通风则相反。

（2）防止漏风。因为煤炭自燃是煤与空气中的氧气在一定条件下进行氧化的结果，所以矿井通风网络中漏风是煤炭自燃决定的因素。因此，预防漏风的措施是尽可能地增大漏风风阻和降低漏风风路两端的压差。

1）增大漏风风阻减少漏风。及时砌筑质量高的防火墙封闭采空区和废巷；无煤柱开采时沿空巷道挂帘布；利用电厂飞灰充填采空区周壁形成隔离带；利用水砂充填带将整个采空区隔绝；在防火墙和巷道壁上喷涂塑料泡沫等。

2）利用调节风压法减少漏风。调节风压法就是设法改变通风系统内的压力分布，降低漏风风路两端的压差，以减少漏风，从而达到防火的目的。

（3）预防性灌浆。预防性灌浆是预防煤炭自燃火灾的传统措施，也是应用最为广泛且最有成效的措施之一。

预防性灌浆就是将水和不燃性固体材料按一定比例混合，配置成适当浓度的浆液，然后利用灌浆管道系统将其送往采空区等可能发生煤炭自燃的地点，以防止自燃火灾的发生。

（4）阻化剂防火。阻化剂亦称阻氧剂，是具有阻止氧化和防止煤炭自燃作用的一些盐类物质。这些盐类附着在煤炭颗粒的表面上时，能吸收空气中水分，在煤的表面形成含水液膜，从而阻止煤、氧接触，起到隔绝氧气、阻止氧化的作用；同时，这些吸水性很强的盐类使煤体长期处于潮湿状态，水分蒸发时的吸热降温作用使煤体在低温氧化过程中的温度不能升高。

煤矿中常用的阻化剂多为无机盐类化合物，如氯化钙（$CaCl_2$）、氯化镁（$MgCl_2$）、氯化铵（NH_4Cl）、碳酸氢铵（NH_4HCO_3）和水玻璃（$xNa_2O \cdot ySiO_2$）等。某些工厂的废液及副产品，如酿酒厂的废液、造纸厂的废液、炼镁槽渣和化工厂的硼酸废液等，也常作为阻化剂使用。

（5）凝胶防灭火技术。凝胶防灭火技术是通过压注系统将基料（水玻璃）和促凝剂（铵盐）按一定比例与水混合后，注入到煤体中凝结固化，起到堵漏和防火的目的。混合液在凝固前，其黏度近似于水，流动较好，可渗透到煤和岩石的裂隙中，而成胶后则固结在煤体中。该胶体具有固水性、吸热降温性、密封堵漏性、阻化性，以及成胶时间可调等主要特性。

凝胶具有固水性、阻化性、热稳定性和吸热降温性等较好的防灭火性能；防灭火有效期长，一般情况下，经过凝胶处理过的碎煤不易复燃；成胶时间可控，成胶后，凝胶失去流动性，有一定的强度，可用于巷道顶煤或支架顶部等高部煤体自燃火灾防治；凝胶耐高温，在明火中不会迅速汽化，仅慢慢萎缩，不存在水煤气爆炸和水蒸气伤人的危险；灭火安全性好；成胶材料来源广泛，成本低廉，压注工艺简单，操作方便。该技术在矿区得到广泛应用，成功地扑灭了多次煤层自燃火灾，现已成为主要的防灭火技术之一。

（6）胶体泥浆防灭火技术。该技术利用基料、促凝剂的胶凝作用，以黄土（或粉煤灰）作增强剂，增加胶体强度、提高耐温性能和延长有效期，通过灌浆管路系统将基料和增强剂输送到井下用胶地点的混合器中，在井下利用专用设备，将促凝剂压入混合器，经混合器混合后，通过防灭火钻孔，注入煤体火区。胶体中的硅胶起骨架作用，黄土（粉煤灰）起充填作用，把易流动的水固定在硅胶内部，堵塞煤体孔隙，阻止煤炭氧化放热；固定大量水分，降低煤体温度，从而达到灭火的目的。

（7）惰性气体防灭火技术。煤矿利用惰性气体进行防灭火已有很长的发展历史，我国从 20 世纪 80 年代初期起，开始对 N_2 防灭火技术进行研究和试验。目前，已为很多矿井所采用，并取得了可喜的效果。

这里所说的惰性气体是指不能助燃也不能燃烧的气体，与化学上的惰气在概念上有所不同。矿井的防灭火中常用惰性气体有 N_2、CO_2 和湿式惰气等。由于 N_2 是空气的主要成分，在空气中所占的体积百分比为 79%，且无味、无嗅、无毒，与空气易于混合，因此，在防灭火工作中应用最多。

惰性气体防灭火就是将不能助燃也不能燃烧的惰性气体注入已封闭的或有自燃危险的区域，降低其 O_2 的浓度，从而使火区中因 O_2 含量不足而将火源熄灭，或者使采空区中因 O_2 含量不足而使遗煤不能氧化自燃。

惰性气体防灭火关键是控制火区的 O_2 含量。对于不同的场合、不同的惰化过程，O_2 浓度的控制标准也不相同。例如，灭明火时，应使 O_2 含量小于 15%；防止采空区遗煤自燃，O_2 含量应为 7%～10%。

（8）均压防灭火技术。均压是通过降低漏风通道两端的风压差，即削弱漏风的动力源来达到减少漏风的目的，主要用于煤层自燃火灾预防、封闭火区等。常用的均压技术措施一般有调压气室辅以连通管、风门辅以主调压风机、改变风流流动路线 3 种。矿区防火中常用改变风流流动路线均压法。

均压技术实施速度快，防火效果好，防火成本低。但均压稳定性差，需要严格管理和调节，操作烦琐，不易控制。只能用于防火，而不能有效地降温灭火。

四、直接灭火

直接灭火就是用水、砂子、岩粉、化学灭火器、高倍数泡沫灭火器以及挖除火源等方法来扑灭火灾。

1. 用水灭火

用水扑灭井下火灾，属于直接灭火方法中的一种。它具有操作方便、灭火迅速、消灭彻底、所需费用少等优点，是煤矿灭火常用的方法之一。

用水灭火的注意事项：

（1）应先从火源外围逐渐向火源中心喷射水流，以免产生大量水蒸气和灼热的煤渣飞溅，伤害灭火人员。

（2）应有足够的水量，防止在高温作用下分解成氢气和一氧化碳，形成爆炸性混合气体。

（3）应保持正常通风，以使高温烟气和水蒸气直接导入回风流中。

（4）用水扑灭电器设备火灾时，应首先切断电源。

（5）因为水比油重，故不宜用水扑灭油类火灾。

（6）要经常检查火区附近的瓦斯浓度。

（7）灭火人员只准站在进风侧，不准处于回风侧，以防高温烟流伤人或中毒。

2. 覆盖灭火

用砂子或岩粉直接覆盖火源，将燃烧物与空气隔绝使火熄灭。此外，砂子和岩粉不导电，并能吸收液体物质，因此可用来扑灭油类或电器火灾。

3. 挖除火源

它是将已经发热或者燃烧的煤炭以及其他可燃物挖出、清除、运出井外。这是扑灭矿井火灾最彻底的方法，但是采用这种方法的条件是：火灾处于初起阶段，涉及范围不大，火区无瓦斯积聚，无煤尘爆炸危险，火源位于人员可直接到达的地点。

4. 干粉灭火

煤矿常用的干粉灭火是以磷酸铵粉末为主剂，炉灰为防潮防滞剂，以干粉灭火器和灭火手雷为灭火工具进行灭火的。磷酸铵粉末在高温作用下，发生一连串的吸热分解反应，将火灾扑灭。它对初始的外因火灾有良好的灭火效果。

5. 泡沫灭火

灭火泡沫有两大类：空气机械泡沫与化学泡沫。前者是第二次世界大战从军工系统引进的一项灭火技术；后者是广泛应用于地面灭火的得力手段。

空气机械泡沫就是用机械的方法将空气鼓入含有泡沫的水溶液而产生大量泡沫。泡沫发生的倍数在500～1 000之间，由于它比化学反应产生的泡沫倍数（10～20）高得多，故又称高倍数空气机械泡沫。

高倍泡沫灭火的作用实质上是增大了用水灭火的有效性，大量的泡沫送往火源地点起着覆盖燃烧物隔绝空气的作用；与火源接触泡沫破裂，水分蒸发吸热，产生大量水蒸气，降温稀释氧浓度，具有抑制燃烧，熄灭火源的作用；另外大量泡沫阻止热的传导、对流与辐射，阻断了火势的扩展与蔓延。

这种灭火方法灭火速度快，效果好，可以远距离操作，从而保证灭火人员的安全。灭火后恢复工作也较简单，而且成本低、水耗少、无毒无腐蚀性。因此，应用范围比较广。

第四节　矿 尘 防 治

一、矿尘的产生及危害

矿井在生产过程中所产生的各种矿物细微颗粒，统称为矿尘。因颗粒直径很小，所以常用微米表示。

矿尘可以长期地悬浮于空气中或沉降下来。悬浮于空气中的矿尘叫浮尘，沉落下来的叫落尘。矿尘在空气中悬浮时间的长短取决于尘粒的大小、重量、形状以及空气的温度、湿度和风速等条件。因此当外界条件改变时，浮尘和落尘可以相互转化。另外，从其卫生角度来考虑，把直径小于 5 μm 的矿尘称为呼吸性粉尘，这类粉尘能进入人体肺部，导致尘肺病。

1. 矿尘的产生

井下矿尘的主要来源是在生产过程中生成的，如对煤（岩）体的打眼、爆破、装卸、支护、运输、提升等环节都会产生。煤层或围岩中由于地质作用生成的原生矿尘只是井下矿尘的次要来源。井下矿尘的产生量，以采掘工作面为最高，其次在运输系统中的各转载点。

2. 矿尘的危害

矿尘的危害主要有以下 3 个方面：

(1) 矿尘对人体产生危害。工人长期在矿尘环境中工作，吸入大量的矿尘后，轻者能引起呼吸道炎症，重者可导致尘肺病(吸入 5 μm 以下的尘粒后，人体呈现出的肺组织弥漫性纤维化增生、病变和功能衰竭，称为尘肺病)，严重影响人体健康和寿命。

(2) 煤尘爆炸。矿尘中的煤尘，具有可燃性，遇有外界火源，很容易引起火灾。有的煤尘还能导致爆炸事故，造成人员伤亡，破坏设备和破坏整个矿井，造成巨大损失。

(3) 污染劳动环境。作业地点矿尘浓度过高，降低环境可见度，影响劳动效率和操作安全。

《煤矿安全规程》规定，采掘工作面以及井下其他产生粉尘的地点，都应采取防尘措施，防止粉尘飞扬。井下有人工作地点和人行道的空气中，粉尘浓度不得超过表 3—4 中的规定。

表 3—4　　粉尘浓度的规定

粉尘中游离 SiO_2 含量（%）	最高允许浓度（mg/m^3）	
	总粉尘	呼吸性粉尘
<10	10	3.5
10～50	2	1
50～80	2	0.5
≥80	2	0.3

二、防止煤尘爆炸的措施

1. 煤尘爆炸条件

（1）具有一定浓度的能够爆炸的煤尘云。煤尘有的具有爆炸性，有的不具有爆炸性。煤尘只有在空气中呈浮游状态并具有一定的浓度时才能发生爆炸，能形成爆炸的浮游煤尘浓度的范围，叫煤尘爆炸界限。试验表明，煤尘爆炸下限为 45 g/m^3，上限为 1 500～2 000 g/m^3，爆炸力最强的煤尘浓度为 300～400 g/m^3。

（2）高温的热源。能够引燃煤尘爆炸的热源温度变化的范围是比较大的，它与煤尘中挥发分含量有关。我国煤尘爆炸的引燃温度变化大约在 610～1 050℃之间，烟煤一般为 650～900℃。煤矿井下能点燃煤尘的高温火源主要为：爆破时出现的火焰、电气火花、电弧、静电放电、冲击火花、摩擦高温、井下火灾和瓦斯爆炸等。

（3）空气中氧浓度大于 18%。空气中氧含量小于 18%时，煤尘就不能爆炸。但必须注意，空气中氧浓度虽然减至 18%以下，并不能完全防止瓦斯与煤尘在空气中的混合物爆炸。

2. 影响煤尘爆炸的因素

影响煤尘爆炸的因素是多方面的，主要有：

（1）煤的挥发分。一般讲，煤的可燃挥发分含量越高，煤尘越容易发生爆炸，爆炸威力也就越大。而且，挥发分越高，煤尘爆炸下限浓度越低，更易爆炸。一般挥发分含量大于 10%的煤尘都具有爆炸性。

(2) 煤尘粒度。煤尘的爆炸性与其粒度关系较大，粒径小于 1 mm 的煤尘一般都能参与爆炸。但煤尘爆炸的主体是直径 10～75 μm 的煤尘。粒径偏小，爆炸性越强，但粒度过小反而失去爆炸性。

(3) 煤的灰分。煤的灰分是不燃物质，能吸收煤尘燃烧时放出的能量，起到降温阻燃的作用。所以，灰分越高，煤尘爆炸性越低。但灰分较少时，对煤尘的爆炸性影响不显著；只有灰分达到 30%～40%时，煤尘爆炸性才显著减弱。

(4) 煤尘水分。煤的水分在尘粒之间起着黏结作用，可降低尘粒的飞扬能力，同时起到吸热降温和阻燃的作用。但煤尘的水分对减弱爆炸的作用是极其微小的，即使煤尘水分含量达到 25%，已呈稠泥状，仍能参与强烈爆炸。

(5) 空气中的瓦斯浓度和含氧量。瓦斯具有爆炸性，当瓦斯混入含煤尘的空气中时，会相应地降低各自的爆炸下限。混入的瓦斯浓度越高，煤尘爆炸下限越低。

(6) 引爆火源与爆炸环境。引爆火源的初始温度越高，不仅容易引爆煤尘，而且起爆时的强度也大；反之，点燃初始温度越低，煤尘发生爆炸的可能性越小。

煤尘爆炸也有感应期，一般为 20～250 ms。

此外，爆炸地点的空间形状和大小、断面变化情况、空间内的障碍物、湿度、巷道的长短、拐弯情况等爆炸环境都对爆炸的强度和发展有较大的影响。

3. 防止煤尘爆炸的措施

防止煤尘爆炸的措施包括降尘措施、防止煤尘引燃和限制煤尘爆炸范围扩大 3 个方面。

(1) 降尘措施。设法减少生产中煤尘产生量和浮尘量，是防止煤尘爆炸的根本性措施。为达到此目的，应采取如下措施：

1) 煤层注水。回采前先在煤层中打若干钻孔，通过钻孔注入 0.49～0.98 MPa 或更高压力的水，使压力水沿煤层层理、节理和裂隙渗入而将煤体预先湿润，以减少开采时煤尘发生量。

2）喷雾洒水。在井下集中产生煤尘的地点进行喷雾洒水，是捕获浮尘和湿润落尘的有效措施。因此《煤矿安全规程》规定：采煤机掘进机都应安装内、外喷雾装置，无喷雾装置的采煤机、掘进机不得工作。井下煤仓、溜煤眼、翻罐笼、运输机、装煤机和其他转载点，都应进行喷雾洒水。

3）水封爆破和水炮泥。水封爆破是借炸药爆破时产生的压力将水压入煤体的一种防尘方法。炮眼打好后，装入防水炸药，再将注水器插入炮眼进行水封，水封压力不超过 0.343 MPa，爆破时用安全链将注水器拴在支柱上，以防丢失。

4）湿式凿岩。湿式凿岩的实质，是随着凿岩过程的进行连续地将水送至钻眼底部，以冲洗岩屑和湿润岩粉，达到减少岩尘的产生和飞扬的目的。

5）控制风速。《煤矿安全规程》规定，井下风速必须严格控制，增大风量或改变通风系统时，都应要相应地调节风速，防止粉尘飞扬。风速大小影响空气中的粉尘浓度。风速太大能吹起巷道中的落尘，过小则带不走浮尘，一般认为最佳风速为 1.6～2 m/s。因此必须按照《煤矿安全规程》规定来控制风速。

6）清扫积尘。沉积在巷道中的积尘，一旦受到冲击波冲击能再度飞扬，就为煤尘爆炸创造了条件，因此，落尘是煤尘爆炸的隐患。《煤矿安全规程》规定，井巷应定期进行清扫、冲洗或刷浆，巷道中的浮煤必须定期清扫运出。

（2）防止煤尘引燃的措施。引燃煤尘的火源有明火、放炮、电火花及机械摩擦火花 4 种。具体防止措施与防止瓦斯点火源的措施相同。

（3）隔绝煤尘爆炸的措施。《煤矿安全规程》规定，开采有煤尘爆炸危险煤层的矿井，矿井的两翼、相邻的采区、相邻的煤层和相邻的工作面，都必须用水槽和岩粉棚隔开。其作用是使已经发生爆炸的地点附近的煤尘不能参与爆炸，使爆炸事故不能继续和扩展下去。

三、矿井综合防尘简介

目前，我国主要采取以风、水、密、净、护5个方面的综合防尘技术措施，即主要用水将粉尘润湿捕获，借助风流将粉尘排出井外；其次通过密闭抽尘、净化风流、个体防护等辅助措施在生产过程中共同防止矿尘的危害。主要方法有：

（1）煤层注水。

（2）湿式打眼。

（3）使用水炮泥。

（4）通风除尘。

（5）喷雾洒水。

（6）冲洗煤壁、巷帮。

《煤矿安全规程》规定，掘进井巷和硐室时，必须采用湿式钻眼、冲洗井壁巷帮、水炮泥、爆破喷雾、装岩（煤）洒水和净化风流等综合防尘措施。冻结法凿井和遇水膨胀的岩层中掘进不能采用湿式钻眼时，可采用干式钻眼，但必须采取捕尘、降尘措施，并使用个体防尘保护用品。

采煤工作面应采取煤层注水防尘措施，炮采工作面应采取湿式打眼，使用水炮泥；爆破前、后应冲洗煤壁，爆破时应喷雾降尘，出煤时洒水。

合理确定炮眼数目和装药量，避免将煤体崩得过碎而增大煤尘量。

井下煤仓、溜煤眼、输送机、装煤机和其他转载点进行喷雾洒水或设置捕尘器。

开采有煤尘爆炸危险煤层的矿井，必须有预防和隔绝煤尘爆炸的措施。矿井的两翼、相邻的采区、相邻的煤层、相邻的采煤工作面间，煤层掘进巷道同与其相连的巷道间，煤仓同与其相通的巷道间，采用独立通风并有煤尘爆炸危险的其他地点同与其相连通的巷道间，必须用水棚或岩粉棚隔开。

此外，对于风速较大的地点，可通过控制风速来降低扬尘量，减少粉尘的危害。

复习思考题

1. 矿井通风的任务是什么？
2. 煤矿生产过程中经常遇到的有害气体有哪些？
3. 井下常见的有害气体的性质及其安全标准是什么？
4. 《煤矿安全规程》对工作面的进风流、氧气、二氧化碳、瓦斯有何规定？
5. 什么是井下气候？
6. 《煤矿安全规程》对工作面、硐室气温是如何规定的？
7. 《煤矿安全规程》对井巷风速有何规定？
8. 什么是矿井通风系统？
9. 什么叫矿井瓦斯？
10. 瓦斯有哪些性质？
11. 瓦斯爆炸的条件是什么？
12. 影响瓦斯爆炸的因素有哪些？
13. 瓦斯爆炸的危害有哪些？
14. 矿井瓦斯等级是如何划分的？
15. 井下各地点瓦斯浓度规定如何？
16. 何谓矿井火灾？
17. 矿井火灾有何危害？
18. 外因火灾如何预防？
19. 直接灭火的方法有哪些？用水灭火应注意哪些事项？
20. 矿尘有哪些危害？
21. 煤尘爆炸的条件是什么？
22. 综合防尘包括哪些方面？

第四章 煤矿监测传感器

第一节 传 感 器

一、传感器简介

传感器是一种借助于敏感元件，对被测物理量（一般为非电量）进行检测和信号变换，输出模拟量信号或开关量信号的装置。传感器主要由敏感元件、转换元件、测量及交换电路和电源等组成，如图 4—1 所示。在矿井监测领域又将敏感元件和转换元件统称为传感元件。

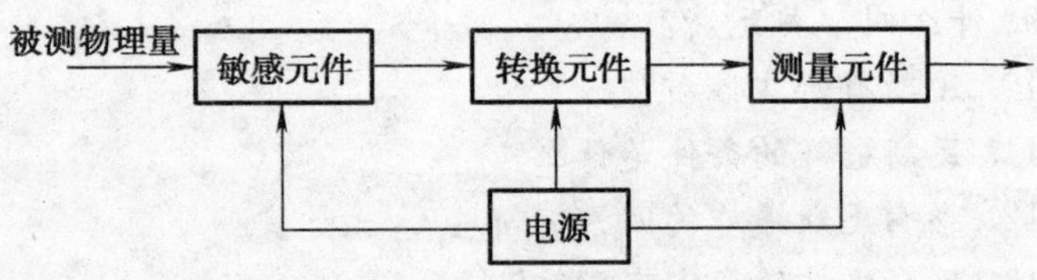

图 4—1 传感器组成框图

敏感元件就是将被测的非电量转换成另一种便于转换成电量的非电量的器件，转换元件就是将敏感元件所输出的非电量转换为电量的器件。

测量电路是对检测元件输出的电信号进行加工、处理和变换，使成为便于显示、记录、控制处理的标准电信号。不同类型的传感器其测量电路也不同，常见的有电桥电路、阻抗变换电路、振荡电路、放大电路、整流电路、滤波电路等。

二、基本概念

1. 量程

量程是指传感器正常工作时的最小输入值与最大输入值之间的范围。一般用传感器允许测量的物理量的上、下限表示，其中，上限又称为满量程值。如一氧化碳传感器的量程为（0～500）$\times 10^{-6}$，甲烷传感器的量程为0～4%等。在使用中，若被测物理量超出了传感器规定的量程范围，将会造成较大的测量误差或传感器的损坏。

2. 精确度

精确度是精密度和准确度两者意义的总和。精确度指标中精度等级的概念非常重要。精度等级是在工程测试中为表示仪器测量结果的可靠程度而引入的一个表示仪器精度等级的概念，用A表示。A以一系列百分比数值表示，通常是仪器在规定工作条件下的最大允许误差Δy相对于仪器示值全程y（FS）的百分数。表示为：

$$A\% = (\Delta y / y) \times 100\% \tag{4.1.1}$$

这个概念被约定俗成地广泛用于各种测试、各类仪表和传感器。式中的Δy可以是仪器的非线性、重复性、回滞等各单项的最大误差值（此时A就成为各单项的精度等级），但各单项指标中以非线性最为重要，常用它代表总体的精度等级，也有用各单项指标中A值最大者作为总体精度等级的量度。

3. 灵敏度

表明传感器在稳态工作时输出增量对输入增量的比值称为灵敏度，即

$$S = \Delta Y / \Delta X \tag{4.1.2}$$

为了使用方便，显然需要S为恒值，这就是说输入、输出关系特性是一条直线，这时称传感器工作在线性状态。

4. 线性度

线性传感器测出的输入、输出曲线与某一规定直线不吻合的

程度，称为非线性误差，或称为线性度。在输出特性曲线与规定直线间，垂直方向 k 的最大偏差 ΔY_{max} 相对于最大输出量（值）Y 的百分数，即为非线性误差 E。表示为：

$$E=(\Delta Y_{max}/Y)\times 100\% \qquad (4.1.3)$$

5. 回滞

回滞是指输入量在进程和回程时，输入、输出关系特性曲线不一致的程度。回滞 H 是指在同一输入量下，进程与回程输出量的最大偏差 ΔY_{max} 相对于最大输出量（值）Y 的百分数。表示为：

$$H=(\Delta Y_{max}/Y)\times 100\% \qquad (4.1.4)$$

6. 稳定性

传感器的稳定性，一是指传感器测量输出值在一段时间内的变化，用所谓的稳定度表示；二是指在传感器外部环境和工作条件变化时而引起输出值的变化，用影响量表示。例如，某传感器输出电压值每小时变化 1.3 mV/h。又如，某传感器由于电源变化 10%而引起其输出值变化 0.02 mA，则应写成 0.02 mA/U(10%)。

7. 重复性

重复性是指传感器沿同一方向变化时，在全量程范围内连续进行多次测试，所得到的各特性曲线重复程度。如图 4—2 所示。

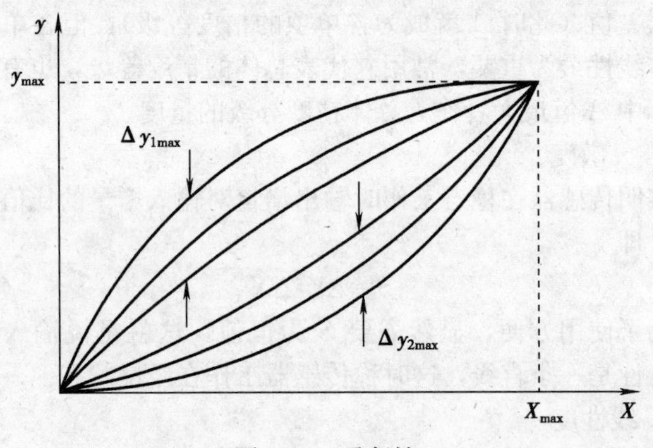

图 4—2　重复性

三、常用煤矿监测传感器类型

常用煤矿监测传感器有甲烷检测传感器、一氧化碳传感器、氧气传感器、烟雾传感器、风速传感器、压差传感器、温度传感器、开关量传感器等。

第二节　甲烷检测传感器

甲烷（CH_4）浓度监测是矿井安全监控的首要内容。因此，甲烷传感器既是矿井安全监控最重要的设备，又是矿井安全监控必备的设备之一。《煤矿安全规程》对甲烷检测传感器的设置数量和要求都有明确的规定。

甲烷传感器可以连续实时地检测甲烷浓度。煤矿常用的甲烷传感器，按检测原理可分为催化燃烧、热导、气敏半导体、红外探测技术等。催化燃烧式甲烷传感器一般只用于检测低浓度甲烷，热导式甲烷传感器用于高浓度甲烷的检测，气敏半导体式甲烷传感器一般是测量浓度1%以下的甲烷。

一、催化燃烧式甲烷传感器

催化燃烧式甲烷传感器的检测原理为：传感元件（含敏感元件，以下同）表面的甲烷（或可燃性气体）在催化剂的催化作用下，发生无焰燃烧，放出热量，使传感元件温度上升，进而使传感元件电阻变大，通过测量传感元件的电阻变化就可测出甲烷气体的浓度。催化燃烧式甲烷传感元件有铂丝催化元件和载体催化元件两种。

铂丝催化元件一般采用高纯度（99.99%）的铂丝制成螺旋线圈，铂丝既是催化剂，又是加热器。当铂丝催化元件通电后，铂丝电阻将电能转换成热能，在铂丝的催化作用下，吸附在铂丝表面的甲烷无焰燃烧，放出热量，进而使铂丝升温，电阻变大，通过测量其电阻变化就可测得空气中甲烷浓度。铂丝催化元件结构简单，稳定性好，受硫化物中毒影响小。但铂丝的催化活性低，必须在 900℃以上高温才能使元件工作，不仅耗电量大，而且在高温作用下还会导致元件表面蒸发，使铂丝变细，电阻增大，传感器零点漂移。另外，铂丝催化元件机械强度低，由于振动或自重的影响，会改变其几何形状，影响传感器参数和检测准确性。因此，在矿井安全监控装置中，测量低浓度的甲烷传感器主要是载体催化元件。

1. 载体催化元件结构及工作原理

载体催化元件一般由一个带催化剂的传感元件（俗称黑元件）和一个不带催化剂的补偿元件（俗称白元件）组成。白元件与黑元件的结构尺寸完全相同，但是白元件的表面没有涂催化剂，仅起补偿作用，如图 4—3 所示。

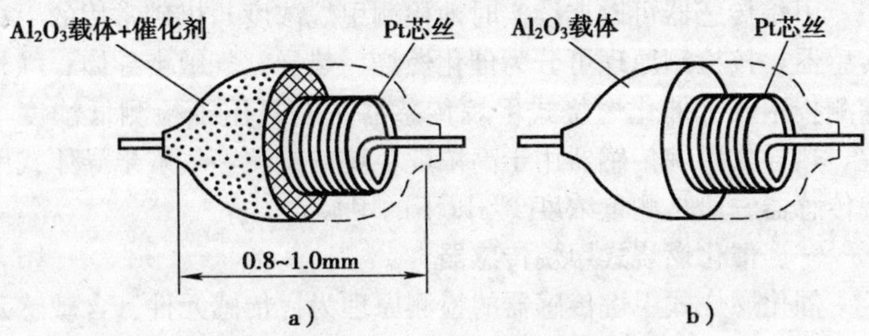

图 4—3 载体催化元件

a）带催化剂的载体传感元件 b）不带催化剂的载体补偿元件

黑元件由铂丝线圈、Al_2O_3 载体和表面的催化剂组成。其中，铂丝线圈用来给元件加温，提供甲烷催化燃烧所需要的热量，同时，甲烷燃烧放出的热量使其升温，通过测量其电阻变化，就可测得空气中甲烷浓度。Al_2O_3 载体用来固定铂丝线圈，增强元件的机械强度。涂在元件表面的铂（Pt）和钯（Pd）等重金属催化剂，使吸附在元件表面的甲烷无焰燃烧。其反应方程式为：

$$CH_4 + 2O_2 \xrightarrow[\Delta]{Pt、Pd} 2H_2O + CO_2 + 795.5\ \text{kJ} \quad (4.2.1)$$

甲烷无焰燃烧放出的热量，使黑元件升温，从而使铂丝线圈的电阻增大，通过电桥，就可测得由于甲烷无焰燃烧使铂丝线圈电阻增大的值。当然，由于环境温度的变化也会使铂丝线圈的电阻发生变化。为克服环境温度变化对甲烷浓度测量的影响，在电桥中引入了与黑元件结构尺寸完全相同的白元件，如图 4—4 所示。由于白元件表面没有催化剂，甲烷不会在白元件表面燃烧，但白元件铂丝线圈的电阻变化仅与环境温度有关，由于黑元件 R_1 与白元件 R_2 处于电桥的同一侧，通过的电流相等（不考虑电压测量电路的漏电流）。因此，在甲烷（可燃性气体）浓度为 0 的新鲜空气中，其电阻相等（不考虑由于制造过程中的结构差异），即 $R_1 = R_2$，这时，电桥处于平衡状态，信号输出电压 $U_{AB} = 0$。若环境温度发生变化或通过黑、白元件的电流发生变化，则黑、白元件电阻发生变化，但由于变化后的黑、白元件电阻仍相等，不会使电桥失衡。因此，白元件具有补偿作用。

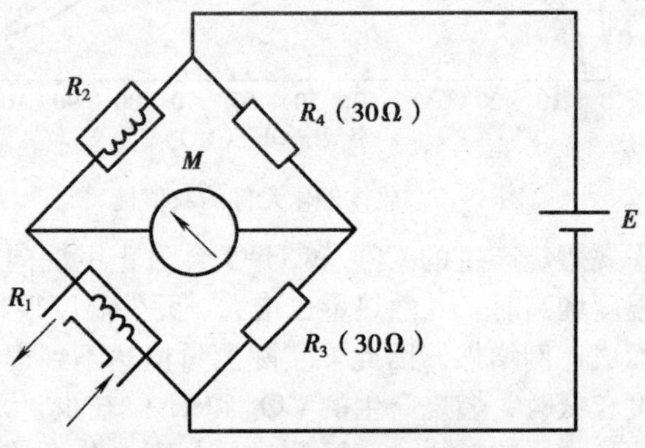

图 4—4　催化元件检测电路

当空气中甲烷浓度不为 0 时，吸附在黑元件表面的甲烷催化燃烧，燃烧放出的热量与甲烷浓度成正比（在浓度$<9.5\%$的低浓度情况下），在燃烧热量的作用下，黑元件温度上升，黑元件

铂丝电阻 ΔR_1 也随之增大，因此，通过测量 ΔR_1 的变化，就可测得空气中的甲烷浓度（低浓度情况下）。

2. 影响载体催化元件主要技术性能的因素

（1）双值性。空气中甲烷浓度低于 9.5%时，甲烷能够充分燃烧，甲烷浓度越高，载体催化元件的电阻变化就越大。当空气中甲烷浓度高于 9.5%时，甲烷不能够充分燃烧，甲烷浓度越高，载体催化元件的电阻变化就越小，如图 4—5 所示，这就是载体催化元件的双值性。因此，载体催化元件只能用于低浓度的甲烷浓度监测。

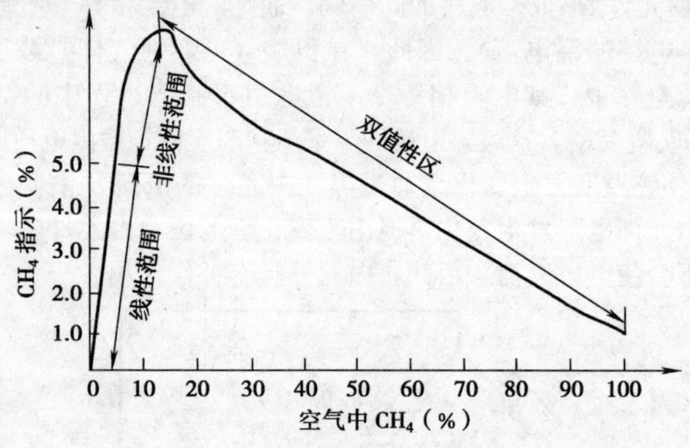

图 4—5　载体催化元件的双值性

由于甲烷燃烧产生的 CO_2 和 H_2O 会阻止甲烷向元件扩散，并且元件温度增高时，其散热量也增大，元件温度很难随燃烧热量的增加而成比例增加。因此，实际测量值达不到理论分析值。当甲烷浓度较低时，燃烧产生的 CO_2 和 H_2O 较少，元件温度也较低，对测量的影响较小，实际测量值与理论分析值比较接近，传感元件的线性度较好。为补偿催化元件的热辐射，甲烷传感器将补偿元件也制成黑色，并封闭，以提高补偿元件的热辐射率。

（2）激活。在黑元件制造时，是将 Al_2O_3 载体浸在 $PdCl_2$ 溶液中，热分解后，催化剂以 Pd 和 PdO 形式存在于载体上，元件表面呈黑褐色，对甲烷的催化活性较低。在元件出厂前，为使其具有较高的活性，通常在加热条件下通入 12%CH_4 进行活化处理，使 PdO 还原为 Pd，这个过程被称为激活。激活后的元件要经过老化和稳定性处理后才能出厂使用。

当元件被激活后，要及时用新鲜空气校准零点，用甲烷标准气样校准精度。为避免元件被激活，低浓度甲烷传感器应具有高浓度保护功能。在煤（岩）与瓦斯突出矿井应该使用高低浓度甲烷传感器。

（3）催化剂中毒。硫化合物（H_2S、SO_2）、磷化合物（H_3P）以及有机硅蒸气等能强烈地吸附在催化剂上，与 Pd 反应生成新的化合物，例如，H_2S 与 Pd 反应生成 PdS（$2H_2S+2Pd+O_2 \rightarrow 2PdS+2H_2O$）降低催化剂活性，严重时会使催化剂完全失去活性，这种现象称为催化剂中毒。催化剂中毒分为暂时性中毒和永久性中毒。硫化物和氯化物中毒是暂时性中毒，暂时性中毒后可以恢复。Si、Sn 等中毒是永久性中毒，是不能恢复的。一些矿井中有 H_2S 和 SO_2 气体，爆破作业也会释放 SO_2 等气体，在这些矿井中使用载体催化元件，可以选用抗中毒元件，也可以使用碱性物质和活性碳吸收剂吸附 H_2S、SO_2 等毒性物质，并定期更换吸收剂，防止失效。

（4）灵敏度变化。由于高温烧结，催化剂活性物质的粒子会变大，还会升华为气态等，这些都会使元件的催化活性下降，使灵敏度下降。催化剂升华还会使置于同一气室的补偿元件载体上吸附微量催化剂，使甲烷能够在补偿元件上催化燃烧，从而使电桥输出灵敏度下降。

催化元件长期工作在高浓度甲烷空气混合物中，由于缺氧，甲烷不能充分燃烧，产生的碳粒子会沉积在催化剂表面，或催化层的孔隙中，使催化剂粒子和载体粒子之间的结合力减少，导致催化层断裂、脱落，表面积减小，催化活性下降，元件灵敏度下降。

为增大催化层表面积，提高元件催化活性，氧化铝载体采用多孔结构。但当元件长期处于高温下，多孔结构的氧化铝逐渐变成刚玉型氧化铝，载体表面积变小，元件灵敏度下降。

影响催化元件的灵敏度除上述因素外，激活、催化剂中毒等均会使元件灵敏度变化。因此，载体催化元件必须每隔 7 d 定期用校准气样和空气气样校准。当元件灵敏度降到初始值 50%时，则认为元件报废。

（5）响应时间。响应时间是指甲烷浓度发生阶跃变化时，电桥输出信号值达到稳定值 90%时所需要的时间。一般要求连续式响应时间为 20 s，间断式响应时间为 6 s。催化元件的响应时间除与元件尺寸、形状有关，还与气室结构及通气方式有关。响应时间包括甲烷空气混合气体通过扩散孔（烧结金属孔）充满气室，并到达元件表面的整个扩散过程所需的时间和甲烷在催化元件表面燃烧，产生热量，使元件升温并稳定所需的时间。

（6）气体流量。进入检测气室的气体流量影响催化元件灵敏度。因此，对于扩散式甲烷传感器，在校准时，流量应与甲烷传感器在井下安装地点的风速相吻合，否则会造成测量误差。

（7）线性度。在低浓度范围内，催化燃烧产生的热量随甲烷浓度的增加而增大。但由于元件温度增加时，其散热量也增大，从而导致元件温度不随催化燃烧热量而呈线性增大。因此，当甲烷浓度不大于 4.0%时，元件的输出与甲烷浓度基本成线性关系，当甲烷浓度大于 5.0%时，元件的输出与甲烷浓度很难保持线性关系。

二、热导式甲烷传感器

热导式甲烷传感器的工作原理是利用甲烷的热导率高于新鲜空气的热导率，通过热敏元件测量甲烷空气混合物热导率的变化，进而测得甲烷空气混合物浓度的变化。矿井空气中主要气体成分的热导率如表 4—1 所示。不难看出，热导式甲烷传感器的选择性较差，空气中其他气体的浓度变化会影响甲烷浓度的测量。例如，二氧化碳浓度的增加会使热导率降低，湿度的增加将使热导率增大。因此，热导式甲烷传感器要排除二氧化碳和空气湿度的影响。

表 4—1　　矿井空气中主要气体成分的热导率

气体名称	分子式	$K\times10^{-2}$（273 K）	$K\times10^{-2}$（373 K）	$\frac{K(273\ K)}{K(273\ K)空气}$
空气		2.43	3.14	1.0
氧	O_2	2.47	3.18	1.016
氮	N_2	2.43	3.14	1.0
甲烷	CH_4	3.013	4.56	1.24
氢气	H_2	17.4	22.34	7.115
一氧化碳	CO	2.34	3.013	0.96
二氧化碳	CO_2	1.464	2.22	0.707
乙烷	C_2H_6	1.8	3.05	0.74
丙烷	C_3H_8	1.5	2.636	0.839

由于气体的热导率随温度的增大而增大。因此，环境温度的变化也将影响热导式甲烷传感器的测量精度，热导式甲烷传感器必须对环境温度进行补偿，并保持气室温度恒定。

热传导、热对流和热辐射决定了气室内的热交换，当温度不高时，热交换主要取决于热传导和热对流。并且气室尺寸和气体流速对对流的影响，会进一步造成对热导式甲烷传感器测量值的影响。空气中甲烷浓度的微量变化很难通过甲烷空气混合物热导率的变化测得，因此，热导式甲烷传感器目前主要用于高浓度甲烷检测。

测量热导率的元件有金属丝热电阻、半导体热敏电阻、固体热导元件等，测量电路如图 4—6 所示，R_1 为测量元件，R_2 为补偿元件，测量元件与补偿元件结构、形状、电参数完全相同，但测量元件置于与被测气体连通的气室中，而补偿元件置于密封的空气室中。在新鲜空气中，由于 $R_1=R_2$，所以电桥平衡，输出电压为 0。当气室中通入甲烷空气混合气体时，由于甲烷空气混合气体的热导率大于新鲜空气的热导率。因此，测量元件 R_1 传导出的热量大于补偿元件 R_2，R_1 变小，$R_1 \neq R_2$，电桥失去平衡，输出电压不为 0。

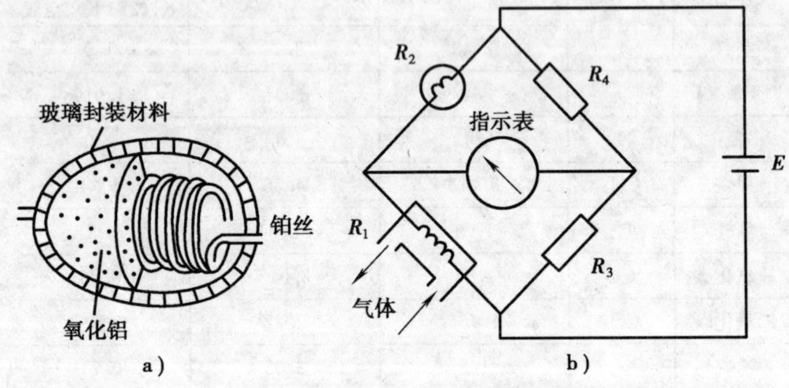

图 4—6 气体热导元件及检测电路

a）结构 b）基本电路

三、KG9701 型智能低浓度甲烷传感器简介

1. 功能及特点

主要用于监测煤矿井下环境气体中的甲烷浓度，是煤矿预防瓦斯突出和瓦斯爆炸必不可少的测量仪表。它可以连续自动地将井下甲烷浓度转换成标准电信号输送给关联设备，并具有就地显示甲烷浓度值、超限声光报警等功能。具有性能稳定、测量精确、响应速度快、结构坚固、易使用和易维护等特点，增加了遥控调校、断电控制、故障自校自检等新功能。该传感器测量甲烷浓度采用热催化原理，热催化元件和金属膜电阻及调节电位器组成惠斯登电桥，当环境中的甲烷以扩散的方式进入气室腔时，与敏感元件反应，电桥有与甲烷浓度相对应的电讯号输出，该讯号经 A/D 转换器转换后，直接送往单片机进行数据处理，从而完

成显示和报警等功能。

2. 主要技术指标

测量范围：0～4.00%CH_4（0～10.00%CH_4）

测量精度：0.00%～1.00%CH_4≤±0.10%CH_4

1.00%～2.00%CH_4≤±0.20%CH_4

2.00%～4.00%CH_4≤±0.30%CH_4

4.00%～10.00%CH_4≤±8.00%真值（相对误差）

元件检测反应速度：≤20 s

调校周期：≤1 个月

使用寿命：≥1.5 年

信号带负载能力：0～400 Ω

报警方式：二级间歇式声光报警，≥85 dB（A），能见度＞20 m

报警点范围：0.5%～2.5%连续可调

采样方式：限制扩散式

整机工作电压：9～24 V DC

传输距离：3 km（供电 18 V DC，使用 1.5 mm^2 截面铜芯电缆）

输出信号：200～1 000 Hz、1～5 mA DC

防爆型式：ExibdⅠ矿用本质安全兼隔爆型

四、KG9001B 型智能高浓度甲烷传感器简介

1. 功能及特点

主要用于监测高瓦斯煤矿井下环境气体中的甲烷浓度，可以连续自动地将井下甲烷浓度转换成标准电信号输送给关联设备，并具有就地显示甲烷浓度值和超限声光报警等功能。还可与各类型监测系统及断电仪、风电瓦斯电闭锁装置配套，适宜在煤矿采掘工作面、回风巷道等地点固定使用。采用热催化原理与热导原理相结合来测量甲烷浓度，克服了单一元件测量过程中的不稳定现象，利用人工智能技术对信息进行处理和分析，将稳定性指标由一周提高至一月，使用寿命由一年延长至一年半。具有性能稳定、测量精确、响应速度快，结构坚固、易使用和易维护等特点。增加了遥控调校、断电控制、故障自校自检等新功能，大大节约了使用与维护费用。

2. 主要技术指标

测量范围：0～100.00%CH_4

测量精度：0.00%～1.00%CH_4≤±0.10%CH_4

1.00%～2.00%CH_4≤±0.20%CH_4

2.00%～4.00%CH_4≤±0.30%CH_4

4.00%～40.00%CH_4≤±8.00%CH_4

40.00%～100.00%CH_4≤±10.00%真值（相对误差）

元件检测反应速度：≤30 s

调校周期：≤1 个月

使用寿命：≥1.5 年

信号带负载能力：0～400 Ω

报警方式：二级间歇式声光报警，≥80 dB（A），能见度>20 m

报警点范围：0.5%～2.5%CH_4 连续可调

采样方式：扩散式

整机工作电压：9～24 V DC

整机工作电流：≤70 mA DC

传输距离：2 km（供电 18 V DC，使用 1.5 mm^2 截面铜芯电缆）

输出信号：200～1 000 Hz、1～5 mA DC

防爆型式：ExibdⅠ矿用本质安全兼隔爆型

3. 使用方法

将传感器安装在现场需要测量甲烷浓度的地点，用四芯电缆与监测系统（分站等）连接。使用前应用新鲜空气及标准甲烷气体对传感器进行标校。在使用过程中，每 3 周对传感器标校一次。

五、GJG10H 型智能红外甲烷传感器简介

1. 功能及特点

主要用于监测煤矿井下环境气体中的甲烷浓度，采用国际最新非色散红外探测（NDIR）技术研制而成的新一代测量仪表，是煤矿预防瓦斯突出和瓦斯爆炸的更新换代产品。可以实现井下甲烷浓度的实时测量，具有就地显示和超限声光报警等功能，并且能够连续自动地将井下甲烷浓度转换成标准电信号输送给关联设备。检测元件由国外原装进口，采用高稳定放大处理电路，保证了仪器的性能稳定和测量准确性。在检测原理上使用的是完全不同于传统催化原理的红外线检测技术，克服了催化原理传感器标定周期短、容易中毒等现象，具有测量准确、反应速度快、标定周期长、不受其他气体影响、测量范围宽、功耗低、使用寿命长等特点。在工作过程中，由于采用光学测量并不消耗甲烷，无大功率器件，所以不存在受高瓦斯冲击损坏的现象（根据需要量程可任意扩展），测量不受风速影响，性能稳定，调校周期最少一个月，响应时间也远远快于催化原理传感器。仪器软件上采用智能化设计，易于维护和调校，大大节约仪器的使用与维护费用。

2. 主要技术指标

测量范围：0～10.0%CH_4

分辨率：0.01%CH_4

测量精度：0.00%～1.00%CH_4≤±0.10%CH_4

1.00%～2.00%CH_4≤±0.20%CH_4

2.00%～4.00%CH_4≤±0.30%CH_4

4.00%～10.0%CH_4≤±8.00%真值（相对误差）

元件检测反应速度：≤20 s

调校周期：1 个月

使用寿命：≥5 年

信号带负载能力：0～400 Ω

报警方式：间歇式声光报警，≥85 dB（A），能见度≥20 m

报警点范围：0.5%～2.50%连续可调

断电点范围：0.5%～2.00%连续可调

采样方式：限制扩散式

整机工作电压：9～24 V DC，18 V DC/51 mA

传输距离：3 km（供电 18 V DC，使用 1.5 mm^2 截面铜芯电缆）

输出信号：200～1 000 Hz、1～5 mA DC（均线性对应 0.00～1.00%CH_4）

防爆型式：ExibⅠ矿用本质安全型

第三节　一氧化碳传感器

井下空气中一氧化碳浓度较高时，会使人中毒，同时，一氧化碳浓度又是预测和监测煤炭自燃发火、胶带输送机火灾等的主要技术指标。因此，一氧化碳监测是矿井安全监测的主要内容之一。一氧化碳传感器按其工作原理可分为电化学式、红外吸收式等。

一、电化学式一氧化碳传感器

电解质溶液与电极间发生化学能与电能之间的转换称为电化学反应。电化学反应是氧化还原反应。不同物质的氧化还原反应必须在一定的电极电位下进行。如果阳极电位高于氧化还原的可逆电极电位，则这个电对中的还原物质被氧化，反之，这个电对中的氧化物质被还原。例如：CO_2/CO 氧化还原对的可逆电极电位为－0.12 V，只要维持阳极电位高于－0.12 V，CO 就被氧化。其化学反应方程式为：

阳极：$CO + H_2O \rightarrow CO_2 + 2H^+ + 2e$ (4.3.1)

阴极：$O_2 + 4H^+ + 4e \rightarrow 2H_2O$ (4.3.2)

$$2CO + O_2 = 2CO_2 \tag{4.3.3}$$

电化学反应在阳极上给出电子，在阴极上得到电子。当内部电解质与外电路形成回路时，将有电流流过。如果采用气体扩散电极，反应电流 I 与 CO 浓度 C 具有线性关系：

$$I = \frac{nFAD}{L} \cdot C \tag{4.3.4}$$

式中 I——反应电流；

C——CO 浓度；

A——反应界面面积；

L——扩散电极膜厚；

D——膜中气体扩散系数；

n——反应中电子转移数；

F——法拉第常数。

二、红外线吸收式一氧化碳传感器

不同原子结合成的气体分子对特定波长的红外线具有吸收能力，其吸收波长取决于原子种类、原子核质量、结合强弱、光谱位置等。当气体压力、气室长度、入射光强一定时，气体对特定光的吸收强度取决于气体分子浓度，一氧化碳气体在常压下对红外光谱的吸收如图 4—7 所示。不难看出，通过检测入射光强度的变化，就可测定一氧化碳气体的浓度。

三、KGA3 型煤矿用电化学式一氧化碳传感器简介

1. 功能及特点

KGA3 型煤矿用电化学式一氧化碳传感器是矿用连续检测矿井下一氧化碳浓度的高精度仪表。该传感器能够实时地测量并且显示矿井下的一氧化碳浓度，而且根据浓度值的大小产生声光报警信号，输出与一氧化碳浓度相对应的模拟信号；能在具有瓦斯、煤尘爆炸危险的矿井内，对煤层自然发火、机电设备、运输

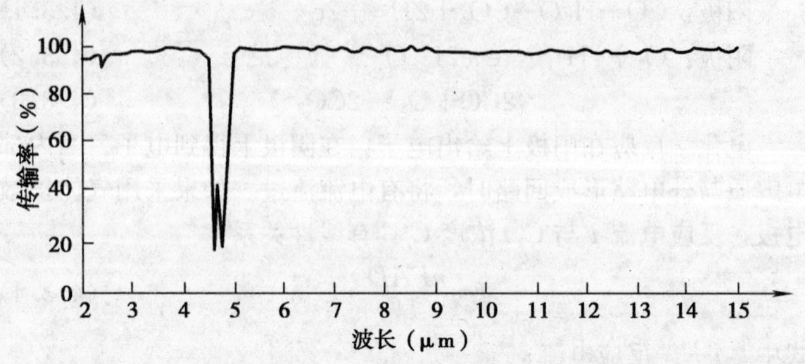

图 4—7　一氧化碳吸收红外光谱

胶带事故等多种因素可能引发火灾和爆炸事故进行早期的预测和预报。该传感器可以和煤矿监测系统相兼容，也可以独立使用于多种矿用火灾检测系统。主要特点为：

（1）传感器使用国外的进口检测元件，采用新型的单片微机和高集成度数字化电路，电路结构简单，调试和维护方便。

（2）具有红外遥控调校零点、灵敏度、报警点等功能，使得传感器的调校特别方便。

（3）传感器具有自检测功能，使得仪表的使用和维护更加简单。

2. 传感器使用条件

（1）环境温度：0～40℃

（2）相对湿度：≤98％（25℃）

（3）大气压力：（80～110）kPa

（4）风速：0～8 m/s

（5）无显著振动和冲击的场合

（6）煤矿井下有爆炸性混合物，但无破坏绝缘的腐蚀性气体的场合

3. 主要技术参数

防爆型式：矿用本质安全型

防爆标志："Exib Ⅰ"

量程：0～200 或 0～500 或（0～1 000）$\times 10^{-6}$

基本误差：(0～50)$\times 10^{-6}$≤±4$\times 10^{-6}$

(50～200)$\times 10^{-6}$≤(4±3%测量值)$\times 10^{-6}$

(200～1 000)$\times 10^{-6}$<(4±5%测量值)$\times 10^{-6}$

传感器电源：直流 12 V～18 V

遥控器电源：普通 M 干电池 2 节

工作电流：<50 mA DC

过载范围：150%

响应时间：≤40 s

报警方式：间歇式声光交替

输出信号：200～1 000 Hz 频率，加 1 k 电阻输出幅度大于 5 V

通气流量：200 mL/min

结构参数：外型尺寸 280 mm×180 mm×68 mm

4. 安装和使用方法

一氧化碳传感器应布置在巷道的上方，不影响行人和行车，垂直悬挂，距顶不得大于 300 mm，距巷壁不得小于 200 mm。将传感器按正确的接线方法接线后方可通电，通电 30 min，使传感器进入稳定状态后，传感器显示值为一氧化碳的浓度值。

注意：固定支架应牢固可靠，传感器应垂直固定，安装地点应无淋水，安装时应防止剧烈的冲击和振动。

第四节　氧气传感器

煤矿中检测氧气常用的方法主要有气相色谱法、电化学法和顺磁法。现在常用的是电化学法。

由于透过薄膜的氧气量与氧气压力有关，故大气压力对输出电流的大小有影响，当使用地点与标准地点大气压力有较大差异时，特别是在开采深度较大的矿井中测定时，其值应进行修正。另外，温度对仪器的指示也有一定的影响，需用热敏电阻或者其他方法进行补偿。仪器的使用环境温度为0～40℃。

一、AY—1型氧气检测仪简介

1. 概述

AY－1型氧气检测仪主要用于煤矿井下各类环境中氧气浓度的测定。该氧气检测仪为本质安全型。

2. 主要技术指标

测量范围：0～25％O_2

基本误差（不含温度变化影响）：±1％O_2

温度变化影响：10～40℃时：±1.5％O_2

0～10℃时：±3.5％O_2

响应时间：20 s

测氧燃料电池电动势：＜750 mV

测氧元件端电压：＞120 mV

测氧元件工作寿命：＞6个月

环境温度：0～40℃

相对湿度：≤98％

外形尺寸：125 mm×62 mm×40 mm

重量：300 g

3. 使用、检测

（1）使用前的准备：

1）该仪器出厂时氧气扩散孔处于被密封状态，检测仪指示值在21％O_2以内。因此，使用前应先旋下密封盖，此时电表指示值如迅速回升到接近21％O_2，证明仪器工作正常。

2）电表机械零位的调整。为了消除仪器在运输过程中因振动而引起的电表机械零位的变化，在第一次使用前应对机械零位进行检验。

(2) 标准值（21%O_2）的调整。为了保证仪器的测量精度，使用前应进行标准值的调准，即以新鲜空气为标准，通过调节仪器指示值的调准电位器旋钮可将指示值调准在21%O_2。由于该仪器的使用受气压的影响，因此，标准值最好在井下接近使用深度、温度的条件下的新鲜空气中调准。

(3) 检测方法。仪器经零位和标准值调准后即可用于检测。仪器的采样方式有两种，即自然扩散和气球吸入两种方式。

1) 自然扩散测量。只要将仪器置于被测气体环境，就能迅速指示出氧气浓度值。

2) 气球吸入测量。当测量管道密闭区或高顶部分的氧气浓度，仪器的探头不能直接接触被测气体时，可利用附件——采样器，用气球将被测气体连续输入仪器的扩散孔内，约1 min后即可读出氧气浓度值。

(4) 注意事项：

1) 仪器出厂后，由于测氧元件一直与大气中的氧气接触，并开始起化学反应，其使用寿命，工厂一般保证为出厂后8个月内有效，因此，用户收到仪器后应立即开箱使用，不要闲置。

2) 仪器读数时应尽量处于水平位置，否则将会引起较大的误差。

3) 当仪器由较低温度处突然拿到较高温度处时，空气中的水蒸气将在测氧元件表面产生一层水珠而影响氧气的渗透，使仪器产生较大的测量误差。

4) 测氧元件是该仪器的关键器件，用704胶封在元件密封盒内，一般情况下不得随意开封，更不得用尖硬锐器碰触，以免损伤测氧元件。

5) 二氧化碳能引起测氧元件内的电解液碳酸化，以致降低测氧元件的使用寿命。因此，仪器在使用、保管中应避免长期接触CO_2气体。

6) 当仪器在新鲜空气中调准电位器，并且电路正常的情况下，如果出现指示值大于 25%O_2 或标准值调不到 21%O_2 时，则说明测氧元件使用寿命已到或失效，应重新更换测氧元件。

7）当测氧元件失效时，应打开仪器后盖取下连线，换上新元件后接好连线，并将扩散孔处的密封盖旋下，电表指针即迅速指示接近 21%O_2。此时证明元件工作正常，仪器可以投入使用。

8）仪器应在清洁、温度正常、并远离热源、避免阳光直射的室内保管。

二、GY25 型矿用氧气传感器简介

1. 功能

GY25 型矿用氧气传感器是煤矿智能式本质安全型传感器，可广泛用于矿井中需要测量氧含量的场所。具有连续检测、数字显示、电信号输出等功能。与矿井监测系统配套使用，可实现遥测与检测自动化。

2. 主要技术指标

测量范围：0～25%O_2

测量误差：±3%O_2 F·S

输出信号：200～1 000 Hz

工作电源：18 V DC（矿用隔爆兼本质安全电源）

工作电流：≤100 mA

工作方式：扩散式连续工作

响应时间：60 s

环境条件：环境温度 0～40℃，相对湿度≤95%，大气压力 86～106 kPa

防爆型式：Exib Ⅰ 矿用本质安全型

输出信号可根据用户要求另行设置。

第五节　火灾探测器

早期发现火灾隐患及判断火灾位置对火灾扑救工作有十分重要的意义。特别是外因火灾，及时进行扑救不仅能够避免矿井更大的经济损失，而且能有效防止风流紊乱，避免事故扩大造成人员伤亡。对火灾的探测，是以物质燃烧过程中产生的各种现象为依据，以实现早期发现火灾为前提。因此，根据物质燃烧过程中发生的能量转换和物质转换所产生的不同火灾现象与特征，产生了不同的火灾探测方法。

一、火灾探测方法简介

1. 空气离化探测法

空气离化探测法是利用放射性同位素（如 AE1）释放的 α 射线将空气电离，使腔室（一般称为电离室）内空气具有一定的导电性；当烟雾气溶胶进入电离室内，烟粒子将吸附其中的带电离子，产生离子电流变化。此电流变化与烟浓度有直接的关系，并可用电子探测器加以检测，从而获得与烟浓度有直接关系的电信号，用于确认火灾和报警。

2. 光电感烟探测法

光电感烟探测是根据光散射定律（轻度着色的粒子，当粒径大于光波长时将对照射光产生散射作用）工作的；它是在通气暗箱内用发光元件产生一定波长的探测光，当烟雾气溶胶进入暗箱时，其中粒径大于探测光波长的着色烟粒子将产生散射光，通过置于暗箱内并与发光元件成一定夹角（90°～135°）的光电接受元件收到的散射光强度，可以得到与烟浓度成正比的信号电流或电压，用以判断火灾和报警。

3. 热（温度）检测法

热（温度）检测法是根据物质燃烧释放出的热量所引起的环

境温度升高或其变化率（升温速率）大小，通过相应的热敏元件（如双金属片、膜盒、热电偶、热电阻等）和相关的电子器件来探测火灾现象。

4. 火焰（光）探测法

火焰（光）探测法是根据物质燃烧所产生的火焰光辐射，其中，主要是对红外光辐射或紫外光辐射，通过相应的红外光敏元件或紫外光敏元件和电子系统来探测火灾现象。

5. 可燃气体探测法

可燃气体探测法主要用于对物质燃烧产生的烟气体或易燃易爆环境泄漏的易燃气体进行探测。这类探测方法是利用各种气敏元件及其导电机理，或利用电化学元件的特性变化来探测火灾与爆炸危险性，根据使用的气敏元件不同分为热催化型原理、热导型原理、气敏型原理和三端电化学型原理四种。其中，热催化型是利用可燃气体在有足够氧气和一定高温条件下，发生在铂丝催化元件表面的无焰燃烧，放出热量并引起铂丝元件电阻变化，从而达到探测的目的。热导型是利用被测可燃气与纯净空气导热性的差异和在金属氧化物表面燃烧的特性，将被测气体浓度转换成相应热丝温度或电阻的变化，达到探测的目的。气敏型是利用灵敏度较高的气敏半导体元件吸附可燃气体后电阻变化的特性来达到探测目的。三端电化学型是利用恒电位电解法，在电解池内设置三个电极并施加一定的极化电压，以透气薄膜将电极和电解液与外部隔开，当被测气体透过薄膜达到工作电极时，发生氧化还原反应，从而产生与气体浓度成比例的输出电流，用于探测目的。通常，热催化型和热导型不具有气体选择性，常以体积百分浓度表示气体浓度；而气敏型和电化学型具有气体选择性，并以摩尔浓度表示气体浓度，适于气体成分检测或低浓度测量。

二、火灾探测器形式

根据不同的火灾探测方法和各类物质燃烧时的火灾探测要求，可以构成各种形式的火灾探测器，并可按待测的火灾参数分为感烟式、感温式、感光式（或光辐射式）火灾探测器和可燃气体探测器，以及烟温、烟光、烟温光等复合式火灾探测器。感烟式火灾探测器是利用一个小型传感器响应悬浮在其周围大气中的燃烧或热解产生的烟雾气溶胶（固态或液态微粒）的一种火灾探测器，一般制成点型。感温式火灾探测器是利用一个点型或线缆式传感器来响应其周围气流的异常温度或升温速率的火灾探测器。光辐射式火灾探测器是根据物质燃烧火焰的特征和火焰的光辐射而构成的用于响应火灾时火焰光特性的火灾探测器，通常是制成主动红外对射式线型火灾探测器和被动式紫外或红外火焰探测器。可燃气体探测器是采用各种气敏元件或传感器来响应火灾初期烟气体中某些气体浓度或液化石油气等可燃气体浓度的探测器，通常制造成点型。两种或两种以上探测方法组合使用的复合式火灾探测器同时具有两个或两个以上火灾参数的探测能力，一般多为点型结构，较多用的是烟温复合式火灾探测器。煤矿上常用的是烟雾传感器。

三、BYT3270 型烟雾传感器简介

1. 功能及特点

BYT3270 型烟雾传感器为矿用本质安全型监测仪器。该仪器主要用于井下易发生火灾的区域，如泵站、变电所、运输巷道、辅助通风机房等，对这些区域的火情进行烟雾监测。该烟雾传感器为离子感烟式传感器。当有烟雾通过通风孔进入探头时，放射源的离子流因烟雾的影响而发生变化，致使电路平衡受到破坏，因而探头有信号输出。传感器控制电路接收到信号后，通过复位延迟滤波器约 2 s 后使发光二极管导通，并通过复位计时器使发光二极管间断地闪亮，发出声光报警。与此同时，输出继电器 RL1 也间断地吸合与释放，使其常开与常闭触点输出信号。

2. 主要技术参数

额定工作电压：12±10% V DC

额定工作电流：＜10 mA（正常状态） ＜25 mA（报警状态）

工作方式：连续监测

使用环境气流速度：0～3 m/s 0～8 m/s（加风罩）

环境温度：－5～40℃

相对湿度：95%（最大不凝结）

外形尺寸：190 mm×190 mm×350 mm

重量：5 kg

3. 安装、使用与维护

（1）如图 4—8 所示，将传感器输入端与电源接通。

传感器与供电电源之间的连接电缆的电感量与其电阻比值不得超过 30 μH/Ω，或电感量不得超过 40 μH。电缆应选用外径为 7.8 mm，截面积为 0.3 mm^2×3 以上具有屏蔽层的橡套软电缆。

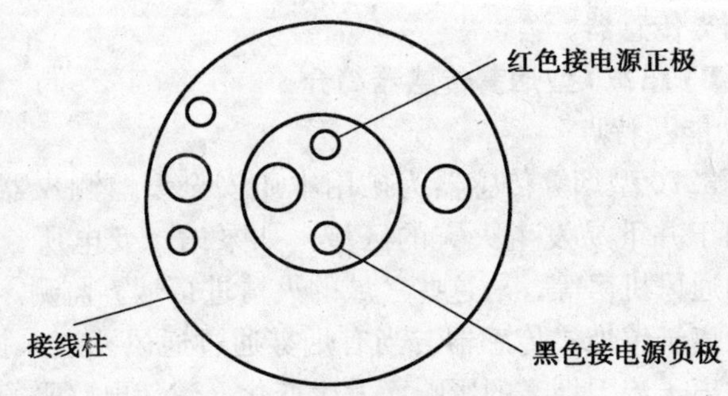

图 4—8 电源接线示意图

（2）如图 4—9 所示，将输出控制电缆接入。输出控制线应选用外径为 7.8 mm，截面积为 0.75 mm^2×2 以上的屏蔽橡套软电缆。

（3）连接无误后，检查仪器控制电路是否正常，检查方法是：将磁检验器贴紧辐射警告标志牌，约 2 s 后，发光二极管闪烁，说明传感器控制电路工作正常。

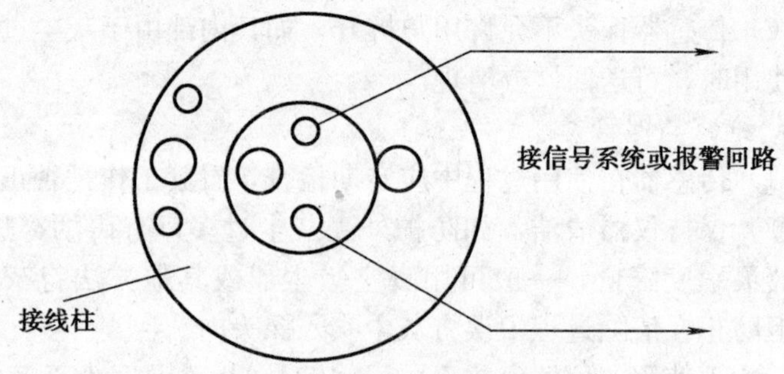

图 4—9 输出控制线接线图

4. 使用要求

（1）传感器应设在被监控区危险点烟雾经过的通道中。

（2）传感器应垂直悬挂，其底部至顶板距离为 0.75 m。

（3）一般情况下，传感器应置于高危险点顺风向 30～50 m 处，如考虑到烟雾的可能流向或改变方向，可在距第一台传感器下风向 30 m 处放置第二台传感器。特殊情况下可按技术人员的指导进行设置。

（4）对于风速在 0～3 m/s 之间的情形，本仪器可作常规使用，对于风速在 3～8 m/s 之间的情形，本仪器必须使用风罩。

（5）任意台数的传感器可并联在网络上。在任何情况下，实际连接的传感器台数仅受所用电源的限制，但总电缆网络的电容值不得超过 5 μF。

5. 注意事项

（1）传感器输出触点仅能控制鉴定合格的本质安全型电路。

（2）接通电源时必须注意极性，否则熔断器就会烧毁。在更换熔断器时，只能用厂方提供的熔断器，或图样上所规定的相同型号的熔断器。

（3）当需使用风罩时，箭头方向应为风流方向，否则会影响仪器使用性能。

（4）化学烟雾不能用来检查传感器。

（5）传感器不得在井下打开。

(6) 传感器探头不允许用户拆开，如其内部由于灰尘过多而不能使用时，可送回厂方清理。

6. 维修与保管

(1) 传感器在使用过程中应定期检查，看其工作是否正常。

(2) 保持仪器清洁，如防护外壳灰尘过多，有碍烟雾进入，使仪器灵敏度降低，一般可用真空吸尘器或其他方法将灰尘清除，但防止在清除过程中误将灰尘吹入探头内。

(3) 不使用的仪器应放于－5～40℃、相对湿度小于85%的室内，室内空气中不应有腐蚀性气体。

第六节　温度传感器

煤矿井下环境温度除了影响矿工的工作效率和身心健康外，还是煤炭自然发火的重要指标之一。因此，矿井环境温度是矿井安全监测监控的重要内容之一。煤矿常用温度传感器主要有热电偶、热电阻、热敏电阻、半导体红外、光纤和热噪声等。

一、热电偶式、热电阻式与热敏电阻式温度传感器

热电偶温度传感器是将两种不同材料的导体连接在一起，形成一个闭合回路。当这两种不同材料导体的两个结点（冷端和热端）之间存在温差时，就在两者之间产生电动势，在回路中形成相应大小的电流。

热电阻式温度传感器是利用导体电阻随温度的变化而变化的原理来测量温度的。

热敏电阻温度传感器是利用半导体热敏电阻随温度变化而变化的原理来测量温度的，热敏电阻可分为正温度系数（PTC）和负温度系数（NTC）两种。

二、半导体温度传感器

半导体温度传感器是利用半导体PN结正向电压随温度变化

而变化的特性来测量温度的。半导体二极管正向电压温度特性，如图 4—10 所示。

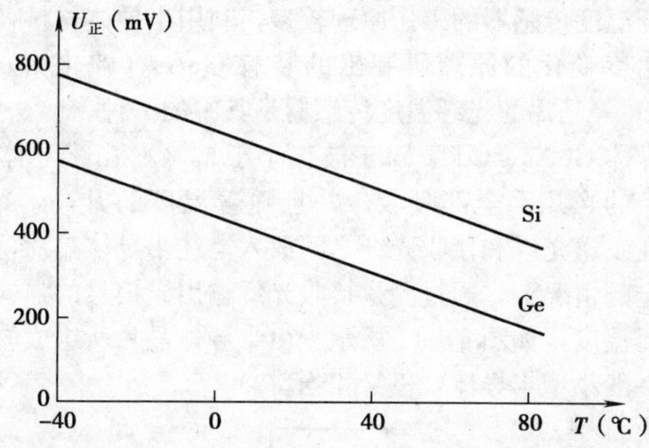

图 4—10　半导体二极管正向电压对温度的关系特性

利用半导体三极管基极—发射极电压 U_{be} 的温度特性及外接电路，就可测得环境温度的变化。集成电路传感器 AN6701、AD590 等就是将晶体管电路与恒流源电路、放大电路等集成在一个芯片上。因此，半导体温度传感器具有体积小、功耗低、响应快、线性度好、抗干扰能力强等优点。在矿井安全监控系统中获得了广泛的应用。

三、红外温度传感器

任何物体只要温度高于绝对零度（−273℃），就会产生红外辐射，其辐射功率 P 随物体温度增大而增大。

$$P=\varepsilon\sigma T^4 \tag{4.6.1}$$

式中　σ——常数，$\sigma=5.6697\times10^{-12}$，$W/(cm^2\cdot K^4)$；

T——物体的热力学温度，K；

ε——比辐射率，绝对黑体 $\varepsilon=1.0$，非绝对黑体 $0<\varepsilon<1.0$。

因此，可通过热敏电阻或光敏电阻测量红外辐热功率，计算出物体的温度。

红外测温具有测量灵敏度高，反应速度快，测温范围广，非接触测温，不影响被测温度场分布等优点。

四、光纤温度传感器

光纤温度传感器的工作原理较多，利用半导体材料吸收光谱特性随温度变化的原理研制出的装有 GeAs（砷化锗）、CdTe（碲化镉）等晶片的光纤温度传感器是其中的一种。

半导体 GeAs、CdTe 对于波长小于 λ_g（λ_g 由半导体本身性质决定）的光几乎全部吸收，并且随着温度的升高，λ_g 增大。因此，在发送光纤和接收光纤之间放入上述半导体晶片，在入射光强一定的情况下，通过测量接收光纤输出光信号的强弱，就可间接测得温度，如图 4—11 所示。由半导体晶片所组成的传感头尺寸和一般小型半导体二极管相当。

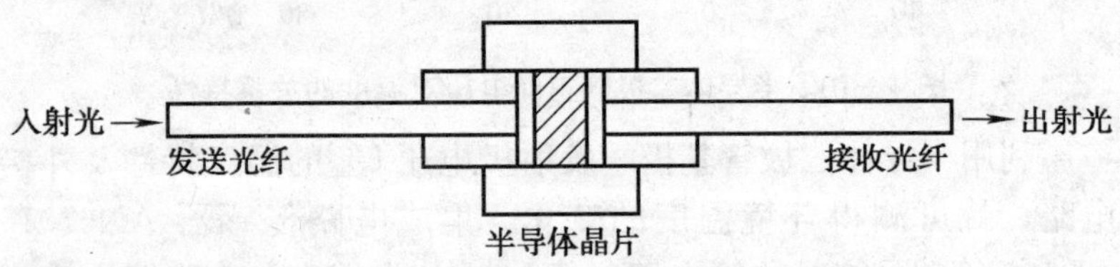

图 4—11　光纤温度传感器原理示意图

五、KG9301 型温湿度组合式传感器简介

1. 功能及特点

KG9301 型传感器采用高分子电解质电容敏感元件感湿及半导体敏感元件测温原理，全不锈钢外壳，双色发光二极管指示（绿：湿度；红：温度）监测参数，结构紧凑。该传感器为矿用本质安全型，适用于煤矿井下或地面较恶劣环境的条件下，同时监测湿度、温度两个参数。能就地交替显示湿度、温度值，连续输出湿度及温度两路信号。它的测量范围宽，性价比高，轻便结实，寿命长，稳定可靠，可与 KJ90、KJ4、KJ1、TF200 等监控系统配套使用。

2. 主要技术指标

湿度：0～100％RH

温度：0～40℃（可扩展为－40℃～150℃）

测量误差：湿度±3%RH（30%～95%RH） 温度±0.4℃

工作电压电流：12～24 V 80 mA DC

防爆类型：ib I（＋150℃）本质安全型

3. 使用方法

将电缆的插头插入传感器下端左侧的多芯插座上，再将传感器与监测系统分站用专用电缆连接好，则传感器发光二极管应亮，并交替显示温度、湿度地址和测量值，同时连续输出温度及湿度 2 路信号，投入正常运行。

第七节 风速、压差传感器

在煤炭开采的过程中，总有瓦斯涌出。及时准确地测定巷道风速，经济合理地调整风速、风量，对保证井下良好的作业环境、防止瓦斯及自然发火事故具有非常重要的意义。因此，对矿井风速的监测是矿井监控的主要内容之一。常用的矿井风速传感器主要有超声波旋涡式和超声波时差式两种。

压差传感器主要用于连续监测矿井通风总负压、矿井风机差压、井下风门两侧、矿井密闭墙内外压力差和风筒内外压力差等，是矿井通风安全参数测量的重要仪表，一般要求和国内各种监测系统配套使用。

一、超声波旋涡式风速传感器

超声波旋涡式风速传感器首先将风速转换成与风速成正比的旋涡频率，然后通过超声波将旋涡频率转换成超声波脉冲，再将超声波脉冲转换成电脉冲，从而测得风速。由于超声波旋涡式风速传感器具有寿命长、易维护、成本低等优点，因此在矿井监控系统中获得了广泛应用。

超声波旋涡式风速传感器优点：

（1）无运动部件，无机械磨损，性能稳定，使用寿命长，适于连续运行；

（2）输出信号就是与风速成线性关系的脉冲频率信号，原理上没有零点漂移，且敏感元件灵敏度变化不会直接影响输出，测量精度高；

（3）输出信号不受流体特性（湿度、温度、压力、密度、矿尘、粘度等）影响；

（4）响应迅速，能辨别风向。

二、超声波时差式风速传感器

超声波时差式风速传感器是利用超声波的时差来测定风速。

超声波时差式风速传感器具有如下优点：

（1）属于非接触式，无机械传动，因而不干扰流体的状态，不影响测试点的风速分布；

（2）只基于时间、距离和角度的检测，因而不受流体压力、温度和湿度的影响；

（3）使用寿命长，性能稳定，转换精度高。

缺点是结构复杂，造价高，体积大。

三、FS－1型超声波旋涡风速传感器简介

1. 概述

超声波旋涡风速传感器是对风速进行测量的仪器。其结构简单，无可动部件，精度高，性能稳定，使用寿命长，并且具有很宽的量程比。

2. 主要技术指标

防爆型式：本质安全型

测量范围：0.4～15 m/s

信号输出（DC）：0～1 V，0～100 mV，0～160 mV

电流：15～30 mA

耗电功率：2 W

发射电压：9～11 V

测量精度：≤0.1 m/s+2%×风速值

测头导线：5 m（屏蔽电缆）

环境温度：0～40℃

相对湿度：≤95%±3%

3. 故障与修理

（1）液晶显示器无显示且模拟信号输出为零，这是电源接反使三端稳压器 W7812 击穿损坏或电源与模拟信号输出端接错，电路未加上工作电压。

（2）液晶显示器在风速为零时，显示不为零，但显示周期符合要求，即显示周期为 4 s，其中 1 s 计数，3 s 显示测量值。这是由于电源负极与隔爆箱外壳的连接金属片接触不良所致，此时用万用表测量印刷电路板地线与隔爆外壳是否接通。

（3）液晶显示正常，而模拟信号输出为零。此时说明接收电路和整形电路工作正常，问题出在频率—电压转换电路中，应检查电路是否有元件损坏或脱焊现象。

（4）液晶显示器为零或显示不为零，而模拟信号正常，这种现象是由于时间控制部分出现故障。另外，当秒基准信号发生器防潮处理不好时会使它的输入阻抗下降，电路停振，没有 32 768 Hz 方波脉冲输出，使得时间控制电路没有归零信号和计数控制信号输出。此时，只要将电路板烘干，再涂好防潮漆后，电路即可正常工作。

（5）液晶显示及模拟信号输出皆为零。出现这种故障的原因很多，如发射电路、接收电路和整形电路出现故障时，都会出现这种现象。在检查时，应首先用高频信号发生器给接收电路的输入端输入 1～2 mV 的载波调幅信号，观察其接收电路和整形电路工作是否正常，并且检查发生电路工作状态是否正常。如果发射电路、接收电路、整形电路都正常，则故障是下述两种情况下发生的：

①测头连接电缆破裂、换能器密封不良而引起进水受潮，使

换能器输入阻抗降低所致。这时，应用示波器测量发射电压和接收电压，如发射电压比 11 V 小得多时，则是由于发射换能器进水所致；如接收换能器电压比 1～2 mV 小得多时，则是由于接收换能器进水受潮所致。这时只要将其烘干，重新将破裂点密封好，即可恢复正常工作。

②换能器焊点脱焊，无论是发射换能器还是接收换能器焊点脱焊时，都没有接收电压输出，并且很难用仪器直接测出。

测试时，如换能器的输出电压曲线没有选频特性，则是由于换能器焊点脱焊，这时应重新更换测头或送回生产厂修理。

（6）液晶显示器出现严重漏液，这是由于液晶显示器老化或液晶显示驱动信号电路损坏所致，应检查液晶显示驱动电路，如电路元件损坏应立即更换，并应更换新的液晶显示器。

四、GF 型风流压力传感器

1. 工作原理和主要结构

该传感器采用压阻应变测力原理，由光刻扩散硅压敏桥路等组成，全不锈钢外壳，轻便结实，操作简便。适用于煤矿井下巷道及瓦斯抽放管道负压（差压）的连续实时监测，是监测风压变化，保证矿井正常通风、配风及瓦斯抽放管路安全，监测采空区漏风，保证密闭质量的重要传感器。可输出多种信号制供选用，能在有瓦斯煤尘爆炸危险的场所连续工作。

2. 主要技术指标

型号：GF5F（A）型、GF5Z（A）型、GF100F（A）型、GF100Z（A）型

测量范围：0～0.5/1/2/5/10/100 kPa

测量误差：≤±1% F·S

输出信号：200～1 000 Hz　1～5 mA　DC 0～5 V DC　4～20 mA DC 等

工作电压：9～24 V DC

工作电流：≤60 mA DC

显示方式：三位半LED数字显示

防爆型式：Exib Ⅰ 矿用本质安全型

3. 使用方法

将传感器与分站用电缆连接在一起，预热30 min。用气管连接传感器“+”、“-”气嘴，并将“+”、“-”气管另一端分别置于所测的高低气压处，传感器即可正常工作。

第八节　开关量传感器

在煤矿监控系统中，开关量监测的地位和比重随着生产自动化水平的提高而提高，在工况、生产监控方面发挥着十分重要的作用。煤矿监控系统采用的开关量传感器主要有设备开停、风门开闭、馈电开关状态、风筒开关、温湿度控制、有烟无烟、电流电压控制等。开关量的检测原理分为直接式和间接式两类。直接式是指在电气上与负荷设备直接联系，从供电网路上直接获取信号，如用电流互感器、电压互感器检测有无电信号输出等。间接式是指在电气上与负荷设备不发生直接联系，如电磁感应原理、霍尔原理、测温原理、测磁原理、光电原理、接近（电感）原理等。

一、机电设备开/停传感器

随着煤炭生产自动化水平的提高，在煤矿井下运行的机电设备愈来愈多，随之而来的是如何科学地管理这些设备，提高设备的工作效率，保证煤矿的安全生产。对机电设备工作状态的监测成为煤矿安全生产监测监控系统必备的功能，实现这一功能的传感器——设备开/停传感器便成为此类系统必不可少的装备。机电设备开/停传感器主要有辅助触点型和电磁感应型两种。

辅助触点型开关量传感器是利用机电设备的接触器或继电器中没有被其他电气设备使用的辅助触点的闭合状况来反映机电设备的开停状况，这些辅助触点可以是常开触点，也可以是常闭触点，其监测原理如图 4—12 所示。使用辅助触点要注意本质安全防爆电路与非本质安全防爆电路的隔离。

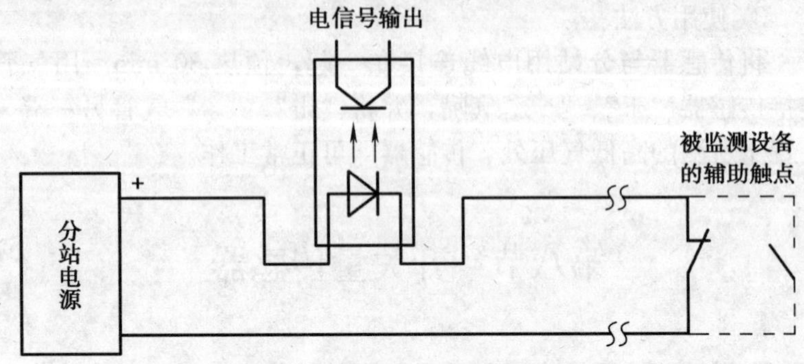

图 4—12　辅助触点型开关量传感器

电磁感应型开关量传感器是通过测量向机电设备馈电的电缆周围有无磁场存在，来间接地监测设备的工作状态。其工作原理是向机电设备供电的三芯电缆中的三相电流有对称和不对称之分，但无论对称与否，在电缆的外皮上，总可以找到一个与三相芯线不等距的点，该点的磁场强度以靠近该点的芯线起主导作用，如图 4—13 所示的点 C。如果将电磁感应型开关传感器安装在点 C，传感器中的检测线圈就可测得微弱的磁感应信号。供电电流越大，该感应信号就越强。感应出的信号再经过放大和变换

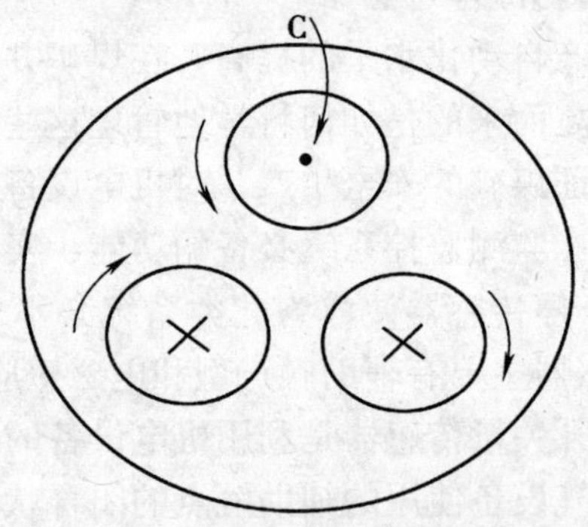

图 4—13　电磁感应型开关量传感器

就可获得反映设备工作状况的电信号。

例如 KGT9 型开/停传感器，主要用于监测煤矿井下机电设备（如采煤机、运输机、提升机、破碎机、局扇、泵站、风机等）的开停状态，并把检测到的设备开停信号转换成各种标准信号传输给矿井监测系统（或其他向地面传送信息的载波设备等），可实现由地面对全矿电气设备开停状态进行集中连续自动监测。该传感器系矿用本质安全型，采用新型优化设计，具有结构新颖、安装使用方便、功耗低、适应性强、性能稳定可靠、免维护等特点。输出信号已形成系列，适合与国内外各种监测系统配套，适用于监测供电电流大于 5 A 的各种交流驱动的机电设备。

二、风门开关传感器

风门开关传感器是一种检测煤矿井下风门开闭状态的开关量传感器。它由干簧开关组件与磁性组件两部分组成。在使用时，将磁性体组件装在风门上，而把干簧开关组件安装在毗邻的门框上。当风门关闭时，磁性体靠近干簧开关组件，由磁性体产生的磁场使干簧开关维持闭合（或断开）状态。这时，由干簧开关组件输出一个闭合（或断开）接点信号。

当风门打开时，磁性体离开了干簧开关组件，使接点断开（或闭合），同时输出一个断开（或闭合）接点信号。通过图 4—12 所示的开关量检测电路，就可以将该接点信号转换为电信号。

例如，KGE12 系列矿用风门开关传感器是磁性驱动的位置开关传感器，属矿用本质安全型产品。该产品可用于煤矿井下有甲烷及煤尘爆炸危险的环境中，安装在井下巷道的各级风门上，用来监测风门的开闭状态，为通风管理提供风门状态信息。可与各种矿井监测监控系统配套使用，其无源开关触点信号或电流信号可直接提供给矿井监控系统采集、处理。

三、风筒状态传感器

风筒状态传感器主要是用来监测风筒工作状态的传感器。风筒状态传感器的结构原理如图 4—14 所示。它由干簧管组件、永磁铁组件和风筒卡装机构三部分组成。干簧管组件由两根电缆输出开关信号。组装好的干簧管组件上端与悬吊臂摆件的一侧连接，下端与夹钳臂连接。永磁铁组件的上端与另一悬吊臂摆件连接，这两个夹钳臂牢牢地夹住风筒。

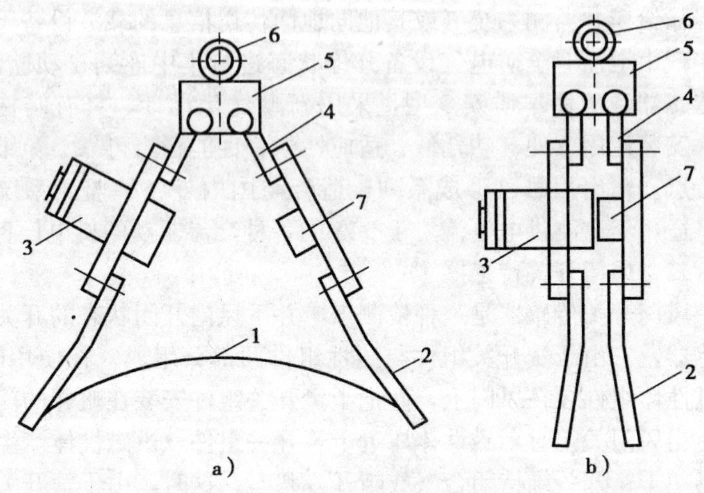

图 4—14　风筒状态传感器

a）风筒内风量正常时　b）风筒内无风时

1—风筒　2—夹钳臂　3—干簧管组件　4—悬吊臂摆件

5—悬吊臂座　6—吊环落得　7—磁铁组件

当局部通风机停止运转或风筒漏风造成风量不足时，传感器的两个臂在重力作用下合拢，此时，干簧管组件中的簧管与磁铁靠近，磁铁的磁力使干簧管的两个簧片互相吸合，电路接通，输出“风量不足”信号。当局部通风机正常工作，风筒的两个臂张开，此时，干簧管组件与磁铁分开，由于干簧管的簧片处于正常状态，电路断开，输出“风量足”信号。风筒状态传感器是开关量传感器，输出“风量足”和“风量不足”两种状态，是甲烷风电闭锁装置和矿井监控系统的重要传感器之一。

例如，KG5009 型风筒风量开关，它是矿井风筒通风安全监测的新型装置，为本质安全型设备。该开关主要用于煤矿井下，对用帆布或橡胶等柔性材质制作的风筒的安全监测。它安装在风筒上，离出风口 5 m 处，该开关是监控系统分站及类似监控设备的配接设备，用来进行风筒工作状态的遥测。

四、馈电状态传感器

馈电状态传感器用于监测被控开关负荷侧的馈电状态。馈电状态传感器可以采用被控开关（馈电开关或磁力起动器）辅助触点，但要注意本质安全防爆电路与非本质安全防爆电路的隔离。当被控开关是直接控制用电设备时，由于被控开关馈电，馈电电缆就有电流；被控开关不馈电，馈电电缆无电流，因此，使用设备开停传感器即可。当馈电开关不是直接控制用电设备，用电设备由下一级磁力起动器控制时，馈电状态的监测应采用测量被控开关负荷侧的电场或电压的方法，如光纤法、电容法等。

例如，KGT16 型馈电开关传感器，它主要用于监测电缆芯线是否带电，并同时输出相应的状态信号供监测系统采集处理。与负载是否工作、电缆有无电流无关。使用时将传感器直接卡在被控设备的真空开关或磁力启动器的负荷侧电缆上，将馈电开关传感器的输出接至分站的开关量输入口。该传感器利用检测电缆芯线对地电场的原理来测量设备是否带电，只要电缆芯线带有一定电压的交流电，则输出馈电状态，反之，输出非馈电状态。该传感器输出信号已形成系列，可与国内外各种监测监控系统配套使用。

复习思考题

1. 传感器由哪几个部分组成？

2. 什么是量程？当被测物理量超出了传感器规定量程范围将会造成什么后果？

3. 简述低浓度甲烷传感器的测量范围及误差。

4. 煤矿安全监测传感器常用的类型有几种?
5. 影响载体催化元件主要技术性能的因素有哪些?
6. 简述热导式甲烷传感器的工作原理。
7. 简述超声波漩涡式风速传感器的工作原理。
8. 机电设备开/停传感器有哪两种? 简述各自的工作原理。

第五章 矿用甲烷报警及闭锁系统仪器

第一节 甲烷报警仪器

便携式甲烷检测报警仪作为常规的安全检测仪器，在全国煤矿得到了广泛的应用。便携式仪器种类繁多，随着时间的推移，新型仪器不断推出，仪器性能指标也在不断提高。

一、仪器的组成及工作原理

便携式甲烷检测报警仪具有甲烷浓度监测、显示、声光报警等功能。由机壳、传感器、电路板、电池组等主要部分组成。当被测元件与被测气体接触时，催化元件组成的电桥失去平衡，转换成电信号，经过放大和模/数转换器用数码管显示出相应的甲烷浓度值，当甲烷浓度达到报警设定值时，同时产生闪光和声响讯号。

二、管理规定

矿长、矿技术负责人、爆破工、采掘区队长、通风区队长、工程技术人员、班长、安全监测工、流动电钳工等下井时，必须携带便携式甲烷检测报警仪。

便携式甲烷检测报警仪应设专职人员负责充电、收发及维护。每班要清理隔爆罩上的煤尘，下井前必须检查便携式甲烷检测报警仪的零点和电压值，不符合要求的禁止发放使用。

便携式甲烷检测报警仪应固定专人使用，使用时要严格按照产品说明书进行操作，严禁擅自调校和拆开仪器。

三、仪器使用与维护

1. 使用前维护

（1）检查仪器电源并进行充电。

（2）在新鲜的空气中检查仪器零点。

（3）检查仪器外壳是否固定牢固。

（4）开机稳定后调校零点。

（5）仪器零点调好后，使用甲烷标准气样校验。

2. 日常维护

（1）每天检查一遍在用仪器的工作状态和零点，发现故障应及时维修和校正。

（2）每 7 天必须使用标准气样和按产品使用说明书的要求对便携式甲烷检测报警仪、甲烷氧气检测仪等进行一次调校。

（3）按周期鉴定计划送安全仪器计量站进行计量鉴定。

四、JCB－C31A 型甲烷检测报警仪

1. 用途和特点

JCB－C31A 型甲烷检测报警仪（以下简称检测仪）是袖珍式数字化甲烷（瓦斯）浓度检测仪器。主要适用于煤矿有瓦斯爆炸危险的场所，如煤矿井巷道、机电硐室等处连续监测甲烷浓度，当甲烷浓度超限时，立即发出声、光报警，可供在上述场所固定使用，也可供下井班干部、通风管理人员、瓦斯检测员、放炮员、采掘工作面工作人员等随身携带使用。

检测仪采用低功耗载体催化元件、大规模集成电路和新型电子器件。电池组是高能量的充电电池，工作时间和寿命都超长。性能稳定，反应迅速，精度高。外壳先采用阻燃 ABS 高强度全塑结构，配用高密封性能的按键式电子薄膜开关面板，三位高亮度数码管，检测仪质量轻，携带方便。检测仪还具有欠压报警、过欠压自动关机、电源工作电压自动检测和自检等多项自动检测和保护功能。

2. 外形结构和工作原理

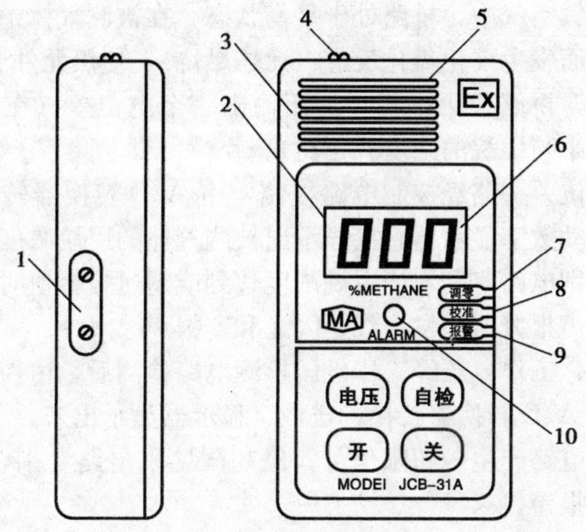

图 5—1 JCB－C31A 型甲烷检测报警仪外型结构图

1—密封盖（调节窗） 2—欠压报警点 3—气窗

4—通气螺钉 5—声报窗 6—显示窗 7—调零电位器

8—校正电位器 9—报警点电位器 10—光报警窗

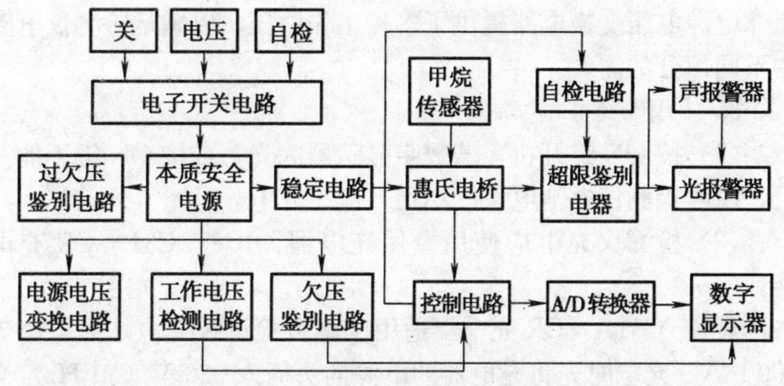

图 5—2 JCB－C31A 型甲烷检测报警仪工作原理图

检测仪采用热催化高性能传感器组成惠氏电桥，测量臂由载体催化元件（俗称黑元件）和纯载体元件（俗称白元件）组成，辅助臂由金属电阻和电位器组成，稳压电路为电桥提供稳定的电压。在新鲜空气中，桥路处于平衡状态，在被测气体中，甲烷在黑元件表面发生催化氧化反应（无焰燃烧），使黑元件温度增高，电阻增大，桥路失去平衡，从而输出一个电位差（在一定范围内，其大小与甲烷的浓度成正比）。

此电位差一路经控制电路控制，由 A/D 转换器转换成数字信号，驱动数字显示器直接显示出被测气体的甲烷浓度，另一路经超限鉴别电路鉴别，当甲烷浓度达到或超过报警值时，控制光报警器和声报警器即发出红色闪光和警报声。

电源、工作电压经工作电压检测电路检测后，由控制电路控制，通过 A/D 转换器转换，送数字显示器显示出来。

自检电路产生一超限信号，经超限鉴别电路鉴别，控制声、光报警器报警。

当电源工作电压≤2.30 V 时，经欠压鉴别电路鉴别，控制数字显示器闪光报警。

当电源工作电压≤2.25 V 时，经过欠压鉴别电路鉴别，控制电子开关自动关机。

电源电压变换电路提供了多种工作电压，以满足检测仪电路中不同部分的需要。

3. 使用与维护

（1）按 ON 键开机，若数字显示器闪光，或按 ON 键不能开机，说明检测仪电池电量已不足，应予充电。

（2）检测仪充电应使用专用充电器：JC8－C31－CR 充电器。

JCB－C31A－CR 充电器适用于单台检测仪充电，充电电流 200 mA，充电时先将充电器的电源插头插入 220 V（50 Hz）交流电源（允许电网电压波动±10%），此时绿色电源指示灯（POWER）应亮，然后将检测仪的电源插头插入充电器的充电插座，此时红色充电指示灯（CHARGE）应亮，充电时间一般不少于 12 h。

检测仪具有电源工作电压自动检测功能，因此，可随时检查充电情况，方法是将检测仪从充电器中拔出，按 ON 键后再按住电压键，即显示出电源工作电压，通常达到 2.70 V 时认为已充满，检测仪可连续工作 8 h 以上。

（3）检测仪充电时应处于关机状态。检测仪使用前，应由经过专门培训的专职人员按下列步骤进行检查和调整。

1）零点的检查和调整。在新鲜空气中，开机 5～10 min 后，观察示值是否在 0.00～0.02 范围内，否则应打开密封盖，调节上面的调零电位器，使示值为 0.00。注意：调节时示值末位后出现“小数点”，表示示值为一负值，调零应使此点隐没。

2）精度的检查和调整。将检测仪的通气螺钉拆下，拧上校正气嘴，通入浓度 2.00%CH_4 标准气样，控制流量在 200 mL/min，待检测仪读数稳定后，观察示值是否在标准气样值的 5.00%范围内，否则应调节中间的校正电器，使示值为标准气样值。

3）报警点的检查和调整。调节调零电位器，使示值升至报警点设定值，观察检测仪是否报警，否则应反复调节下面的报警点电位器，使检测仪刚好处于报警状态。

（4）注意事项：

1）检测仪长期使用，应定期地进行上述的检查和调整工作，一般每半月进行一次。

2）检测仪使用时应防止水滴溅入，避免经受猛烈撞击和挤压。

3）检测仪充电房应通风良好，并远离矿灯充电房和 H_2S 等有害气体源，必须在井上安全场所进行。

4）不得随意改变本质安全电路元器件型号、规格、参数。

5）充电必须在井上安全场所进行。

6）井下使用时必须加有动物皮质的皮套。

4. 保管和维修

（1）检测仪应有专人保管，并建立登记制度将使用情况记录在册。

（2）检测仪长期不用，应放于通风干燥处，避免与 H_2S 等有害气体接触，每季度进行一次充、放电。

（3）禁止随意拆卸检测仪，维修工作应由经过专门培训的专业人员负责，不得随意更改电气参数及元器件的规格、型号参数。

（4）严禁在井下或有爆炸危险的场所拆卸检测仪。电池组和探头系特殊防爆组件，损坏后必须整体更换，由生产厂家提供配件，不得用其他类型的部件代替，必须带皮套使用。

（5）检测仪可能出现的故障及原因分析：

1）开机无显示。

分析原因：薄膜开关故障，电池引线断，电池电压严重不足。

2）开机后很快自动关机。

分析原因：电池工作电压不足，充电引线断。

3）开机后示值异常。

分析原因：探头引线断，探头损坏。

4）超限不报警。

分析原因：蜂鸣器引线断，红色报警灯（ALARM）引线断。

5）精度调不到标准气样值。

分析原因：隔爆罩积尘严重、探头老化。

五、JY200 型甲烷氧气两用检测报警仪

1. 用途和特点

JY2001 型甲烷氧气两用检测报警仪（以下简称检测仪）是智能化、多功能、超小型数字式甲烷（瓦斯）浓度和氧气浓度检测报警仪器，主要适用于煤矿有瓦斯爆炸危险的场所，如煤矿井巷、采掘工作面、采空区、回风巷道、皮带运输巷道、机电硐室等处，连续监测甲烷浓度和氧气浓度。每隔半小时自动记录并存储一帧数据；当甲烷浓度或氧气浓度超限时，检测仪立即发出声、光报警，同时每隔 10 s 自动记录并存储一帧数据。检测仪可在上述场所固定使用，也可供下井干部、通风管理人员、瓦斯检测员、放炮员、采掘工作面工作人员等随身携带使用。检测仪采用高性能传感器、计算机数字技术和新型电子器件，性能稳定、门限准确，反应迅速，精度高。使用方式采用人性化设计，软调节技术，操作简单，使用方便。检测仪外壳采用 ABS 高强度全塑结构，配用高密封性能的按键式电子薄膜开关，四位高亮度红色数码管显示，结构新颖，造型别致；体积小，质量轻，携带方便。除上述数据自动记录存储（可随时读出）功能外，检测仪还具有时钟显示、电池工作电压检测、报警点（门限）显示等多种实用功能，以及欠压报警、欠压自动关机、超浓报警、超浓自动关机等多种自保功能。

2. 外形结构和工作原理

检测仪外形结构如图 5—3 所示。

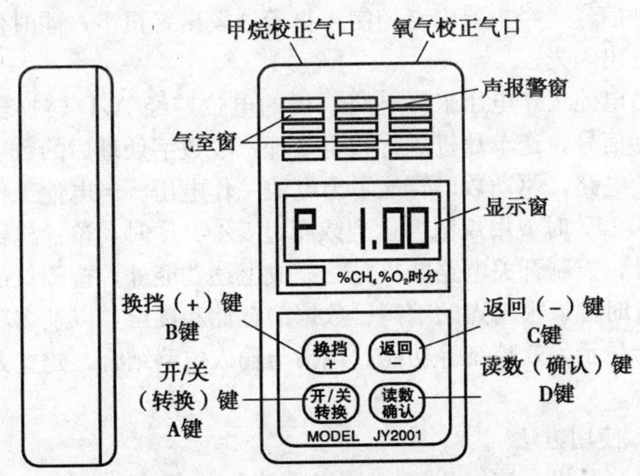

图 5—3 JY2001 型甲烷氧气两用检测报警仪外形结构图

检测仪采用高性能热催化元件组成甲烷惠氏电桥，由载体催化元件（俗称黑元件）和纯载体元件（俗称白元件）组成测量臂，由金属膜电阻组成辅助臂，稳压电路为电桥提供稳定的电压。在新鲜空气中桥路处于平衡状态，在被测气体中，甲烷（瓦斯）在黑元件表面发生催化氧化反应（无焰燃烧），使黑元件温度增高，电阻增大，桥路失去平衡，从而输出一个电位差（在一定范围内，其大小与甲烷的浓度成正比）。此电位差经 A/D 转换器转换成数字信号，送单片机进行数字处理，经数字处理后的数字信号送驱动电路，驱动数码管显示出被测气体的甲烷浓度。当甲烷浓度达到或超过报警值时，单片机立即输出控制信号，经报警电路控制声报警器发出警报声，同时使红色数字发出闪光。

检测仪采用高性能氧气探头，与金属膜电阻组成氧气惠氏电桥，输出的电位差（在一定范围内，其大小与氧气的浓度成正比）经 A/D 转换器转换成数字信号，送单片机进行数字处理，经数字处理后的数字信号送驱动电路，驱动数码管显示出被测气体的氧气浓度。当氧气浓度达到或小于报警值时，单片机立即输出控制信号，经报警电路控制声报警器发出警报声，同时使红色数字发出闪光。

由电池工作电压采样电路取得的电位差经 A/D 转换器转换成数字信号，送单片机进行数字处理，经数字处理后的数字信号送驱动电路，驱动数码管显示出电池工作电压。当电池工作电压低于 3.1 V 时或甲烷浓度达到或超过 5%CH_4 时，单片机输出控制信号，控制开关电路关机。除完成上述功能外，检测仪的软件还完成时钟、报警点的编制、数据的存储和读出，以及多项软调节、软显示、软控制等功能，包括与输入电路结合，建立人机对话平台。

3. 使用方法

（1）开机。按住开/关键（以下简称 A 键）2 s 以上再松手，检测仪即打开。首先显示 0000，紧接着显示工作电压 EX. XX，然后自动进入甲烷检测状态。若此时 X. XX<3.10 且闪动，2 s 后自动关机，说明检测仪的电池电量已不足，应充电。

(2) 关机。按住A键2 s以上再松手，发光数字熄灭，检测仪自行关闭（关机后时钟继续运行，不受影响）。

(3) 观看甲烷、氧气、时钟、电池工作电压、甲烷报警点、氧气报警点数值。检测仪开机后处于甲烷检测状态，按换挡（+）键（以下简称B），即进入氧气检测状态。再按B键时进入时钟状态，前2位显示小时，后2位显示分钟，中间点每秒闪烁一次。再按B键，进入电池工作电压检测状态，前1位显示E，表示电池工作电压，后3位显示电池工作电压值。再按B键，进入甲烷报警点状态，前1位显示P，表示报警点，后3位显示甲烷报警点值。再按B键时，进入氧气报警点状态，前1位显示P，表示报警点，后3位显示氧气报警点值。进入报警点状态，声报警器应发出警报声（自检）。若再按B键，则检测仪又回到甲烷检测状态，从而构成六项循环的观看方式。

(4) 状态返回。不管检测仪处于何种状态，只要按返回（一）键（以下简称C键），检测仪立即返回甲烷检测状态。

(5) 观看存储记录。按住读数（确认）键（以下简称D键）2 s以上再松手，显示窗出现READ字样，表示检测仪已进入读数（观看存储记录）状态。再按D键，出现时间，再按D键，出现该时间的甲烷浓度，再接D键，出现该时间的氧气浓度，构成第1帧数据。重复上述操作，可以一一观看到所有80帧的数据。当观看到第80帧数据时，下一帧即为已观看过的第1帧数据，从而构成存储记录循环观看的方式。每次操作后的等待时间不能超过5 s，否则检测仪将自动退出读数状态，返回甲烷检测状态。

(6) 充电。检测仪充电应使用专用充电器JY2001－DG（单个）或JY2001－Z5（5个组合），充电器适用于220 V交流电源（允许电网电压波动±10%），通电后充电器的绿色电源指示灯（POWER）应亮，将检测仪插头插入充电器的充电插座，红色充电指示灯（CHARGE）应亮，单个检测仪的充电电流为200±

5 mA，充电时间一般不少于 12 h。充完电后应开机检查一下电池工作电压，通常达到 4.2 V 以上时认为已充满。检测仪充电时应处于关机状态。

4. 调试方法

只有经过专门培训的专职人员，方可对检测仪进行调试。严禁在使用过程中启动调试程序。

（1）甲烷的调试。开机进入甲烷状态：

1）零点的检查和调整。在新鲜空气中，开机 10 min，待显示值稳定后，观察显示值是否为 0.00，否则应进行零点调整。进行零点调整时，应先按 A 键，1 s 后再按 D 键，此时末位的小数点亮，表示检测仪已进入调零（第 1）状态。重复按 B 键可使显示值递加，重复按 C 键可使显示值递减。进行上述操作，使显示值为 0.00，然后按 D 键确认并退出调零状态，返回甲烷检测状态，零点调整结束。

2）精度的检查和调整。只有经过零点调整后的检测仪方可进行精度的检查和调整。

将校正气嘴插入检测仪的甲烷校正气口，通入浓度为 2%左右的 CH_4 标准气样，控制流量在 200 mL/min，待显示值稳定后，观察显示值是否为标准气样值，否则应进行精度调整。

进行精度调整时，应先按 A 键，1 s 之后再按 D 键，此时末位的小数点亮，表示检测仪已进入第 1 状态。重复上述操作，此时首位的小数点亮，表示检测仪已进入精度调整（第 2）状态。重复按 B 键可使显示值递加，重复按 C 键可使显示值递减，按 A 键可改变递加或递减的速度。进行上述操作，使显示值为标准气样值，然后按 D 键确认并退出精度调整状态。返回甲烷检测状态，精度调整结束。

（2）氧气的调试。开机后按 B 键进入氧气状态：

1）零点的检查和调整。将校正气嘴插入检测仪的氧气校正气口，通入浓度为 100%N_2 的标准气样（纯氮气），控制流量在

200 mL/min，待显示值稳定后，观察显示值是否在 00.0，否则应进行零点调整，进行零点调整时，应先按 A 键，1 s 之后再按 D 键，此时首位的小数点亮，表示检测仪已进入精度调整（第 1）状态。重复上述操作，此时末位的小数点亮，表示检测仪已进入调零（第 2）状态。重复按 B 键可使显示值递加，重复按 C 键可使显示值递减。进行上述操作，使显示值为 00.0，然后按 D 键确认并退出调零状态，返回氧气检测状态，零点调整结束。

2）精度的检查和调整。只有经过零点调整后的检测仪方可进行精度的检查和调整。在新鲜空气中，开机 10 min，待显示值稳定后，观察显示值是否为 20.9，否则应进行精度调整。进行精度调整时，应先按 A 键，1 s 之后再按 D 键，此时首位的小数点亮，表示检测仪已进入精度调整（第 1）状态。重复按 B 键可使显示值递加，重复按 C 键可使显示值递减，按 A 键可改变递加或递减的速度，进行上述操作，使显示值为 20.9，然后按 D 键确认并退出精度调整状态，返回氧气检测状态，精度调整结束。

（3）时钟的调试。准备好一个经标定过的标准时钟。开机后按 B 键进入时钟状态，观察显示值是否与标准时钟一致，若误差在 1 min 以上，进行调整。进行调整时，应先按 A 键，1 s 之后再按 D 键，此时末位的小数点亮，表示检测仪已进入时钟调整（第 1）状态，重复按 B 键可使小时数或分钟数递加，重复按 C 键可使小时数或分钟数递减，按 A 键可改变递加或递减的是小时数还是分钟数，进行上述操作，使显示值为标准时钟值，然后按 D 键确认并退出时钟调整状态，时钟调整结束。

在调整过程中，按 C 键只能使小时数或分钟数递减到 00 为止，再按 C 健将不起作用；按 B 键只能使小时数递加到 23 为止，分钟数递加到 59 为止，再按 B 键将不起作用。

（4）电池工作电压的调试。准备好经标定过的有效数字不少于 4 位的数字万用表。打开检测仪后盖，数字万用表打在

DC 20 V挡，正负表笔分别接电路板上的E+和E-。开机后按B键进入电池工作电压状态，待显示值稳定后，观察检测仪的显示值是否与数字万用表上的显示值一致，否则应进行精度调整。

进行精度调整时，应先按A键，1 s之后再按D键，此时首位的小数点亮，表示检测仪已直接进入精度调整（第2）状态，重复按B键可使显示值递加，重复按C键可使显示值递减，按A键可改变递加或递减的速度。进行上述操作，使检测仪的显示值与数字万用表上的显示值一致，然后按D键确认并退出精度调整状态。返回电池工作电压检测状态，精度调整结束。

（5）甲烷报警点的调试。开机后按B键进入甲烷报警点状态，显示P1.00（出厂设置值），若用户需要更改，可进行调整。

调整时，应先按A键，1 s之后再按D键，此时末位的小数点亮，表示检测仪已进入报警点调整（第1）状态，重复按B键可使显示值递加，重复按C键可使显示值递减，进行上述操作，使显示值为用户需要值，然后按D键确认并退出甲烷报警点调整状态，返回甲烷报警状态，调整结束。

（6）氧气报警点的调试。开机后按B键进入氧气报警点状态，显示P18.0（出厂设置值），若用户需要更改，可进行调整。调整方法与甲烷报警点的调整方法相同，调好后按D键确认并退出氧气报警点调整状态，返回氧气报警状态，调整结束。

5. 注意事项

（1）严禁在使用过程中乱按检测仪上的按键，以免偶然启动调试程序，改变调试参数，引起故障。

（2）检测仪长期使用，应定期进行上述调试方法中的甲烷的调试项和报警点的检查项，一般每半月进行一次。

（3）检测仪使用时应防止水滴溅入，避免受猛烈撞击和挤压。

（4）根据使用情况，应对检测仪的气室和甲烷探头进行定期和不定期的清洗。

（5）检测仪充电房应通风良好，并远离矿灯充电房和 H_2S 等有害气体源。

6. 保管和维修

（1）检测仪应有专人保管，并建立登记制度，将使用情况一一记录在册。

（2）检测仪长期不用，应放于通风干燥处储藏，避免与 H_2S 等有害气体接触，每季度进行一次充放电。

（3）禁止随意拆卸检测仪，维修工作应有经过专门培训的专职人员担任，维修时应注意，电路板在更换元器件和焊接后，应涂三防漆两遍。

（4）严禁在井下或有爆炸危险的场所拆卸检测仪。电池组和甲烷探头系特殊防爆组件，损坏后必须整体更换，由生产厂家提供配件，不得用其他类型的部件代替。更换甲烷探头后，检测仪必须重新调试。

第二节　甲烷报警断电仪器

甲烷报警断电仪是指对监测区域内的甲烷浓度进行检测、显示和报警，对被控设备进行断电、闭锁和复电功能的设备。断电仪一般由主机、传输电缆和甲烷传感器等部分组成。

一、KFD－4 甲烷断电仪

1. 产品特点

KFD－4 型断电仪，是一种符合 MT/T408—1995《煤矿用直流稳压电源》要求的井下安全设备。除具有常规断电仪功能外，还能为 KJ90 型煤矿安全监控系统井下分站及传感器提供电源；采集甲烷传感器的实测数据、完成信号处理、超限判断、数据传输、故障判别、状态显示、报警、断电等多种功能。

2. 主要用途和适用范围

（1）主要用途。在煤矿井发生爆炸及其他灾害、危险前，可通过 KFD—4 型断电仪及时切断井下设备的供电电源。也可作为井下监控分站及甲烷传感器的电源使用。

（2）适用范围。煤矿井下所有挂接传感器及需要及时切断电源的地方和场所。

3. 工作条件

输入电压类型：交流

输入电压等级：36 V、127 V、380 V、660 V 等（也可由用户预设）

输入电压允许波动范围：−25%～+10%

输入信号类型：频率

输出信号类型：本质安全直流

4. 工作原理与结构特征

（1）工作原理及特性。KFD－4 型断电仪，是一个以 89C52CPU 芯片为核心，数据采集、通讯、控制、显示、红外接收、复位及“看门狗”电路等为外围电路的单片机系统。它的电路部分主要由主板和电源板两部分组成。工作时，通过电源板两部分给分站和传感器提供工作电源。通过主板完成对甲烷传感器的数据采集、处理及传输和超限判断、故障判别、状态显示、报警、断电等功能。

（2）总体结构。KFD—4 型断电仪的外型为长方体状的箱体结构，正面和右侧分别有三个进出线用的喇叭口，详细结构如图 5—4 所示。

（3）主板电路单元及工作原理。KFD—4 型断电仪主板电路原理方框图如图 5—5 所示。

①89C52CPU 中央处理单元。89C52 是一种自带 8 K 可电擦写 ROM 及 256 字节 RAM 的微控制芯片，能快速、准确地完成数据处理和对其他外围电路的逻辑控制，是整机正常有序运行的关键。

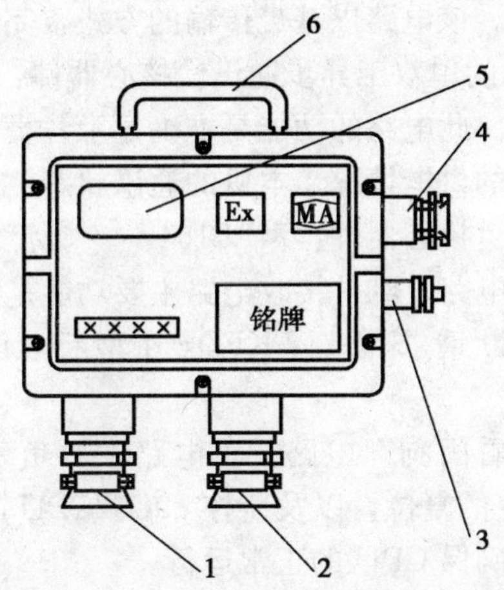

图 5—4　KFD—4 型瓦斯断电仪结构示意图

1，2—大喇叭嘴　3—接地柱

4—小喇叭嘴　5—显示窗　6—提手

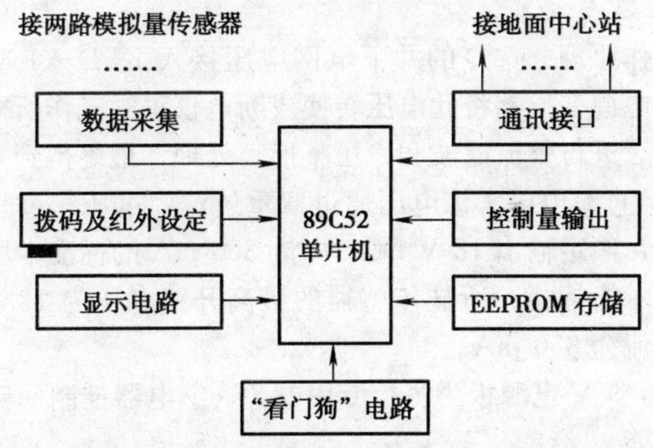

图 5—5　KFD—4 型断电仪主板电路原理框图

②数据采集电路。此电路利用光耦原理将传感器直接隔离，然后通过 CPU 完成对模拟量信号的数据采集。

③控制电路。该电路在接到 CPU 发出的断电指令后，控制整机电源板的执行电路完成断电。

④通讯电路。该电路以基带传输的方式，完成本机与地面中心站 2 400 bit/s 的单双工异步通讯。核心器件：MAX1487。

⑤显示电路。此电路的功能是准确显示各类传感器的实测参数、所挂传感器的供电情况、本机的通讯状态、执行断电的状态及红外遥控状态。核心器件：74LS164。

⑥红外接收电路。红外接收电路主要功能是完成对红外信号的处理、产生中断请求、进行 KFD－4 型断电仪的初始化信息设置。

⑦复位及“看门狗”电路。该电路主要负责上电、欠压及“看门狗”等电路的复位，以及监控 89C52CPU 的运行情况及电源的供电情况，确保 CPU 的正常运行。

(4) 电源板电路单元及工作原理：

①供电等级。KFD－4 型断电仪由井下电网供电。供电等级为：660 V、380 V、127 V、36 V 等多种，具体可由用户事先预设。

②工作原理。选定的井下电网电压接入 KFD－4 型断电仪后，先由电源变压器将此电压转换成断电仪正常工作所需的电压等级，然后进行整流滤波和稳压整形、处理，最终得到高稳定度的 18.5 V 直流电压。该电压通过双重过流、过压、过热保护电路处理成：额定输出 18 V DC、电流 350 mA 的标准本质安全电源（此技术指标指：所挂传感器的最高开路电压为 18.5 V，最大短路电流为 350 mA）。

其中，9 V 电源板为主板专用电源。继电器控制回路用来完成断电功能。

KFD－4 型断电仪电源板电路原理方框图见图 5—6。

5. 技术特性

(1) 主要性能：

为传感器提供本质安全电源；

对传感器进行数据采集；

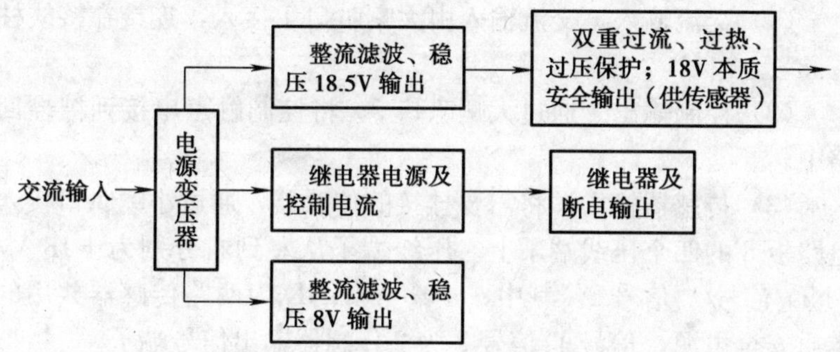

图5—6　电源板电路原理方框图

对采集到的数据进行综合判别并根据需要发出断电指令，执行断电；

适时显示传感器的实测数据、电源状态、断电状态、通讯状态；

及时响应监控分站的各种指令，并将参数、状态上传；

可通过红外遥控对本机进行初始化设置，并将设置的信息永久保留。

（2）主要技术指标：

输入电压类型：交流

输入电压等级：380 V、660 V

输入电压允许波动范围：－5％～10％

输入信号类型：频率200～1 000 Hz

输出类型：本质安全直流18 V/350 mA

负载能力：模拟量传感器　2个

就地断电　1路

最大输出功率：约13 W（注：单台传感器的最高开路电压为18.5 V，最大短路电流为350 mA）

断电容量：高压交流660 V/0.5 A

控制输出类型：常开或常闭

6. 安装、连接

（1）交流输入。交流输入由大喇叭口1接入，连接在接线柱2、3上。

（2）控制输出。通过大喇叭口2，将控制触点串接到被控回路中。

（3）传感器输入。将需要挂接的传感器，通过小喇叭口接入电路板8的四个压线端子上。压线端子从左到右分别为+18 V/GND/信号1/信号2。其中，+18 V/GND为两路传感器共用的本质安全电源，信号1/信号2为2传感器输出信号端子。

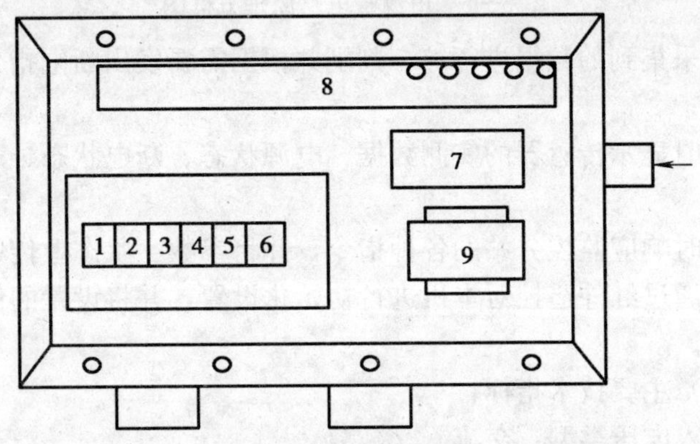

图5—7　KFD—4型断电仪内部安装结构示意图

1、2、3、4、5、6为接线柱：1—内接地

2、3—交流输入　4、5—常开触点　5、6—常闭触点

7—高压继电器　8—电路板　9—变压器

7. 使用、操作

（1）使用前，用户必须认真、仔细阅读《使用说明书》。仔细对照说明书和电路图，认真检查内部接线是否有因运输等原因造成的松动、脱落等非正常现象。如果有，应及时排除，然后再进行下一步操作。

（2）操作时，用户应根据实际需要首先确定交流输入电压的电压等级。660 V、380 V两种不同等级的电压输入，通过变压器的输入绕组接头切换。在变压器输入绕组的接头处分别标有 660 V 和 380 V 字样。

(3) 输入电压确定后，再确定断电输出控制回路的断电控制等级。本断电仪控制回路的出厂默认值为 660 V。继电器触点串接的保险为 1 A。若控制回路的断电控制等级设为 36 V 时，继电器触点串接的保险则应更换为 5 A。

(4) KFD－4 型断电仪进入正常工作状态后，第一步对断电仪进行遥控设置。设置时，如果挂接的是两个传感器，那么，必须对两个通道都进行设置。

(5) 设置控制口时，不要忘记设置断电控制的功能项。

(6) 使用中，用户必须严格按照相关的煤矿安全规程及规定进行操作。

8. 保养、维修

(1) 保养：

①使用时，必须指定专人负责断电仪的日常保养、维护。

②负责保养、维护的人员必须认真、仔细阅读《使用说明书》和电路图，熟悉 KFD－4 型断电仪的内外部结构及电路原理。

③使用中，保养、维护人员应经常检查 KFD－4 型断电仪的电缆出线口的密封部分是否压紧，盖板的螺钉是否紧固。

(2) 维修：

①KFD－4 型断电仪的维修必须由接受过生产厂家专门培训的修理人员进行。

②KFD－4 型断电仪电源部分的安全栅，输出的本质安全电源为 18 V/350 mA，绝不允许任何人改动。

③禁止改动本电路的任何参数。

④KFD－4 型断电仪在使用中一旦发生短路，应首先切断电源，然后再按照安全规程的要求进行处理。

⑤在对 KFD－4 型断电仪进行检修、维护和保养时，开盖前必须首先切断交流电，严禁带电操作。

⑥使用中，应严格按照井下电气设备防爆面的规定，维护好KFD—4型断电仪的防爆面。

二、KHJ1智能型甲烷断电仪

1. 概述

KHJ1智能型甲烷断电仪（以下简称断电仪），由一台KHJ1智能型甲烷断电仪主机（以下简称主机），一只KG3019智能型高低浓度甲烷传感器（以下简称传感器）组成，能可靠地实现甲烷浓度的检测、显示报警，并对被控设备进行闭锁、解锁控制的功能。

2. 主要功能

（1）断电仪刚送电而未达到稳定输出的1 min内，被控设备开关闭锁，不能启动。

（2）断电仪未送电、断电或因故障而失电时，被控设备开关闭锁，不能启动。

（3）被监视区域风流中的甲烷浓度达到预置断电点时（出厂时设定在1.5％CH_4），被控设备开关锁闭，不能启动，当甲烷浓度降至预置复电点时（出厂时设定在1.0％CH_4）才可复电。

（4）甲烷传感器监视区域内甲烷浓度达到预置报警点时（出厂时设在1.0％CH_4），传感器发出声光报警信号；甲烷浓度下降至预置报警点以下时，自动解除声光报警信号。

（5）甲烷传感器断线或发生严重故障时，则该传感器所监控的动力设备断电并闭锁。

（6）当甲烷浓度≥3.5％时，则甲烷传感器自动转换为高浓度元件工作；降至2.0％以下时自动转换为低浓度元件工作。

3. 主要技术性能

（1）甲烷传感器参数：

1）甲烷传感器测量范围：

低浓度元件工作，0～4.0％CH_4；高浓度元件工作，0～40％CH_4。

信号输出：200～1 000 Hz（振幅为 5±1 mA 的电流方波信号）。

2）测量误差：

工 作 原 理	测量范围［$\%CH_4$］	基本误差［$\%CH_4$］
低浓度元件	0.00～1.00	±0.10
	>1.00～2.00	±0.20
	>2.00～4.00	±0.30
高浓度元件	0.0～5.0	±1.0
	>5.0～10.0	±2.0
	>10.0～20.0	±3.0
	>20.0～30.0	±4.0
	>30.0～40.0	±5.0

3）报警点：1.0% CH_4 或 0.5% CH_4 可选择。

4）报警方式：红色光闪烁，蜂鸣器起伏声响。

5）显示方式：一位正、负号及三位十进制发光二极管数码管实时显示。

6）输入本质安全电源：15 V，300±20 mA DC，来自主机。

保护整定值：最高开路电压：18 V，最大短路电流：35 mA。

7）主机至传感器最大距离：≤1 km。

（2）主机参数：

1）断电点及复电点：

断电≥1.5 CH_4（也可设为 1.0% CH_4）；

复电<1.0% CH_4（也可设为 0.5% CH_4）。

2）传输距离：传感器至主机最大距离≤1 km。

3）输入量：一路甲烷浓度信号模拟量（200～1 000 Hz，5 mA，<5 V 的电流方波信号）。

4）输出量：1 个控制开关量输出（非本质安全 36 V，AC，5 A，至被控电气设备）；本质安全电源（至传感器）：15 V，

300 mV，保护整定值：电压 18 V，电流 350 mA，一路甲烷浓度模拟量输出：电流<10 mA，电压<5 V；一路高低浓度状态开关量输出：电流<10 mA，电压<5 V。或将上述甲烷浓度模拟量和高低浓度状态开关量经 DB－21 极光电耦合隔离后，由 DB－21 板输出，通过二芯电缆接 A－I 监测系统传输线。

5）显示方式：一位正、负符号及三位十进制发光二极管数码管跟踪显示。

6）输入电源：380 V AC、660 V AC 兼用；并设有电源输入开关。

4. 工作原理

参见图 5—8。

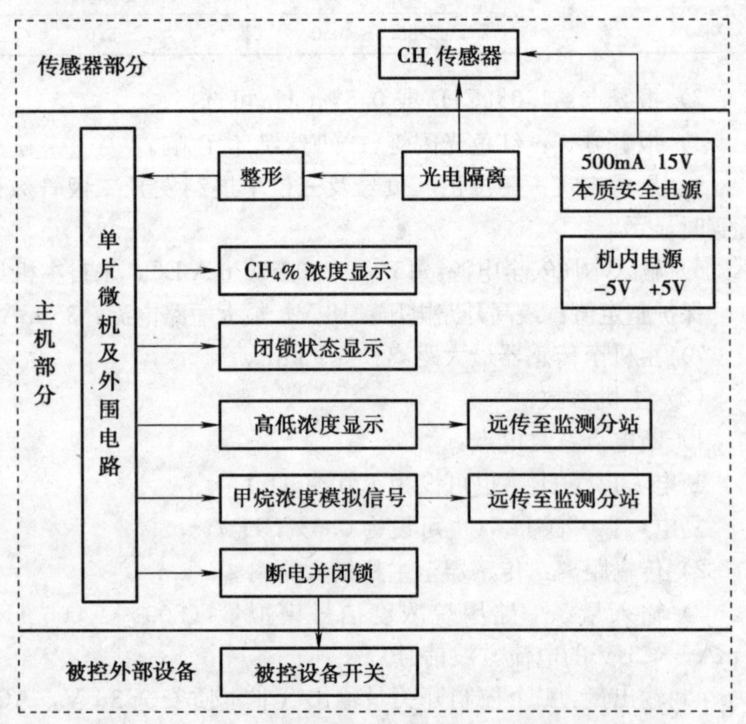

图 5—8　KHJ1 智能型甲烷断电仪工作原理方框图

5. 安装和调试

（1）下井安装使用前的准备。断电仪在下井使用前必须在地面进行通电检查和功能试验。

1）接线。按图5—9所示的方法，将KHJ1智能型甲烷断电仪主机、KG3019智能型高低浓度甲烷传感器及被控设备等正确地连接起来。

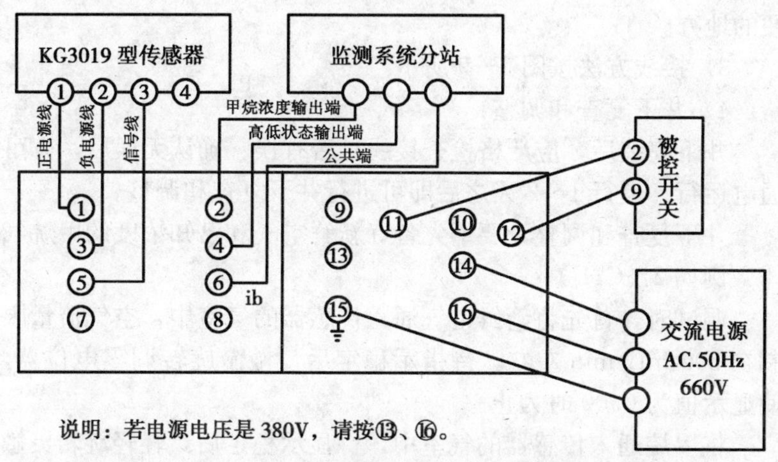

图5—9　KHJ1智能型甲烷断电仪接线示意图

2）通电试验。首先检查一下接线是否正确。确认接线无误后，即可试验。通电试验：通电1 min后，利用“调偏法”，将传感器显示的数值调节为0.00。若闭锁状态指示灯（从主机观察窗中可以看到）不亮，传感器不报警，传感器显示的数值与主机显示的数值相符，被控设备可以启动，则表示断电仪开始正常运行。

3）检查和调整。断电仪通电后，如无异常现象，预热几分钟之后，即可检查和调整。

①调整甲烷传感器低浓度检测元件的零点和灵敏度。

②调整甲烷传感器高浓度检测元件的零点和灵敏度。

③调试断电仪的各种功能。

经地面调试、检验，确认各项功能正确无误，断电仪运行稳定正常后，方可下井安装、使用。

（2）安装地点：

1）主机安装在配电点，机电硐室等距传感器不超过 1 000 m，供电及安装方便的地方。

2）甲烷传感器挂在被监视区域内，甲烷浓度较大、安装方便的地方。

3）接线方法按图 5—9 所示。

4）井下复查和调整：

井下安装后，应严格检查接线是否有误。确认无误后，方可通电运行。运行 1～2 天之后即可进行井下复查和调整。

井下复查和调整，要事先备好新鲜空气和已知浓度的甲烷气体（例如 2%CH_4）。

调试时，首先将新鲜空气通入传感器的气室中，空气流量限制在 300 mL/min 左右。待指示稳定后，慢慢旋转调零电位器，使显示值为 0.00 时为止。

将甲烷通入传感器的气室中，待显示稳定后，轻轻旋转灵敏度电位器，使显示值与所通甲烷浓度数值相等。

在一般情况下，每隔一周就应进行一次复查和调整，以保证断电仪测量准确、动作无误、功能正常。

6. 维护和使用

（1）该断电仪可在不含硫化氢气体的矿井使用。

（2）用户应指定专门维护人员使用、维护。

（3）解锁开关的操作必须使用专门的解锁开关钥匙，不可用其他工具强行操作，以免损坏。

（4）搬运断电仪时，应防止剧烈振动和撞摔。打开断电仪上盖时，防止拉断机内连线及损坏机内元件。

（5）断电仪的防爆面要特别注意保养。如拆卸重新装配时，要注意防爆面的清洁。

(6) 经常清除断电仪上的灰尘，特别是传感器的粉末冶金罩和防风保护罩，必须定期清洗。清洗时注意保护催化元件。

(7) 当传感器输出过高或过低无法调整时，应及时更换催化元件。催化元件受过高浓度甲烷冲击后，应及时校准或更换催化元件，符合标准时，才可继续使用。

(8) 断电仪出现故障后，应根据电路原理分析、判断，将故障范围逐渐缩小。认为判断基本无误后，才能修理。不要带电焊接和带电插拔电路板，焊接时防电烙铁漏电。

(9) 当发现电路故障，必须更换元件时，首先应切断电源并按原来规格的元件进行更换，不要擅自改变电路的参数和引线，尤其是不要改变本质安全型电路及其关联电路的电气参数及元件型号、规格、参数等，以免影响本质安全性能。

(10) 断电仪不使用时，应存放在温度为－20～＋50℃、相对湿度小于80％、通风良好、无腐蚀气体的库房中。长期不使用时，应很好地包装存放。搬运中避免剧烈震动和冲击。

(11) 按本使用说明书指定的各种产品及其规定的要求配套使用；不得擅自取其中某一产品与其他产品配套使用，更不得擅自将其他产品与本断电仪中某产品配套使用。

即必须用KHJ1型主机和KG3019型传感器配套，这些产品已经防爆检验合格，严禁与其他设备配合使用。

(12) 主机开关量输出和所接的本质安全电路，其原电路电气参数、连接电缆型号均不得改变，其电缆长度不得超过原来经防爆试验合格后所确定的长度。

三、ACD－2、ACD－3型车载式瓦斯报警断电装置

1. 概述

ACD－2型车载式瓦斯报警断电装置和ACD－3型车载式瓦斯报警断电装置是安装在煤矿用防爆特殊型蓄电池电机车上的车载式电子仪器，用于检测机车所在位置的瓦斯浓度。当瓦斯浓度超过预定值时，仪器发出声、光报警信号，当瓦斯浓度超过断电

值时，仪器能切断机车电源使机车停止开动。

2. 工作原理

机车的蓄电池电压为 48 V 或 96 V 或 110 V，在电源箱内经过开关式稳压电源进行降压和稳压，变成 25 V 稳压电源。这个电压再经过电子式安全栅变成本质安全稳压源，供给仪器主机工作。

主机的探头内装有一对载体催化元件，它与另外两个电阻及电位器组成一个平衡电桥。当瓦斯随着风流进入探头时，载体催化元件表面的催化剂与瓦斯进行无焰燃烧，使催化元件温度升高，阻值增大，从而破坏了桥路的平衡，输出一个微弱的电信号。这一信号经过放大后，分别送给电表指示电路、报警电路和断电电路。当瓦斯浓度达到所设的值时，报警电路可以发出声、光报警信号，断电电路可以发出灯光指示信号并断开外控触点，切断机车电源。

3. 安装与使用

（1）仪器的安装和连线。仪器的电源箱可安装在驾驶室内司机座位的下面或其他空位上，以不影响司机操作为宜。主机部分可安装在驾驶室的上方，以机车开动时不会损坏仪器并使司机能够较方便地观察电表指示的地方为宜。

仪器的主机通过四芯电缆与电源箱连接。主机五芯插头的 1、2 分别为 24 V 电源的正、负极，应与电源箱的接线柱 8、9 连接；主机插头的 3、4 为断电开关电路中的继电器的一组常开触点，应与电源箱的接线柱 6、7 连接；五芯插头的 5 点为空头。

仪器的电源箱部分通过电缆与机车电源及机车控制器相连。

（2）仪器的调整：

1）仪器的连线经检查正确无误后，方可送电。将机车插销合上后，仪器的稳压电源开始工作，机车处于断电状态，然后打开主机左下方的钮子开关，主机进入工作状态，机车正常送电。

2）仪器经过 1 h 以上的预热之后，用专用扳手打开主机电位器保护盖即可进行调整，调整一般应在地面进行。

3）仪器主机的稳流源在出厂时均已调整到 330 mA，在一般情况下无须再次调整。如果更换元件或长期震动之后要调整或检查电流值时，可打开主机后盖，用电烙铁焊开印刷板上的稳流源检测点，在这两点间接上电流表，即可测量电流探头稳流值的大小。此时若要调整电流值，用旋具调整该印刷板上的电位器到需要值即可，并注意锁紧电位器。

4）仪器的调整一般可先调整报警点及断电点，看仪器是否能在规定值报警和断电。如果不在预定值报警和断电，则可调整电位器，使其达到预定值。

5）仪器零点的调整，可将仪器置于不含瓦斯的空气中工作，此时如果仪器不指向零，可调整零点电位器使其指向零。如果要在井下调整，可用规定的气样进行调整。

6）仪器精度的调整，首先拧下探头保护盖，换上配气盒，以 0.06～0.08 L/min 的流量通入标准气样，等仪器指示稳定后，调整精度电位器使仪器指示值与气样的标准值相符即可。

7）调整完的仪器应将电位器的保护盖拧紧以后，即可正常工作。

4. 维护与保养

（1）应指派专人维护与修理，使用和维护人员应详细阅读说明书。

（2）仪器的主机探头上的泡沫防尘垫应经常更换，更换时可先拧松探头压紧圈，拔下探头，直接将防尘垫拉出。安装时，可直接用旋具将防尘垫四周塞入气室外套内。

（3）注意主机探头与电源线是否拧紧。

（4）当主机探头隔爆网太脏时，应取下来用汽油或酒精清洗，并用清水冲干净然后吹干。

（5）当主机探头的输出太低无法调整精度又无其他故障时，应更换元件。

(6) 仪器长期振动，减振器可能老化、开裂，应注意检查更换。

(7) 仪器发生故障时，应分清故障原因后，再动手修理，特别应注意导线是否短路或开路。

(8) 用户不得擅自更改电路参数，以免影响仪器的安全性。

(9) 仪器应按防爆电气设备的维护要求和规定维护好各防护面。

(10) 对较大的故障，用户不便修理，可将整机或电路板送回厂家修理。

第三节 安全闭锁系统

为了防止电气设备引起矿井瓦斯、煤尘燃烧爆炸，除在结构上对矿用电气设备采取防爆措施，以及加强对井下电气设备所在地的瓦斯监测以外，按照《煤矿安全规程》158 条规定：“高瓦斯矿井、煤（岩）与瓦斯突出矿井，必须装备矿井安全监控系统。没有装备矿井安全监控系统的矿井的煤巷、半煤岩巷和有瓦斯涌出的岩巷的掘进工作面，必须装备甲烷风电闭锁装置或甲烷断电仪和风电闭锁装置。没有装备矿井安全监控系统的无瓦斯涌出的岩巷掘进工作面，必须装备风电闭锁装置。没有装备矿井安全监控系统的矿井的采煤工作面，必须装备甲烷断电仪。”因此，局部通风机和掘进工作面的电气设备，必须装有风电闭锁装置。

风电瓦斯闭锁装置是指根据煤矿井下掘进工作面通风设施状态及关联巷道内的瓦斯浓度，对局部通风机及关联掘进巷道内相应的电气设备断电、变电控制以及不准强行启动动力设备的安全监控装置。《煤矿安全规程》明文规定，在高甲烷及瓦斯突出矿井供电，必须配设风电瓦斯闭锁装置。这对保障煤矿安全生产具有十分重要的意义。风电、瓦斯闭锁装置基本结构如图 5—10 所示。

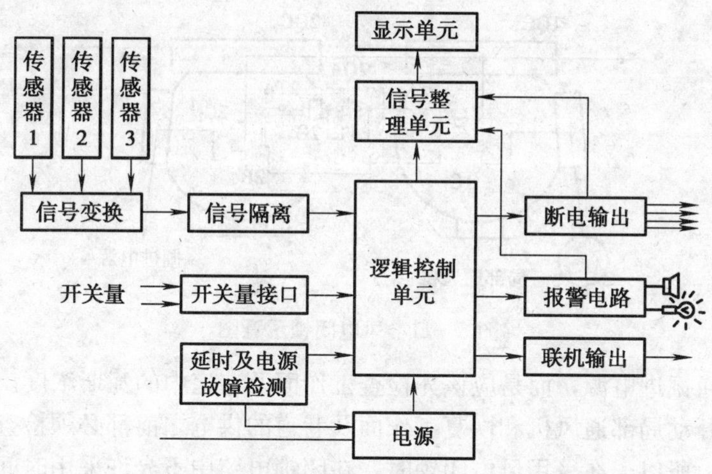

图 5—10　风电、瓦斯闭锁装置基本结构方框图

一、风电闭锁

掘进工作面的局部通风机停止工作后，工作面及其附近巷道会聚集瓦斯、煤尘及其他有害气体。如果这时工作面和巷道中的电气设备仍然带电工作，就有可能成为引起瓦斯、煤爆炸的火源。根据一些典型事故的分析，绝大多数由电火花引起的瓦斯爆炸事故是在上述情况下发生的，因此十分危险。为了消除这种事故隐患，要求在局部通风机停止运转时，能立即切断局部通风机供风的巷道中的一切电源，这就是风电闭锁，又称风电联锁，如图 5—11 所示。其作用是防止停风或瓦斯超限的掘进工作面在送电后产生电火花，造成瓦斯燃烧或爆炸。局部通风机本身也是电气设备，在它停止运行一段时间后恢复送电时，如果瓦斯的聚集浓度已经超限，同样有可能引起瓦斯爆炸。

因此，为确保安全，在恢复局部通风机通风之前必须按《煤矿安全规程》的规定先检查瓦斯。此外，在局部通风机开动后，掘进工作面和巷道中集存的有害气体，需要经过一段排放时间才能稀释到安全浓度。因此，在局部通风机恢复送电后也不能立即

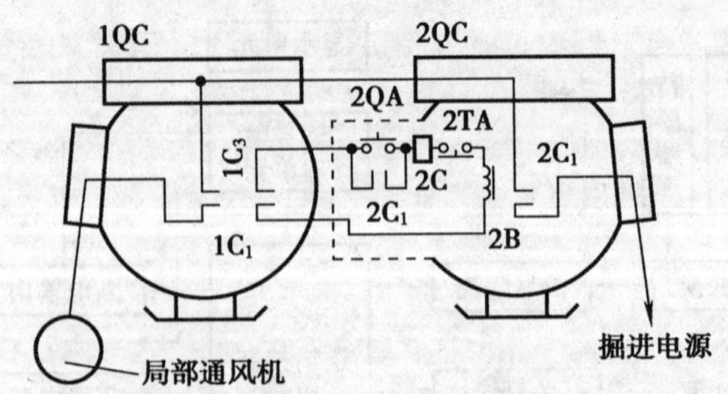

图 5—11　风电闭锁示意图

接通掘进电源，而是应该先检查工作面及巷道中的瓦斯浓度。由于开动局部通风机和恢复工作面及巷道的供电之前都必须检查瓦斯，所以，在采用风电闭锁时，在闭锁电路中不允许采用时间继电器来延时自动接通掘进电源，而必须人工开动局部通风机和人工恢复掘进电源。在掘进工作面使用瓦斯自动检测报警断电装置，只准人工复电。

二、瓦斯电闭锁

瓦斯电闭锁是指掘进工作面中设置的瓦斯监测仪，当探测到瓦斯超过规定浓度时，具有可自动断掉动力电源，只有瓦斯降低到规定限度以下时方可恢复送电的闭锁装置。瓦斯电闭锁系统必须具有如下功能：①工作面、工作面回风流中及被串工作面被测区域内的瓦斯浓度达到或超过规定浓度时，闭锁装置能报警并切断掘进工作面及回风巷内、被串通风区域内的动力电源并闭锁。②局部通风机风筒中的风速过低或局部通风机断电时，装置能切断供风区域的动力电源并闭锁。③局部通风机停止运转，停风区域内瓦斯浓度达到 3.0%以上时，闭锁装置能闭锁局部通风机电源，须人工解锁，方可启动局部通风机。④瓦斯传感器故障或断电时，闭锁装置能切断传感器监测区域内的动力电源并闭锁。⑤因主机发生故障而失电时，闭锁装置能切断整个监测区域的动力电源并闭锁。⑥闭锁装置必须具有延时功能，当装置接通电源

1 min 内，应继续闭锁相应区域内的被控设备电源。⑦恢复到正常通风状态或故障设备恢复正常并达到稳定运行后，装置能自动解锁。⑧必须使用专用工具方可通过闭锁装置对局部通风机进行解锁，不允许对已闭锁的动力电源进行人工解锁。

三、风电瓦斯闭锁装置

我国现有的风电瓦斯闭锁装置有多种型号，实现其功能的方法，采用的电路形式及器件等大不相同，但基本结构形式，却大同小异。

下面介绍两种较为常用的风电瓦斯闭锁系统。

1. FDZB－1A 型风电瓦斯闭锁装置

(1) 概述。FDZB－1A 型风电瓦斯闭锁装置由主机、三只甲烷传感器和一个风筒传感器（或称风筒风量开关）组成，能可靠地实现风、电、瓦斯闭锁功能。适用于高瓦斯和瓦斯突出掘进工作面等地点。

(2) 工作原理简介。FDZB－1A 型风电瓦斯闭锁装置方框图，如图 5—12 所示。

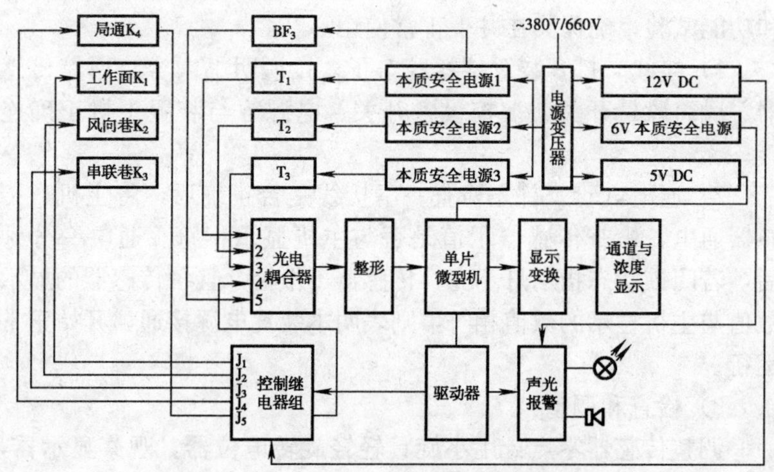

图 5—12　FDZB－1 型风电闭锁装置方框图

三路瓦斯传感器信号进入主机，首先经光电耦合电路隔离，再进入主机处理电路。这样，可使传感器信号和主机处理电路不发生直接联系。经光电耦合隔离后的三路信号一律分为三个去向：①进模拟转换电路，转换成所需的频率、电流或电压信号、以备远传（至监控系统分站或接口）；②进入计数逻辑电路；③进选通器，按顺序选通后再经定时控制器整形送至计数显示电路。

定时器的秒脉冲信号经分频后去控制选通器及通道显示器，使通道显示与被选通信号保持同步。

局扇状态信号输入后，一要进入逻辑组合电路，二要转换成无电压触点，以备远传（至监控系统分站或接口）。

上述甲烷浓度信号，局扇状态信号，风量开关信号及甲烷传感器失电故障等信号，进入逻辑电路，经逻辑计算或组合后，输出四个控制开关量，分别去控制工作面开关，巷道总开关、局扇开关及被串工作面开关，从而实现风、电、甲烷闭锁功能。

（3）安装、调试。装置在下井使用前，需要在地面通电检查和功能试验，确保其在井下正常使用。

1）接线。打开装置接线腔盖子，按说明书内容将甲烷传感器、风筒风量开关、被控设备开关、电源等与装置主机正确连接。

2）通电试验。首先检查一下接线是否正确后，将主机、传感器通电，检查传感器示值是否与主机显示相符。通电一分钟后，若闭锁状态指示灯不亮，传感器不报警，且各传感器的显示数值与主机显示的数值相符，则表明本装置电源接通，开始正常运行。

3）检查和调整：

调整传感器零点：用小旋具轻轻旋转电位器。观察显示器，待显示值为 0.01 或 0.02 时停止调整。此值即可视为零点。

校准传感器灵敏度：将标准浓度甲烷气体按一定流量（按传

感器调校说明书中要求）通入传感器探头内，观察显示器，待数字稳定后看示值是否准确，否则调整灵敏度电位器使显示值与标准气样浓度标值相符。

4）调试装置的各种功能。准备隔爆型磁力起动器四台，分别作为局扇开关，工作面开关，巷道总开关，被串局扇开关。如数量不足，至少应有一台作为局部通风机启动用，其他各个开关的通断状态可利用万用表的电阻挡来测量相应的控制触点之间的阻值来判断。无风筒传感器时，将主机接线柱“1”与“10”短接即可。

主机送电前，人工启动 K_1、K_2、K_3、K_4，应不能吸合，即处于闭锁状态。

装置接通电源 1 min 内人工启动 K_1、K_2、K_3、K_4，应继续闭锁。

装置接通 1 min 后，当主机显示通道为“4”时，说明需要启动局部通风机 K_4，在 K_4 启动后，随即解锁 K_1、K_2、K_3，于是装置完成启动过程，投入正常巡回检测。

人为切断开关 K_4 时，将引起开关 K_1、K_2 被切断，若再次启动 K_1、K_2，必须先启动 K_4，然后才能解锁 K_1、K_2，重新启动，即送电必须先送风。

可将甲烷传感器 T_1、T_2、T_3 的低浓度零点调偏，以便试验装置的报警点、断电点以及复电点。

可以将甲烷传感器 T_1、T_2、T_3 插头拔下，使之出现“断电”，此时相应的磁力开关应被切断。若主机断电，则开关 K_1、K_2、K_3、K_4 均被切断并闭锁。

检测甲烷传感器 $T_1>3\%CH_4$，$T_2>3\%CH_4$ 的功能，将甲烷传感器 T_1、T_2 的零点分别人为地调偏到 $3\%CH_4$ 后启动局部通风机，此时应能闭锁局部通风机电源。

装置的解锁试验：

局部解锁：此时可启动 K_4，但不能启动开关 K_1、K_2。

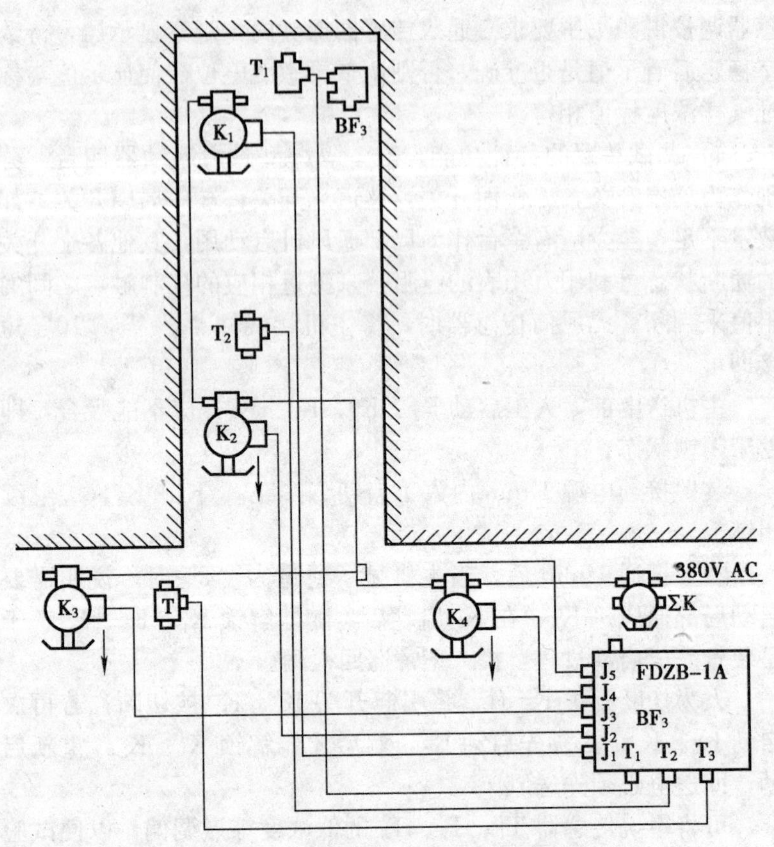

图 5—13　FDZB—1 装置试验连接图

解锁装置：此时可随意启动开关 K_1、K_2、K_3、K_4，局部通风机与动力电源失去联锁关系。

5）井下安装与运行。该装置在地面检测与试验无误后，即可下井安装与调试。

安装：主机安装在配电点，机电硐室等距传感器不超过 1 000 m，供电及安装方便的地方。传感器按相关标准安设。

井下调试：将主机送电后，逐个调整甲烷传感器的零点（包括高浓度预置 1 V 电压），启动 K_4，随后启动开关 K_1、K_2、

K_3，使装置投入巡回检测。

装置正常工作 1～2 天后，用新鲜空气和 1.5%CH_4 气样通入甲烷传感器，核准零点、灵敏度以及断电点。T_3 控制的 K_3 断电点为 0.5%CH_4。

装置正常使用时，每七天进行一次甲烷传感器 T_1、T_2、T_3 的零点与灵敏度的标定。检查装置断电、复电、闭锁等功能。此项工作需要在掘进工作面停产时间内进行。

6）维护：

装置应由专门维护人员维修，维修应有维修记录等。

装置防爆面要特别注意保养。

装置出现故障后，应根据原理分析、判断，将故障范围逐渐缩小，严禁乱拧电位器，不得带电开盖，不得擅自更改原电路电气参数与元器件编号、规格等。

2. KG7005 智能型风电瓦斯闭锁装置

（1）概述。KG7005 智能型风电瓦斯闭锁装置是防止掘进工作面和回风巷道瓦斯爆炸事故的一种智能型多功能装置。该装置由 1 台主机、3 只 KG3019 智能型高、低浓度甲烷传感器（以下称传感器，分别记为 T_1、T_2、T_3），1 台 KF4002 型备用供电器、2 只 KPI005 型远程断电器及 1 只 KG5009 型风筒风量开关组成，能可靠地实现风、电、瓦斯闭锁功能。

（2）工作原理。主机接收三路甲烷传感器信号（200～1 000 Hz）、一路风筒风量开关信号（无电压触点）和局扇开停状态信号，并对三路甲烷信号进行巡回显示，将三路瓦斯信号转换成所需的电流、电压、频率信号远传至监测系统分站。根据三路甲烷浓度大小、风筒风量开关状态和局扇开停状态，输出 4 个控制开关量，分别控制被控开关，实现风、电、瓦斯闭锁功能。装置可单机使用，也可与各种监测系统配套使用。通过远程断电器具有断电功能。

（3）安装调试与维护：

1）下井安装使用前的准备。装置在下井使用前，必须在地面进行检查和功能试验。

①接线：按图 5—14 所示方法，将 KG7005 智能型风电瓦斯闭锁装置主机、KG3019 智能型高低浓度甲烷传感器、KF4002 型备用供电器、KPI005 型远程断电器、KG5009 型风筒风量开关及被控设备等正确地连接。

②通电试验：检查接线正确无误后，即可通电试验。主机及甲烷传感器通电后，主机通道位的数码管依次显示 1、2、3（每通道显示 2 s，6 s 循环一次），符号位数码管显示“0”或“1”，三位数字数码管显示某一数值。通电 1 min 后，利用“调偏法”将各传感器显示的数值调节为 0.00。此时，若主机观察窗中的闭锁状态指示灯不亮，传感器不报警，各传感器显示的数值与主机显示的数值相符，被控设备可以启动，则表明装置开始正常运行。

③检查和调整。装置通电后，如无异常现象，预热几分钟之后，即可以检查和调整。

调整甲烷传感器高、低浓检测元件的零点和灵敏度：把新鲜空气和标准甲烷气按规定流量通入甲烷传感器探头内，用小旋具轻轻调整零点电位器和灵敏度电位器使示值相符。

风筒风量开关控制螺栓的调整：根据被监测风筒直径的大小，适当调节风筒风量开关的控制螺栓，使得当风量充足时，控制螺栓能压下转换开关的按钮，使其常闭触点断开；当风量低于预定值时，控制螺栓能自动松开转换开关的按钮，使其常闭触点闭合。

调试装置的各种功能：下井使用前，必须在地面对本装置的各种功能进行全面细致的调试和检验。按图 5—14 所示方法接线，利用甲烷气样或调偏法及人为创造条件对各项功能进行全面测试，观察结果是否正确。

2）井下安装使用。严格按照此装置说明书及相关规定要求

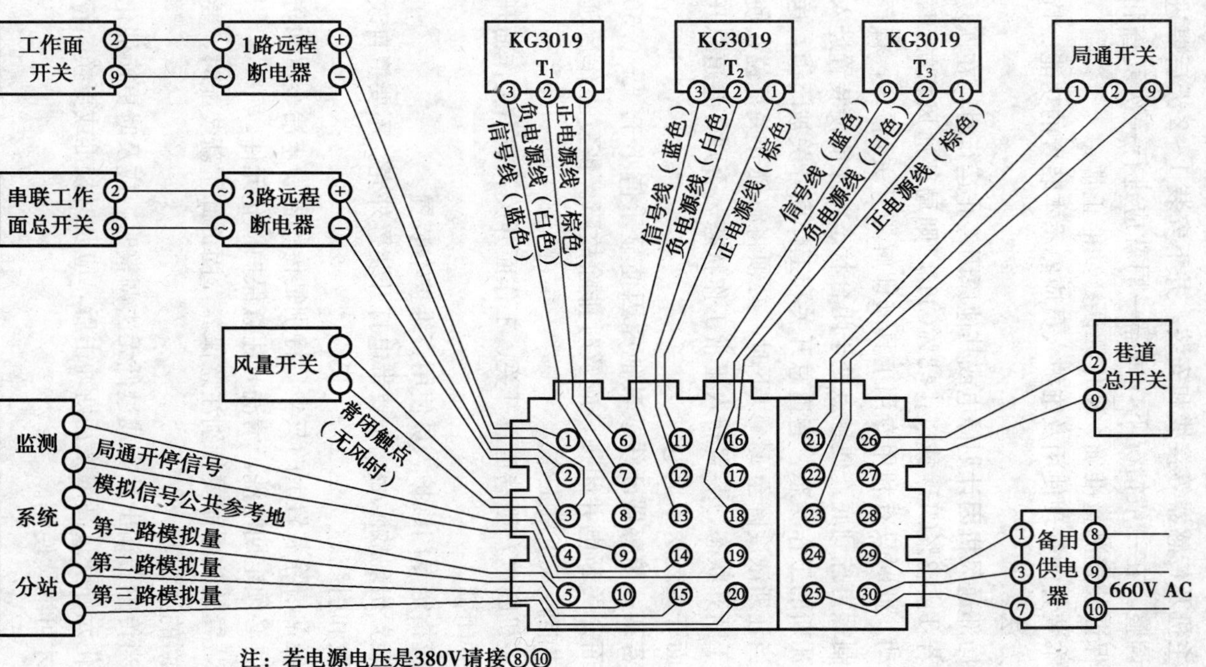

注：若电源电压是380V请接⑧⑩

图5—14　KG7005智能型风电闭锁装置连线图

对装置主机及传感器等接线和安装。井下安装 1～2 天后要进行复查和调整。在一般情况下，每隔一周就应进行一次复查和调整，以保证装置测量准确、动作无误、功能正常。

①本装置的管理使用及维护人员应熟悉本装置的功能、特征及操作方法。

当局部通风机因计划停电或其他原因停止运行时，在恢复通风前，若 $T_1 \geqslant 3\% CH_4$ 或 $T_2 \geqslant 3\% CH_4$，则局部通风机被闭锁，不能启动。此时只有利用专用工具（即解锁开关钥匙），将解锁开关控制螺钉拧到底，使触点处于闭合状态，才能使装置进入自动排放瓦斯的工作状态，巷道总开关和工作面开关被闭锁，送不上电。当瓦斯浓度降至 1%以下时，必须将解锁开关复位，使其触点处于断开状态，装置转入正常工作状态。否则，巷道总开关和工作面开关就送不上电。

②若某一传感器断线或其他原因使显示值小于“－0.50”，则工作面开关断电并闭锁，应及时排除故障。恢复工作后延时 30 s，才能转入正常工作。

③主机断电，则巷道总开关、工作面开关、被串工作面开关均断电并闭锁。

④应指定专门维护人员使用、维护本装置。

⑤装置出现故障后，不要带电打开装置外壳。不要擅自改变电路参数和引线。

⑥经常清除装置上的灰尘，特别是传感器粉末冶金罩和防风保护罩，必须定期清洗。清洗时注意保护催化元件。

⑦装置的防爆面要特别注意保养，固拆卸重新装配时，要注意防爆面的清洁。

⑧当传感器输出过高或过低无法调整时，应及时更换催化元件。催化元件受过高浓度瓦斯冲击后，应及时校准或更换。符合标准后才可继续使用。

复习思考题

1. 便携式甲烷监测报警仪由哪几部分组成，工作原理是什么？

2. 哪些人下井时必须携带便携式甲烷报警仪？

3. 什么是风电闭锁？什么是瓦斯电闭锁？它们在煤矿井下生产中起到什么作用？

4. 《煤矿安全规程》对于瓦斯风电闭锁的使用是如何规定的？

5. 风电闭锁装置平时维护和修理应注意什么？

6. 试述 KFD—4 瓦斯断电仪的组成及用途。

7. 甲烷断电仪有哪几部分组成？功能是什么？

第六章 矿井安全监控系统

矿井监控系统是指对煤矿井上、井下的环境参数及有关生产环节的机电设备运行状态进行检测，用计算机对采集的数据进行分析处理，对设备、局部生产环节或过程进行控制的一种系统。它是煤炭高产、高效、安全生产的重要保证，世界各主要产煤国对此都十分重视，研制、生产和推广使用了环境安全、轨道运输、胶带运输、提升运输、供电、排水、矿山压力、火灾、水灾、煤与瓦斯突出、大型机电设备健康状况等监控系统，提高了生产率和设备利用率，增强了矿山安全。

矿井安全监控技术是伴随煤炭工业发展而逐步发展起来的，经历了从简单到复杂、从低水平到高水平的发展过程，逐步实现了对矿井安全、生产方面多种参数的连续监测、监控、数据储存和数据处理。矿井监控系统的推广应用实现了甲烷超限断电、停风断电、通风系统监控、煤与瓦斯突出预报、火灾监测与预报、水灾监测与预报、矿山压力监测与预报等，从而减少了瓦斯与煤尘爆炸、火灾、水灾、顶板等灾害与事故的发生，保障了煤矿安全生产和矿工生命安全。监控系统的推广应用，还实现了轨道运输、胶带运输、采区变电所、水泵房等地面远程控制，从而大大减少了井下作业人员。由于井下作业人员的减少，发生重大恶性事故的概率也大大降低。由于将井下操作改为地面远程操作，因此，改善了作业环境，吸引一些业务素质高的人从事这些远程操作工作，进而降低了误操作及违章作业的概率。

随着传感器技术、电子技术、计算机技术和信息传输技术的发展和在煤矿的应用，为适应机械化采煤的需要，矿井监控系统已由早期的单一参数的监测系统，发展为多参数单方面监控系统（例如环境安全、轨道运输、胶带运输、提升运输、供电、排水、矿山压力、火灾、水灾、煤与瓦斯突出、大型机电设备健康状况等监控系统）。

现有矿井监控系统在煤矿安全生产、提高生产率和设备利用率方面起到了重要作用，但存在着硬件不通用、软件不兼容、信道不共享、信息不共享、以监测为主，控制功能、特别是远程控制功能不强、灾害预报功能弱等问题。因此，矿井监控系统将综合组态软件、现场总线、可编程控制器、多媒体、计算机网络、GIS和智能传感器等技术，向着监测与控制并重、就地自动控制、远程人为控制、灾害预报、硬件通用、软件兼容、信道共享、信息共享、多参数、多功能、多媒体全矿井综合监控的方向发展。

第一节　安全监控系统的组成与特点

一、系统的组成

矿井监控系统一般由传感器和执行机构、信息传输装置（包括传输接口、分站、传输线等）、电源箱（或电控箱）、中心站或中心站的硬件（包括主机、打印机、显示装置、UPS电源等）、管理工作站、服务器、路由器、中心站或主站的计算机软件等组成，如图6—1所示。

传感器将被测物理量转换为电信号，经3芯或4芯矿用电缆（其中1芯用于地线、1芯用于信号线、1芯用于分站向传感器供电）与分站相连，并具有显示和声光报警功能。

执行机构（含声光报警及显示设备）将控制信号转换为被控物理量，使用矿用电缆与监控分站相连。

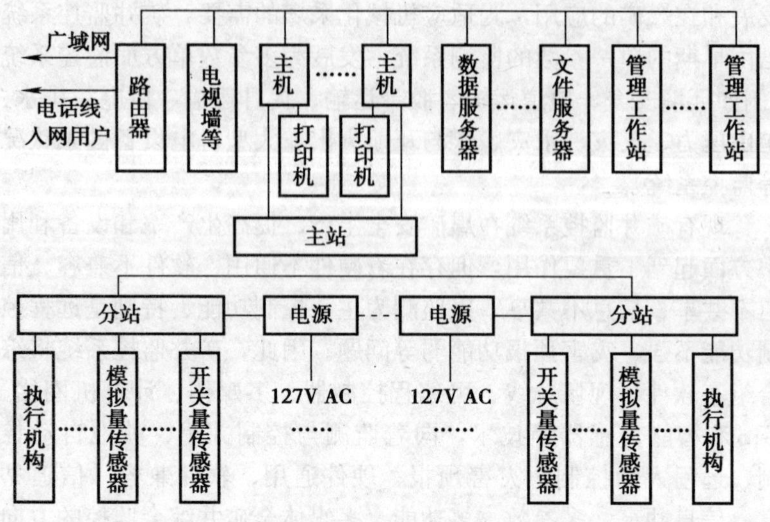

图 6—1　矿井监控系统

分站接收来自传感器的信号，并按通信方式（时分制或频分制等）远距离传送给主站（或传输接口），同时，接收来自主站（或传输接口）多路复用信号（时分制或频分制等）。分站还具有线性校正、超限判别、逻辑运算等简单的数据处理能力、对传感器输入的信号和主站（或传输接口）传输来的信号进行处理，控制执行机构工作。传感器及执行机构距分站的最大传输距离一般不大于 2 km。因此，一般采用星形网络结构（1 个传感器或 1 个执行机构使用 1 根电缆与分站相连），单向模拟传输。分站至主站之间最大传输距离不小于 10 km，为减少电缆用量、降低系统电缆投资、便于安装维护、提高系统可靠性，通常采用 2 芯（用于单工或单向）3 芯或 4 芯（用于双向）矿用信号电缆时分制或频分制多路复用（也有采用码分制），树形网络结构或环形网络结构或树形与星形混合网络结构，串行数字传输（基带传输或频带传输，异步传输或同步传输）。

电源箱将井下交流电网电源转换为系统所需的本质安全型直

流电源，并备有维持电网停电后正常供电不小于 2 h 的蓄电池。

主站（或传输接口）接收分站远距离发送的信号，并送主机处理；接收主机信号、并送相应分站。主站（或传输接口）主要完成地面非本质安全型电气设备与井下本质安全型电气设备的隔离，主站还具有控制分站的发送与接收，多路复用信号的调制与解调，系统自检等功能。

主机一般选用工控微型计算机或普通台式微型计算机、双机或多机备份。主机主要用来接收监测信号、校正、报警判别、数据统计、磁盘存储、显示、声光报警、人机对话、输出控制、控制打印输出与管理网络连接等。

投影仪、模拟盘、大屏幕、多屏幕、电视墙等用来扩大显示面积，以便于在调度室远距离观察。

管理工作站或远程终端一般设置在业务科室、矿长及总工办公室，以便随时了解矿井安全及生产状况。

路由器用于企业网与广域网及电话线入网等协议转换、安全防范等。

二、系统特点

煤矿井下是一个特殊的工作环境，有易燃易爆可燃性气体和腐蚀性气体，潮湿、淋水、矿尘大、电网电压波动大、电磁干扰严重、空间狭小、监控距离远。因此，矿井监控系统较一般工业监控系统具有如下特点：

（1）电气防爆。一般工业监控系统均工作在非爆炸性环境中，而矿井监控系统工作在有瓦斯和煤尘爆炸性环境的煤矿井下。因此，矿井监控系统的设备必须是防爆型电气设备。

（2）传输距离远。一般工业监控对系统的传输距离要求不高，仅为几千米，甚至几百米，而矿井监控系统的传输距离至少要达到不小于 10 km。

（3）网络结构宜采用树形结构。一般工业监控系统电缆敷设的自由度较大，可根据设备、电缆沟、电杆的位置选择星形、环形、树形、总线性等结构。而矿井监控系统的传输电缆必须沿巷道敷设，挂在巷道壁上。由于巷道为分支结构，且分支长度可达数千米。因此，为便于系统安装维护，节约传输电缆，降低系统成本，宜采用树形结构。

（4）监控对象变化缓慢。矿井监控系统的监控对象主要为缓变量。因此，在同样监控容量下，对系统的传输速率要求不高。

（5）电网电压波动大，电磁干扰严重。由于空间小，采煤机、运输机等大型机电设备启停和架线电机车火花等造成电磁干扰严重。

（6）工作环境恶劣。煤矿井下除有瓦斯、一氧化碳等易燃易爆气体外，还有硫化氢等腐蚀性气体，矿尘大、潮湿、有淋水、空间狭小。因此，矿井监控设备要有防尘、防潮、防腐、防霉、抗机械冲击等措施。

（7）传感器（或执行机构）宜采用远程供电。一般工业监控系统的电源供给比较容易，不受电气防爆要求限制，而矿井监控系统的电源供给，要受到电气防爆要求的限制。由于传感器及执行机构往往设置在工作面等恶劣环境，因此，不宜就地供电。现有矿井监控系统多采用分站远距离供电。

（8）不宜采用中间继电器。煤矿井下工作环境恶劣，监控距离远，维护困难，若采用中间继电器则会延长系统传输时间。中间继电器是有源设备，故障率较无中间继电器系统高。在煤矿井下电源的供给受电气防爆的限制，在中间继电器处不一定好取电源，当采用远距离供电时，需要增加供电芯线。因此，不宜采用中间继电器。

三、系统性能

1. 信息传输要求

矿井监控信息传输要求是矿井监控系统硬件通用、软件兼容、信道共享、信息共享的基础，对促进矿井监控产品标准化、提高产品质量具有重要作用。

（1）传输介质。煤矿井下的特殊环境制约了井下无线通信的发展。因此，矿井监控系统的传输介质只能采用电缆、光缆等传输介质。但由于顶板垮落、机械碰撞、人为破坏等会造成电缆和光缆断缆，而光缆又难以接续，特别是光纤的熔接防爆问题，目前还没有解决，因此，除矿井监视系统外，矿井监控系统一般都采用双绞线。

（2）网络结构。为便于系统安装维护，节约传输电缆，降低系统成本，宜采用树形网络结构。

（3）工作方式。矿井监控系统宜采用多主或无主工作方式，也可采用主从等其他工作方式。

（4）连接方式。矿井监控系统的连接方式宜灵活多样、既可单层连接，又可多层连接，如图 6—2 所示。

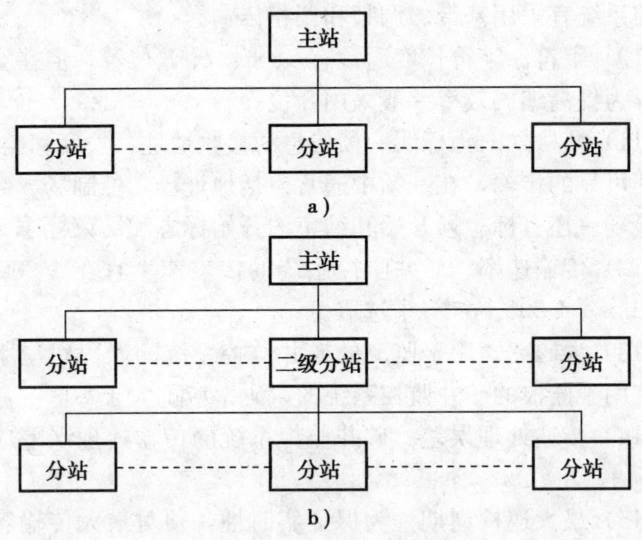

图 6—2　连接方式示意图

a）单层连接图　b）多层连接图

(5) 传输方向。矿井监控系统宜采用半双工传输，也可采用全双工传输。

(6) 复用方式。常用的复用方式有频分制、时分制、码分制和它们的混合方式。矿井监控系统宜采用时分制复用方式，也可采用频分制、码分制等复用方式。

(7) 信号。矿井监控系统宜采用不归零矩形脉冲数字信号传输，也可采用频率型等模拟信号。

(8) 同步方式。串行传输与并行传输相比具有使用传输通道少、适宜远距离传输等优点。因此，矿井监控系统宜采用串行异步传输方式，也可采用串行同步传输方式。

(9) 调制方式。基带传输与频带传输相比具有设备简单、成本低、便于本质安全防爆、便于树状系统使用（传输频带在低频段）等优点。而调频和调相具有抗干扰能力强的优点。因此，矿井监控系统宜采用基带、调频和调相传输。

(10) 字符。字符长度通常有 5、6、7、8 位等，但在实际使用中，为提高编码效率一般采用 8 位。

(11) 帧格式。为标明一帧信息的接收地址、长度和类别等，并保证可靠的传输，在一帧中通常包括地址场、控制场、数据场和校验场。还有标志帧开始和结束的开始标志和结束标志。

(12) 传输速率。矿井监控系统的传输速率宜在 1 200 bps、2 400 bps、4 800 bps 等中选取。

(13) 误码率。用于监测的矿井监控系统的误码率应不大于 10^{-6}，用于监控的矿井监控系统的误码率应不大于 10^{-8}。

(14) 传输处理误差。矿井监控系统的传输处理误差应不大于 0.5%。

(15) 最大巡检周期。为保证实时性，须对最大传输容量下巡检周期进行规定。矿井监控系统的最大巡检周期应不大于 30 s，并应满足监控要求。

(16) 最大传输距离。矿井监控系统不宜采用中继器来延长传输距离：分站至主站之间、分站至分站之间的最大传输距离应不小于 10 km；传感器及执行机构至分站之间的最大传输距离应不小于 2 km。

（17）最大节点容量。矿井监控系统最大节点容量宜在 8、16、32、64、128 中选取，取上述值除考虑物理层外，还考虑便于 2 进制编码的问题。

2. 软件性能要求

（1）实时性。监控软件的监测、数据计算、判断、处理、传输、控制等功能应具有实时性，能周期地循环运行，而不中断。

（2）数据处理精度。监控软件在完成数据运算、处理时，所带来的各种运算、处理误差应小于 0.5%。

（3）死机率。在连续运行过程中，软件引起的死机率应小于 1 次/720 小时。

（4）键盘响应。在连续运行过程中，软件应能响应操作人员从键盘输入的命令，并要求从键盘输入到执行该条命令的最长间隔时间小于 30 s。

（5）中文功能。监控软件必须具有汉字显示、用汉字及字符打印表格的功能。

（6）自检功能。监控系统软件宜具有对接入系统的传感器、分站的工作状态、传输电缆故障位置的自检功能。

（7）信息输出和存储功能。监控软件应具有显示、打印、报警和存储功能。

（8）生成功能。监控软件应具有在不中断正常监控功能的条件下由用户随时生成、修改各种参数及表格的功能。

第二节 常用监控系统的构成及特点

一、系统的构成

煤矿安全监控系统主要用来监测矿井各地点环境参数及生产工艺过程中众多参数进行监测、数据处理及集中控制。它由众多设备组成，一般可分为井上、井下两大部分，如图 6—3 所示。

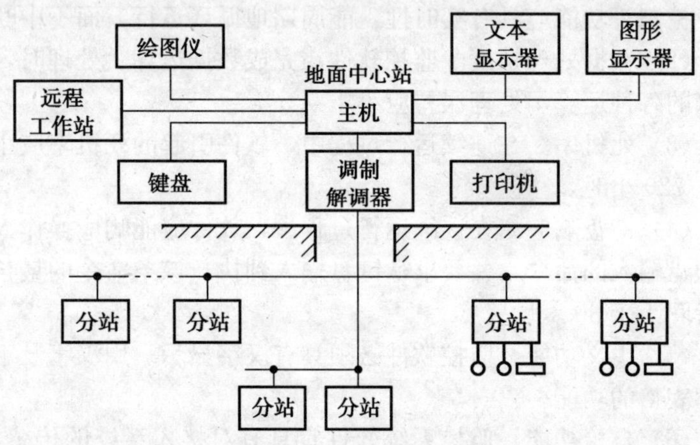

图 6—3 监控系统结构框架图

井下部分包括输入输出设备、数据（信号）传输通道、电源、电缆等。输入输出设备分模拟量输入设备——各种环境参数传感器，如甲烷、一氧化碳、氧气、风速、温度、压差及各种工艺过程参数传感器，如电流、电压、速度、移位（如采煤机位置）、仓位（煤仓煤位、水位）、流量、比重、称重计量等。开关量输入设备——工艺过程中各种机电、机械的开闭状态传感器，脉冲（计数或计时）传感器等。输出设备——包括设备开停控制继电器（有触点或无触点式）、断电器、状态调节器（用模拟电流或电压对控制对象进行连续调节，如管路中的流量、风量控制）等。数据通道包括数据的传输与接收处理，通常这两部分安装在井下分站中。数据传输部分主要用以把输入设备的各种信号进行初次加工后，以特定的格式或方法传输至井上中心站。其波特率（发送二进制信号的速度）分为 300、600、1 200、2 400、4 800、9 600 等；也可以用基带（数据直接）传输方式（RS－422 或RS－485 串行口方式）直接将串行数据信号传至井上；还可以用分频（载频）方式传至井上。目前，在国内外监测系统中，时分制传输方式较多。

井下电源大多是单独的隔爆兼本质安全型电源，即将井下 36 V 或 127 V，也有少数系统将 660 V 动力电源转换为传感器及分站用本质安全型低压直流电源。

传输电缆是系统的主要组成部分之一。现有系统以专用通信电缆为主，当采用计算机基带传输方式时则要求传输电缆为屏蔽式。

井上部分包括前置设备和后备处理设备两部分。前置设备主要用于接收数据及对数据进行初次处理（如信号接收、调制、数据分离、变换、存储、传递）、控制信号发送等。后备处理设备主要用于接收前置设备的数据包并进行综合处理、显示（图、表）、打印结果、资料统计、分析、存盘（历史资料存档）等，必要时产生回控命令信号，经前置设备送入井下。

现有系统中，大多数前置设备均以单片机或 STD 工业控制机或 PC 工业控制机为主，后备机则由一台或两台微机组成。

综上所述，煤矿用监控系统包括众多的可完成不同功能的设备，可对井下数据采集、处理（统计、分析、显示、打印）、控制。当前国内生产的系统包括单参数瓦斯遥测系统，如 AYJ 系统、ABD 系统等以及大型综合型系统，如 KJ95、KJ90、KJ4 等系统和频分制传输系统 TF－200 等。

二、技术要求

为满足矿井安全监控要求，煤矿常用安全监控系统除应满足矿井监控信息传输要求和矿井监控系统软件通用要求外，还应满足下列要求：

（1）系统应具有甲烷、风速、压差、一氧化碳浓度、温度等模拟量监测馈电状态、设备开停、风筒开关、风门开关、烟雾等开关量监测和累计量监测功能。

（2）系统应具有甲烷浓度超限声光报警和断电/复电控制功能。

（3）系统应具有甲烷风电闭锁功能。

（4）系统应具有馈电状态监测功能。

（5）系统应具有中心站手动遥控断电/复电功能，断电/复电响应时间应不大于系统巡检周期。

（6）系统应具有异地断电/复电功能。异地断电/复电功能是解决接于 A 分站甲烷等被测量超限时，控制接于 B 分站的被控设备断电，以提高系统的灵活性。

（7）系统应具有备用电源。当电网停电后，系统应能对甲烷、风速、负压、一氧化碳、局部通风机开停、风筒状态等主要监控量继续监控、继续监控时间应不小于 2 h。

（8）系统应具有自检功能。当系统中传感器、分站、主站、传输电缆等设备发生故障时，能够报警并记录故障时间、故障设备，以供查询及打印。

（9）系统主机应双机备份，并具有手动切换功能（自动切换功能可选）。当工作主机发生故障时，备份主机投入工作，保证系统的正常工作。

（10）系统应具有实时存储功能。存储内容包括：①甲烷、风速、负压、一氧化碳等重要测点模拟量的实时监测值；②模拟量统计值（最大值、平均值、最小值）；③报警及解除报警时间及状态；④断电/复电时间及状态；⑤断电命令与馈电状态不符合报警时间及状态；⑥设备开/停时间及状态；⑦累计量值；⑧设备故障/恢复正常工作时间及状态等。在这些存盘项目中，除重要监测点模拟量的实时监测值存盘记录应保持 24 h 外，其余均应保存 3 个月以上，并且当系统发生故障时，丢失上述信息的时间长度应不大于 5 min。

（11）系统应具有列表显示功能。模拟量及相关显示内容包括地点、名称、单位、报警浓度、断电浓度、复电浓度、监测值、最大值、最小值、平均值、断电/复电命令、馈电状态、超限报警、断电命令与馈电状态不符报警、传感器故障、封锁与解锁等。开关量显示内容包括地点、名称、开/停时刻、状态、工作时间、开停次数、传感器状态、封锁与解锁等。累计量显示内容包括地点、名称、单位、累计量值等。

（12）系统应具有模拟量实时曲线和历史曲线显示功能。在同一坐标上用不同颜色显示最大值、平均值、最小值 3 种曲线。在一屏上，同时显示不小于 3 个模拟量，并设时间标尺，可显示出对应时间标尺的模拟量值。在同一屏上同时显示不小于 3 个模拟量是为了分析事故和甲烷等重要监测物理量的变化规律，例如，为分析事故需了解工作面甲烷，回风巷甲烷和总回风巷甲烷浓度的变化情况。

（13）系统应具有柱状图显示功能，以便直观地反映设备开机率。显示内容包括地点、名称、最后一次开/停时刻和状态、工作时间、开机率、开/停次数、传感器状态、封锁与解锁等，并设时间标尺。

（14）系统应具有模拟动画显示功能，以便形象、直观、全面地反映安全生产状况。

（15）系统应具有系统设备布置图显示功能，以便及时了解系统配置、运行状况、便于管理与维修。显示内容包括传感器、执行机构、分站、电控箱、主站和电缆等设备的设备名称、位置和运行状态等。

（16）系统应具有报表、曲线、柱状图、模拟图、初始化参数等召唤打印功能（定时打印功能可选），以便于报表分析。

（17）系统应具有人机对话功能，以便于系统生成、参数修改、功能调用。

（18）系统应具有防雷措施，防止雷电击毁设备，引起井下瓦斯爆炸。

（19）系统应具有抗干扰措施，防止架线电机车火花、大型机电设备启停等电磁干扰影响系统正常工作。

（20）系统分站应具有初始化参数掉电保护功能，以防分站停电后，初始化参数丢失。

（21）系统分站应能存储 2 h 以上的监测数据。当系统电缆等发生故障，恢复正常后可以将存储的数据传输给地面中心站。

（22）系统宜具有网络通信功能，以便于矿领导及上级主管部门对监控信息的利用。

（23）地面设备应具有防静电措施。

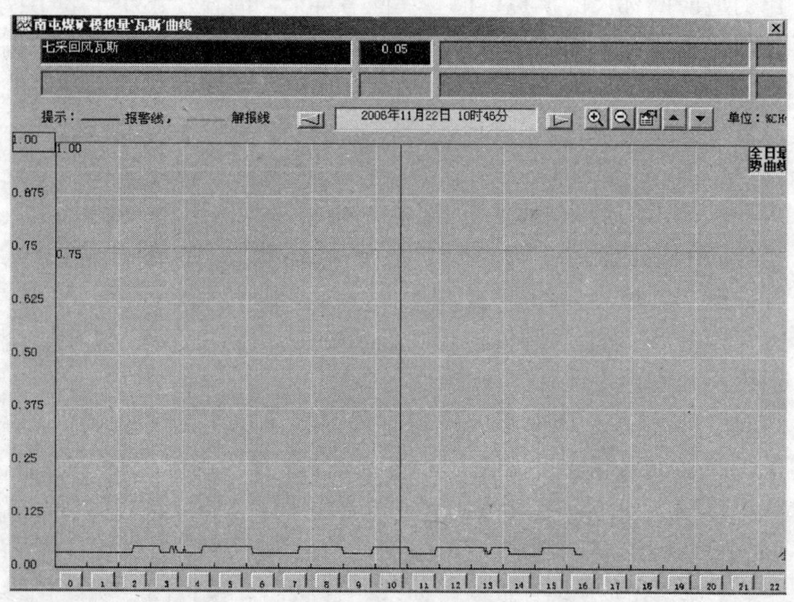

图 6—4　曲线图例

(24) 系统应工作稳定，性能可靠，出厂前要进行连续 7 天的稳定性试验，系统软件死机率应小于 1 次/720 小时。

(25) 系统调出整幅实时数据画面的响应时间应小于 5 s。

(26) 电源波动适应范围：地面 90%～110%；井下 75%～110%。

三、系统特点

由于煤矿井下是一个特殊的工作环境，有瓦斯（主要成分是甲烷）等易燃、易爆性气体，有硫化氢等腐蚀性气体，有淋水、环境潮湿、空间狭小、矿尘大，电磁干扰严重、电网波动大、工作场所分散且距离远。常用监控系统具有电气防爆、传输距离远、网络结构宜采用树形结构、监控对象变化缓慢、电网电压波动适应能力强、抗干扰能力强、抗故障能力强，不宜采用中继器、传感器宜采用远程供电、设备外壳防护性能要求高等特点。

四、监控设备要求

(1) 煤矿安全监测系统必须具有高的可靠性。为确保煤矿安全监控设备的产品质量，煤矿安全监控设备必须符合有关国家标准和行业标准，通过煤炭行业标准化归口审查，通过国家技术监督管理总局认证的检测机构的型式检验，并取得"MA"标志准用证。用于爆炸性环境的煤矿安全监控设备，还必须取得"防爆合格证"。各种防爆型式中，本质安全型防爆电气设备具有防爆安全性能好、体积小、重量轻、电缆传输信号安全可靠等优点。因此，煤矿安全监控设备应优先采用本质安全型。防爆型煤矿安全监控设备之间的输入、输出信号必须为本质安全型。

(2) 监控设备之间的连接。煤矿安全监控设备之间必须使用专用阻燃电缆连接，严禁与调度电话线和动力电缆共用。如安装环境较为复杂，连接电缆线容易出现故障时，必要时要选铠装或加强型电缆。

(3) 监控系统软件的实用性。安全监控设备中配备的计算机系统中的类型不同，软件也不统一。安全监控系统要求设备可靠性高、操作简单，既要适合系统管理人员、使用人员的使用。还要求计算机系统有丰富的工具软件，使用户便于开发，便于维护。

(4) 安全监控设备必须具有可维修性。如一个系统中因某些设备损坏或出了故障得不到及时处理，就会使系统的全部或部分失效。井下安全监控设备必须定期到井上进行检修，经检验合格后方可下井使用。

(5) 监控设备必须具有故障闭锁功能。为防止安全监控设备发生故障时，无法实现瓦斯超限断电功能，安全监控设备必须具有故障闭锁功能；当与闭锁控制有关的设备未投入正常运行或发生故障时，必须切断该设备所监控区域的全部非本质安全型设备的电源并闭锁；当与闭锁控制有关设备工作正常并稳定运行后，自动解锁。

(6) 全监控系统必须具备瓦斯断电仪和瓦斯风电闭锁装置的全部功能。瓦斯超限声光报警、断电、掘进工作面停风后断电是矿井安全监控系统的最根本功能。因此，矿井安全监控系统必须具备瓦斯断电仪和瓦斯风电闭锁装置的全部功能。为防止系统主机和电缆发生故障时无法实现瓦斯超限声光报警、断电和停风断电，瓦斯断电仪和瓦斯风电闭锁装置的全部功能必须由现场设备完成，当主机和系统发生故障时，系统必须保证瓦斯断电仪和瓦斯风电闭锁装置的全部功能。

(7) 安全监控系统必须装备备用电池。为保证对瓦斯浓度的连续监控，矿井安全监控系统、瓦斯风电闭锁装置、瓦斯断电仪必须装备备用电池。当电网停电后，必须保证正常工作时间不小于 2 h。

(8) 安全监控系统必须具有防雷保护。为防止雷电通过矿井安全监控系统引起井下瓦斯爆炸，系统必须具有防雷保护。

(9) 安全监控系统必须具有报表等功能。为防止人为取消断电功能，保证煤炭安全生产，系统必须具有断电状态和馈电状态监测、报警、显示、存储和打印报表功能。

第三节　煤矿常用安全监控系统

一、KJ101 型矿井监控系统

1. 系统特点

该系统装备的 KJ101－45 型甲烷传感器，独创耐高浓瓦斯冲击技术，检测元件采用独特的脉冲供电技术，工作时检测元件不会随瓦斯浓度增加而升温，保障了高浓度瓦斯环境下黑白元件不受损伤，彻底解决了困扰煤矿安全的黑白元件高浓冲击难题。KJ101 系统的诸多项新技术均属于行业内首创，特别在瓦斯传感技术、数字编码多路复用技术、非接触测量技术等方面拥有多项鲜为人知的领先技术。在解决催化元件的双值性问题、单元件全量程连续测量技术方面走在了世界的前列。

KJ101 型矿井监控系统采用高可靠免维护设计，井下许多部件使用中无须维护，电路板等组件采用易维护的接插结构，非专业人员也能进行“板级”维修，安装使用非常方便。KJ101 型矿井监控系统采用单一型号分站，与传统的大、中、小分站方式相比资源匹配灵活，备品备件少，便于使用人员掌握。

KJ101 型矿井监控系统有着广泛的兼容方式，不受分站模式的束缚，各监控参数均具有独立性，硬件和软件的使用、检索、显示都可以不受安装地点、连接端口、归属分站的影响，井下网络可以挂接任何工作模式的监控仪。本系统的输入端口开关量与模拟量通用，并且可以兼容各种制式的频率量、不连续脉冲、串行码和本系统特有的二线制叠加码，系统自动识别无须定义，几乎可以配接国内外所有厂家的传感器。本系统的传感器兼有多种输出制式。KJF19 型监控仪中传感器电源各路独立，无论恒流型还是恒压型传感器都可以直接配接，无须更改电路。KJ101 型矿井监控系统设计有很多新颖实用的功能，其中绝大部分都是本系统独创的功能，比如系统设计有智能三通（KFF1 型遥控分路器），当系统传输线发生短路时，可以自动切除短路支线并报警记录。

KJ101 型矿井监控系统具有总清“分站”和总清“传感器”功能，当井下监控仪或传感器发生死机时，使用人员无须下井处理，在地面就可以下发总清启动命令，以唤醒“死锁”的监控仪和传感器。

该系统井下设备广泛应用了红外遥控技术，监控仪的电源开关控制、输入参数的设定、断电值的修改等，以及传感器的调零、调精度、调报警等参数全部通用一只红外遥控器即可完成全部功能的设定，井下设备调试无须开盖操作。

该系统设有断电状态回传功能，远程断电器（KJF19.2 型继电器箱）上设有馈电状态监测电路和接线端子，在执行远程断电的同时回传被控设备的供电状态。设备构成简单，不必另设线路，可有效监测人为破坏断电控制的发生。

KJ101 型矿井监控系统软件运行稳定、功能齐全，完全符合行业规范要求。

KJ101 型矿井监控系统的软件与它的硬件风格一样充满创新意识，系统运行平台为 Windows，操作风格与 Windows 一样灵活简便。数据存储采用数据库模式，用户能方便地进行二次开发，同时也为组网奠定了基础。系统设计有广播式远程终端、局域网终端和互联网超远程终端，用户可以很方便地自行扩展，可将终端沿伸到地球的任一角落，为偏远矿区特别是局矿距离远而分散的用户提供了一种新颖快捷的组网方案，用户只需很小的投资即可迅速组网。偏远山区可以通过 GPRS 或 CDMA 无线方式组网，还能够通过手机短信向相关领导发出安全预警。KJ101 型矿井监控系统的配置如图 6—5 所示。

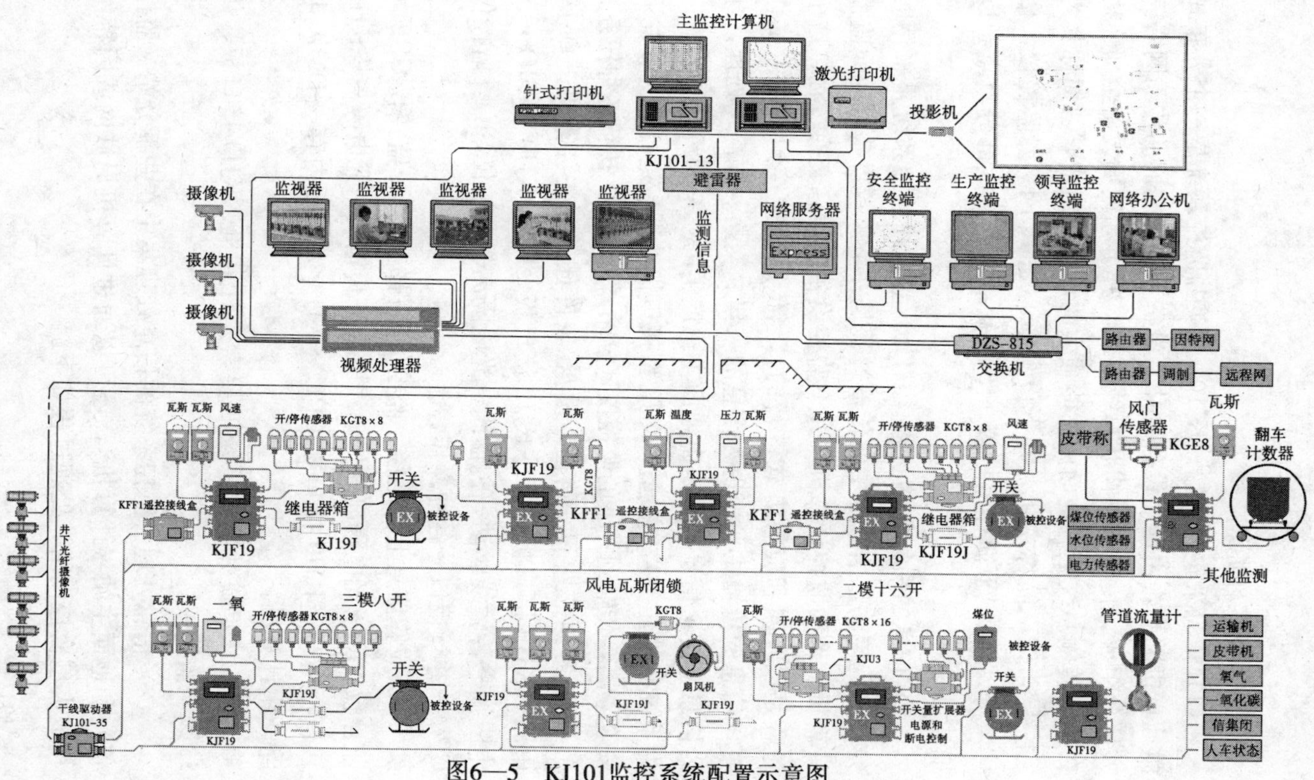

图6—5　KJ101监控系统配置示意图

2. 系统工作原理

(1) 信息采集与传输。KJ101 型矿井监控系统是一个分布式微计算机网络，由地面设备、井下设备和连接它们的传输网络三大部分组成。传输采用树状总线方式，井下和地面设备全部连接在一对传输总线上。地面由功能强大的计算机组成，习惯称其为“主站”，以下简称主机，井下设备核心是 KJF19 型监控仪，俗称“分站”，以下简称监控仪。下面就系统的三大部分重点予以描述。

1) 信息的采集传输过程。KJ101 型矿井监控系统是采用时分制进行传输，信息的主要传输过程是井下监控设备到地面监控计算机、地面监控计算机到井下监控设备的信息交换过程，这个过程是以呼叫和应答方式进行的。当传感器挂接到系统上工作时，信息的传输主要表现为信息的采集、交换、隔离、处理，此为信息上传。信息下发是由地面主机产生的（一为键盘输入，二为系统软件任务），它通过 KJJ9 型接口板处理，进行井上、井下安全隔离，传输到井下的监控仪（分站）处理后，执行各种任务。

2) 呼叫信息下发路径。键盘/软件任务→主计算机→DMA 电路→KJJ9 接口板内存→KJJ9 接口板 CPU→KJJ9 板 SIO→光电隔离→传输线驱动→传输线→光电隔离→监控仪 SIO→监控仪 CPU→并行接口→各种操作。

3) 应答信息上传路径。监控仪获得的信息→监控仪 CPU→监控仪 SIO→光电隔离→传输线驱动→传输线→光电隔离→KJJ9 接口板 SIO→KJJ9 接口板 CPU→KJJ9 接口板内存→DMA 电路→主计算机。

KJ101 型矿井监控系统四要素是计算机、KJJ9 接口板、传输线、监控仪。

(2) 信息处理。监控系统的信息处理集中在井下分站（监控仪）和地面主站（计算机），还可以通过计算机局域网或因特网构成大型监控网络，处理过程如下。

1）实时控制。工作在系统末稍的是各种传感器。以甲烷传感器为例，传感器实时地将检测到的信号传送给监控仪，当现场测值达到设定门限值后，监控仪立刻向近程和远程断电箱发出控制命令，仪器可在数秒钟内实现断电和闭锁控制。甲烷传感器本身除了有声光报警信号外还有一组独立的断电信号输出，可就地完成断电和报警任务。双重控制以保障系统可靠、快速响应，监控仪控制启动阈值（断电点），可由拨码开关设定，或由地面主计算机置入，八模监控仪可用红外遥控器设置。监控仪与地面主计算机线路中断脱机后，实时控制功能不受影响，可独立完成断电、闭锁、报警功能。

2）过程控制。KJ101 监控系统可以通过传输网实现远程设备的启停、异地断电、地面遥控断电、通播断电等多种复杂智能的控制功能。KJ101 系统的手动命令因采取了优先级控制，它的单条手动命令下发可以在 1 s 内完成。异地断电依赖于系统网络传递命令，执行速度稍有延迟。

3）自诊断控制。KJ101 系统运行的主计算机故障停机或死锁时，接口中的监测单片机会自动启动备用主机，将系统切换到冷备份机器上。如果备份计算机连续通电则可以实现双机热备份监控。KJ101 系统还具有传输线智能管理功能，当系统监测到传输线发生局部短路时，系统软件会拟人思维进行区段分拆，以最捷径的方式找出短路支线并将其切断，智能控制来自主计算机的系统软件。

4）数据库存储。KJ101 系统数据存储采用数据库形式，实时数据每 1 min 存储 1 次，超限数据即时存储，增加了存储密度，方便检索和分析。

5）系统报警。井下传感器自身具有声光报警功能，报警门限独立设定，不受地面控制；监控仪的控制编码输出端也可以连接声光报警箱，报警点可由地面软件设定；地面主机及用户终端设有显示报警、声音报警、弹窗口报警等；还可以通过 GPRS

短信向手机播发报警。

6）网络共享监测主机数据功能。KJ101 系统采用 TCP/IP 网络通信协议，终端用户无论是在局域网内还是广域网上，都可以方便地共享监测主机的数据。在局域网内，终端用户通过网络终端程序可以完全共享监测主机数据库。无论何时何地网络终端用户均能完整地查看当日或历史的日报表、24 h 曲线等。还可以同步地反映监测主机的实时监测信息。在广域网上，用户可以简单地通过浏览器来查看监测主机数据库中的数据。

系统通过设置网络文件夹的密码和数据库的密码来保障系统数据的安全。

（3）主站：

1）主站的构成。KJ101 型矿井监控系统采用独特的双 CPU 设计方案，它分有管理信息通信的 CPU 和信息处理的 CPU。通信 CPU 设计在 KJJ9 接口板中，是分布式计算机网络的控制中枢，指挥网内下级中的 CPU 进行采集和传输，以 SDLC 同步传送规程进行通信。KJJ9 型接口板以 DMA 方式与信息处理 CPU 交换信息。主监控机使用功能强大的联想商用计算机或工业控制系列微计算机，监控通信用的 KJJ9 型接口板插在计算机的扩展插座中，构成监控主站，连接井下监控网络群的传输线只用一对线从 KJJ9 型接口板的接线柱上引出。

监控主站通常采用联想商用计算机或工业控制系列微计算机，与其兼容的计算机均可用于本系统的监控主站。在 KJ101 系统标准配置中，地面配有中西文打印机、远程终端、UPS 电源、线路避雷器等设备。KJ101 型矿井监控系统主站功能如图 6—6 所示。

2）信息的处理。监控主站是系统的信息处理中心，系统处理功能的百分之八十是通过监控主站实现的，监控系统信息处理主要由主站中监控系统软件完成，使系统具有智能化的显示、存储、分析、检索、打印、绘图、报警、控制等诸项功能。

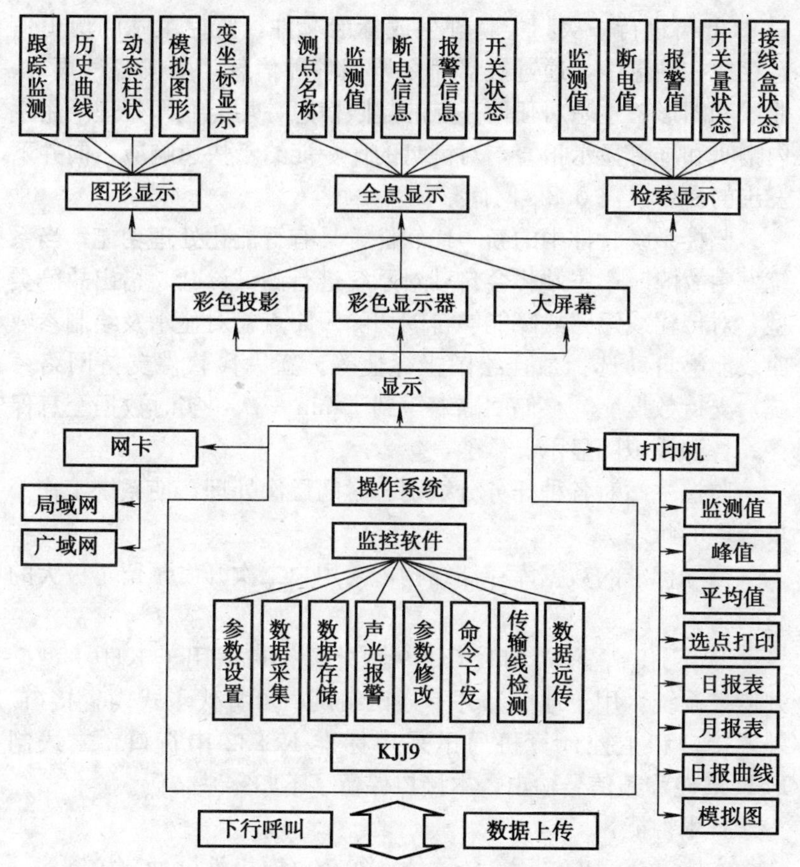

图 6—6　KJ101 型矿井监控系统主站功能示意图

井下信息由传输线进入 KJJ9 接口板再到主计算机。主计算机每 18 ms 与 KJJ9 进行一次 DMA 的信息交换。进入主计算机的监控信息首先存放机内 RAM 缓冲区中，主程序时时扫视各种参数的变化情况，将其中的部分内容送显、分析、比较、归类、向终端远传数据等预处理，软件每 3 s 向 232 串口发送一场全息数据，为远程终端提供信息，每 5 min 主机对监控信息进行一次整理，取最大值、最小值、均值，每 1 h 将内存信息提取存盘，每 24 h 再进行一次归类整理生成标准文件。监控主站的历史信息存放在硬盘中，通过键盘命令调用各种信息，生成各种报表、曲线和图形。主站对任何一点的超限信息，均能立即处理，用机内喇叭和屏幕显示报警，对键盘的命令能给予快速响应，向井下发出的命令只需 0.2 s 时间。

监控系统软件中的新一代软件，具有智能化处理功能，当系统发生故障时，主站将会自动对系统进行测试诊断，指出故障类型。对传输线短路故障能够自动切除短路点，对显示及绘制参数曲线能够自动选择最佳绘图坐标值等。新一代软件支持网络系统，支持数据库，存储间隔缩短到 1 min 一次，实时数据全息保存，各种模拟图显示。

监控主站对各种任务分级别、时间层次处理，使系统工作于最合理的状态。

国际标准的数据库存储结构，给用户二次开发预留了极大的空间。

3）KJJ9 外置式接口。KJJ9 型外置接口适用于 KJ101 型矿井监控系统，用于地面和井下通讯组网，可替代卡式内置接口。外置接口和主控计算机通讯采用标准 RS232 串行口，二线制 FSK 键控移频信号输出，本接口保留了不归零基带码。

技术性能：

本质安全输出电压：传输线—30 V（双极性脉冲）/控制线—18 V（单极性脉冲）

本质安全输出电流：130 mA

传输线信号速率：488 bit/s；600 bit/s；1 200 bit/s

工作电压：220 V

串行口通讯速率：外置接口和计算机之间通信，默认 9 600 波特，最高 38.4 k 波特

通讯帧：5 个字节（一个标志位，三个数据位，一个代码和校验位）

自动选择通讯口：其中的一个串口信号中断后，接口自动检测另一串口信号，切换时间约 5 s

3. KJF19 型监控仪

KJF19 型监控仪是 KJ101 型矿井监控系统的重要组成设备之一，是继 A－1、KJ10、KJ10A 之后的第四代产品，它兼有系统分站、本质安全电源箱、矿井不间断电源、断电仪、风电瓦斯闭锁五项产品功能。目前生产的监控仪分为“四模”和“八模”二个品种，八模型号为 KJF19B，后缀有 B 字样加以区分。

KJF19 型监控仪设有 4 路传感器端口，每端口可接一个模拟量传感器或八个开关量传感器。模拟量传感器可以是瓦斯、一氧化碳、风速、温度、负压或其他模拟量探头，通过这些传感器，把矿井下对生产有关的环境参数经监控仪处理并传给地面的监控主机，供安检人员随时掌握井下当前环境情况。监控仪能依据监测到的信息和地面主站下发的命令做出快速反应，控制矿井机电设备运行，从而防止和降低井下事故的发生，保障生产的安全、有序。

(1) KJF19 型监控仪电源板。KJF19 型监控仪是 KJ101 型矿井监控系统的主要部件之一，为传感器提供本质安全电源、完成数据采集、断电闭锁控制、机电设备远程启停、监测数值显示、断电状态显示、组网传输等任务。

KJF19 型监控仪由三大部分组成：电源部分、副板部分、主板部分。下面分三部分叙述。

1) KJF19 型监控仪电源。KJF19 型监控仪电源如图 6—7 所示。

该电源输入端用变压器隔离，初、次级间可承受 3 千伏电压。二次单元绕组 29 V/1.4 A，电源开关采用间接控制二次电源方式，有过流、过压等多重保护。当本质安全电路发生异常时，电源开关能够自动关闭仪器电源（开关在关闭状态，变压器一次线圈仍跨接在线路中)。

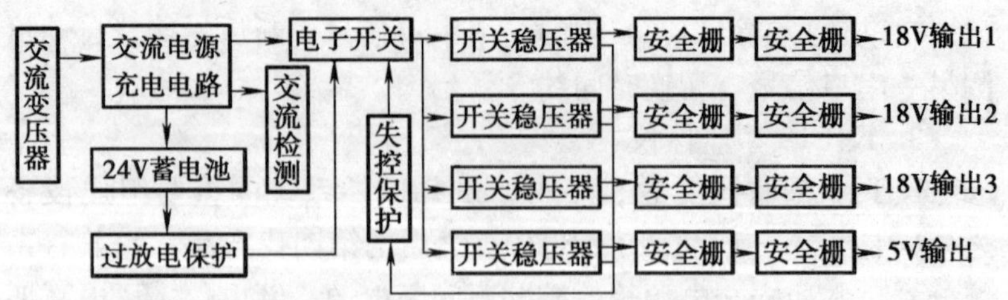

图 6—7 KJ19 型监控仪电源板示意

29 V 交流电经整流滤波后，由电子开关控制输出，操作开关不直接切换主电源，有利于提高防爆性能和开关寿命。四路本质安全电源的第一级预稳全部采用进口优质开关电源模块，器件自身带有过压、超温、限流保护。开关电源的输出连接二级 VMOS 安全栅和过压、短路保护电路，再馈送给负载输出。

该电源有很宽的电压适应范围、非常低的功耗和极高的可靠性。

四路电源满负荷工作温升微弱，输入电压可以在标准值范围内－40％～＋30％工作。采用环氧树脂封装结构，提高了机械结构的可靠性和对恶劣环境的适应能力。四路电源中任一路发生电压异常，除常规限流保护动作外，主电源亦会跳闸关断。

仪器内部另设有一组辅助磁控电路，可以使用磁钢在外部操作仪器通断。电源开关只控制低压，变压器一次线圈不受控。仪器在关断状态能耗极低，空载电流不到 10 mA（660 V)。

2）KJF19 型监控仪副板。KJF19 型监控仪副板如图 6—8 所示。

3）KJF19 型监控仪主板。KJF19 型监控仪主板工作原理如图 6—9 所示。

该主板是监控仪的核心部件，全部逻辑电路集中在一块板中，CPU 采用 Z84C00 系列八位机，整板全部使用功耗低高速 CMOS 器件。主板上方装有 6 只 0.5″数码管和一只 0.3″数码管，用 7 只 74HC273 锁存驱动，74HC154 担任地址译码，其余的

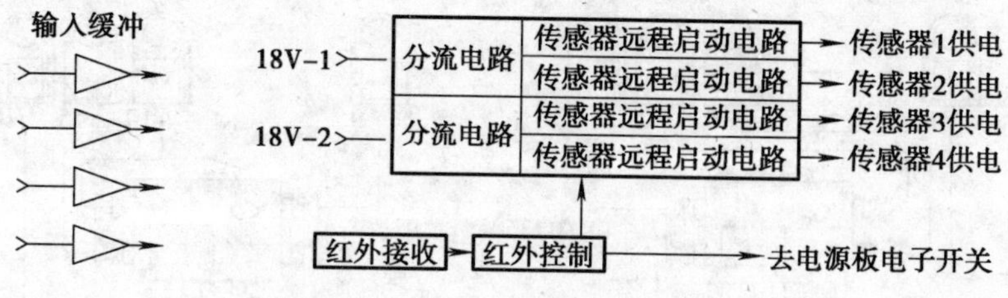

图 6—8 KJF19 型监控仪副板原理图

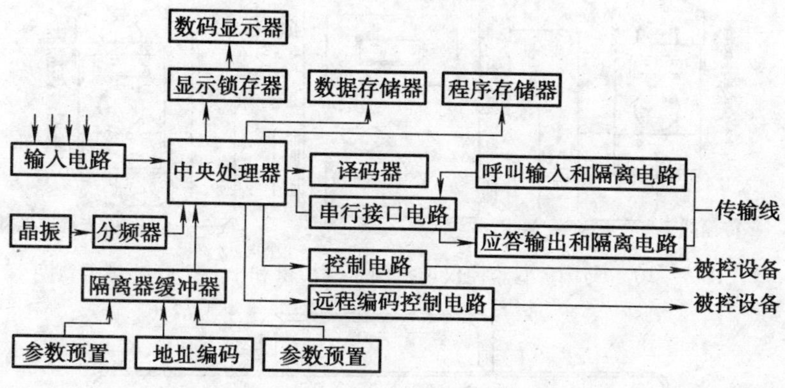

图 6—9 KJF19 型监控仪主板工作原理图

RAM、ROM 通信接口接收、回答、控制电路与 HS－21A 单板机相同。

主板设有 4 个输入口，共地输入，采用脉冲电流输入方式，幅值不小于 6 mA。入端装有 2 只串联硅二极管的并联保护电路，可以防止输入端错接于 19 V 电源上。

主板＋5 V 电源由外部供给，从印刷板插脚 1 引入，7 脚和 10 脚为电源负极，静态工作电流 19 mA（数码管熄灭），数码管全点亮时整机电流 90 mA。

注：7 脚为数字地，10 脚为模拟地，两地线在衬板上汇接在一起。

(2) KJF19 型监控仪与传感器的配接。KJF19 型监控仪与传感器的配接如图 6—10 至图 6—13 所示。

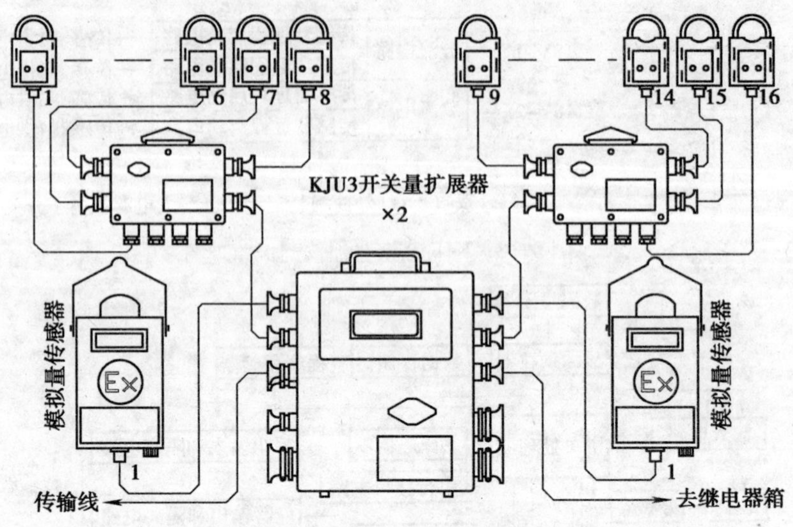

图 6—10　KJF19 型监控仪连接两个模拟量和十六个开关量示意图

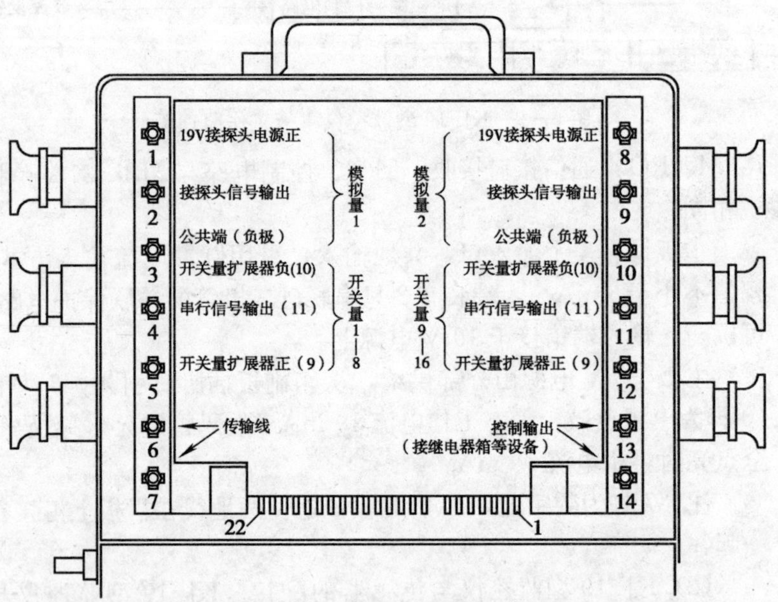

图 6—11　KJF19 型监控仪连接两个模拟量和十六个开关量示意图

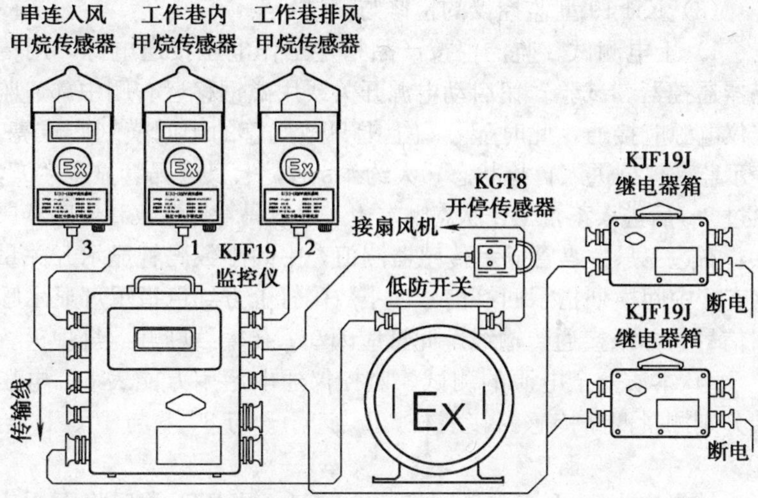

串连入风
甲烷传感器
工作巷内
甲烷传感器
工作巷排风
甲烷传感器
3
1
2
KJF19
监控仪
KGT8
开停传感器
接扇风机
KJF19J
继电器箱
低防开关
断电
KJF19J
继电器箱
传输线
断电

图 6—12　KJF19 型监控仪用于风电甲烷闭锁方式示意图

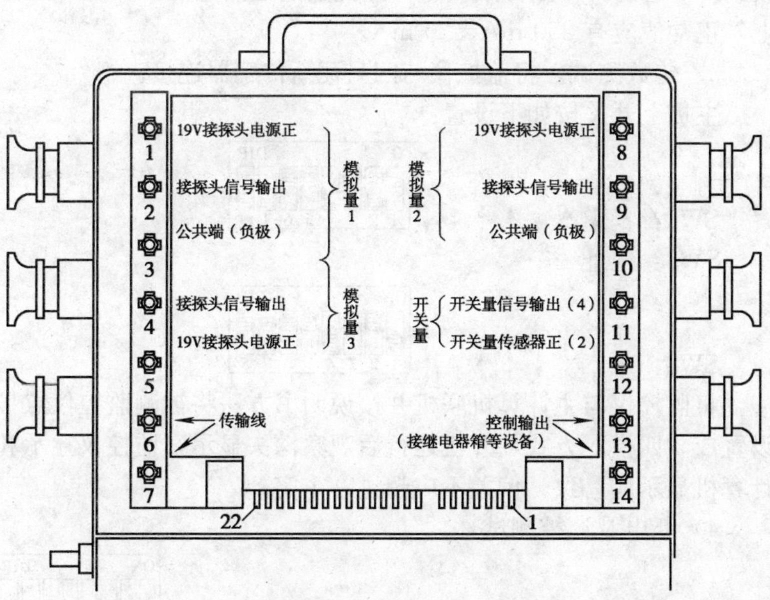

图 6—13　KJF19 型监控仪用于风电甲烷闭锁方式示意图

（3）KJF19 型监控仪的检修与测试：

1）上电测试。监控仪按产品指定工作电压接通电源，用传感器遥控器“试验”钮启动电源开关或用磁钢移近右侧中部，监控仪电源应接通，此时显示窗上七只数码管的中间横划应点亮，表示监控仪已进入自检状态，大约 4 s 后，七只数码管显全“0”，再过 3 s 后进入正常工作状态。左边三只数码管显示数和传感器属性，右边三只数码管显示传感器测值，中间小数码管显示开关量状态。中间横划指示回答信号。小数码管上方红色指示灯显示呼叫信号，如果接通传输线，此灯应闪动，传输线断开此灯熄灭。

2）本质安全电源的测试。监控仪通电后用万能表 DC 电压挡分别测量四路传感器接线柱，1 与 3、5 与 3、8 与 10、12 与 10。

结果应为 19 V±0.5 V 稳定无波动。电压正常后将万用表拨到 DC 电流 1 A 挡分别测量四路探头的短路电流，测量位置同上，正常值应有 250 mA±20 mA。

3）传数测试。将监控仪与四只瓦斯传感器连接。

主板上开关按如下设置：

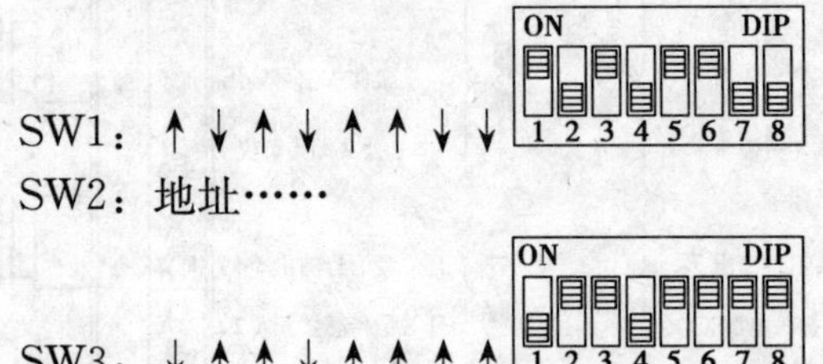

将监控仪与主计算机联机并按说明书方法将被测监控仪点号设置成“四模”方式，开机运行后观察探头显示，监控仪显示和计算机显示应一致，偏差不应超过一个字。

4）断电及遥控测试：

①本机断电测试：将 SW3 的 7、8 位置成↓↓，（ON DIP 1 2 3 4 5 6 7 8）

用万用表直接测量左下方隔爆腔中的断电输出接点，按下传感器的试验钮，或在主计算机上下发断电命令，断电输出接点应动作（断开）。

②远程断电测试：将监控仪按传数测试连接和开关设置，在13、14 接线柱上接好继电器箱，偏调瓦斯传感器调零电位器使其达到断电值，或按下传感器试验钮，用欧姆表测量继电器箱的断电常闭触点，接线柱应动作（断开）。

5）风电瓦斯闭锁功能测试。将监控仪按“三模八开”方式设置，第四端口接开停传感器一只，第一、二、三端口接瓦斯传感器，监控主板 EPROM 插上专用固化程序，功能开关按如下方式设置：

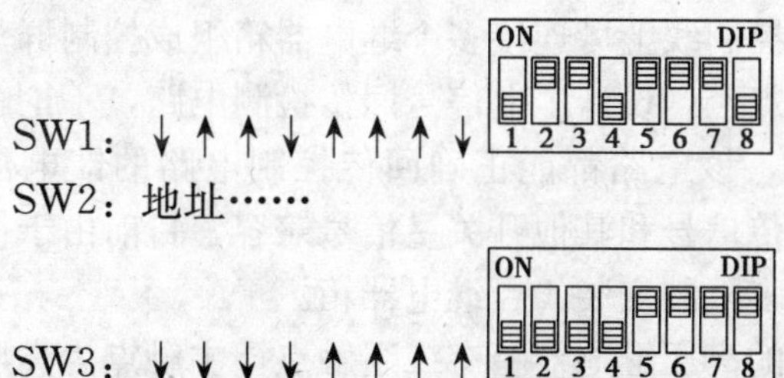

将开/停传感器靠近电源变压器或卡在有较大功率的电源线上（如电炉等），用欧姆表测量继电器箱中的闭锁触点接线柱，断开为闭锁状态。

①上电闭锁。开启监控仪电源，闭锁触点断开约 40 s 后触点应闭合。

②超限闭锁。分别调整瓦斯探头一、二的调“0”电位器，当任一探头测值达到和超过 1.5%CH_4 时，闭锁触点和断电触点应断开。

③停风闭锁。将第一、二端口上的瓦斯探头调整到 3%CH_4 时，再将开/停传感器移开负载线使其运行灯熄灭，此时闭锁触点和断电触点应断开。

④入气闭锁。将第三端口上的瓦斯探头调整到>0.5%CH_4

时，继电器箱中停止触点、断电触点、闭锁触点应同时断开。

⑤掉电闭锁。将监控仪电源关闭，闭锁触点应断开。

（4）KJF19.2型继电器箱。本继电器箱采用脉冲编码控制原理制成，两根控制线兼作驱动电源，工作时无须外接电源。监控仪输出的控制命令属点发式控制，继电器箱的受控接点状态保持由电路记忆，失电后状态复原。继电器箱中设有六位拨码开关，监控仪发向继电器箱的信号不是断电命令，而是4路传感器的超限信息，各路继电器箱可独立选择受控关系。继电器箱中六位拨码开关，前4位是4路传感器的有效控制权，用于设定本继电器箱选择受控探头。第5位用来设定输出接点的常开/常闭，多只继电器箱统一由一对控制线驱动实现，实现多路控制继电器箱的开关。在一对控制线上可连接多个继电器箱组成控制群。在继电器箱的电子触点上，设计了电信号回传检测电路，不论触点是常闭或常开使用，该电路都能正确回传控制电路的馈电信息(有电或无电)，回传信号和其他开关量信号兼容。目前由于仪器电源容量原因，最多限制安装4台继电器箱。

用于断电控制的高压继电器箱有二组触点，主触点为高压双向可控硅（2只700 V 41 A可控硅串联）输出，可直接用于高压1 140 V以下断电控制，能承受10 A连续电流，亦适用低压断电控制，工作压降仅2 V（5 A)。

继电器箱中的六位拨码开关1、2、3、4位用来选择本继电器箱受传感器控制权，向上拨ON位有效，开关位数代表传感器A1、A2、A3、A4或B1、B2、B3、B4，可任意组合。如：1、2位向上拨，表示本继电器箱受A1、A2或B1、B2二路传感器超限控制；1、2、3、4全向上拨时，任一传感器超限本继电器箱都受控。

辅助触点是普通的继电器触点，触点容量为220 V/5 A，用于直流电路控制，该接点与主接点同步动作。

开关5用于接点的常开/常闭设定，向上拨ON位时，上电后，静态接点为常闭状态；向下拨 OFF 位时，上电后，静态接点为常开状态。

开关 6 用于改变控制输入正端（接线端 3）接线方式，向上拨 ON 位时，该端接内部公共端，向下拨 OFF 位时继电器箱工作在常规控制状态下。

1）继电器箱使用方法。在继电器箱上，由拨码开关 1、2、3、4 设置受监控仪 1、2、3、4 路探头控制状态。

开关 1 拨 ON 即设定为受监控仪第 1 路探头控制

开关 2 拨 ON 即设定为受监控仪第 2 路探头控制

开关 3 拨 ON 即设定为受监控仪第 3 路探头控制

开关 4 拨 ON 即设定为受监控仪第 4 路探头控制

开关可组合使用，例如：

开关 1、2、4 同拨 ON 即设定为监控仪 1、2、4 路同时控制

开关 1、3 同拨 ON 即设定为监控仪 1、3 路同时控制

继电器箱可在控制线上并联使用，最多可并 4 台，并联的继电器箱可以不同设置，达到同时分别断电的目的，主接点和副接点同步同相动作也可按要求设计（需定货时说明）。

2）KJF19.2 型监控仪继电器箱的测试方法。将继电器箱控制线接线柱，接在 KJF19B 型监控仪上对应组的远程控制两个接线端上。在监测软件 MC99 运行状态下由键盘上发出断电、恢复命令，因为普通万用表不能测通两只串联的可控硅，所以电子触点应在模拟控制电路上正确动作。KJF19 型监控仪继电器箱的使用和测试，要使用 1999 年版本软件和固化程序。老系统使用时应更新软件。

3）KJF19.2 型继电器箱框图，如图 6—14 所示。

4）KJF19.2 型监控仪继电器箱的接线图，如图 6—15 所示。

5）KJF19.2 型监控仪继电器箱的使用方法及接线示意图，如图 6—16 所示。

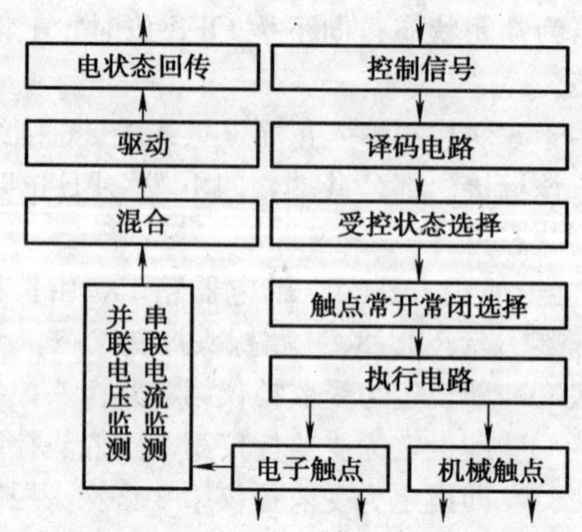

图 6—14　KJF19.2 型继电器箱框图

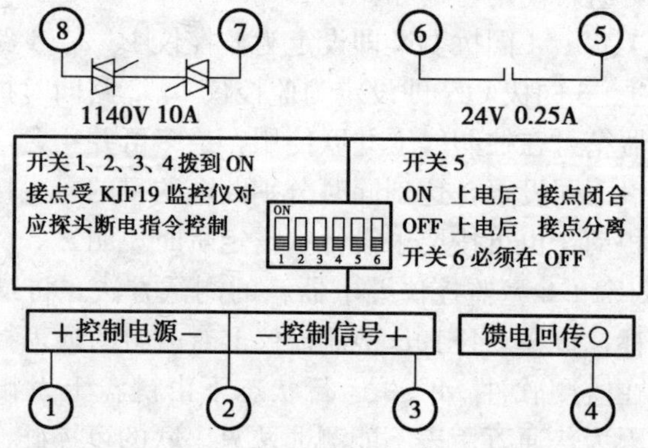

图 6—15　KJF19.2 型监控仪继电器箱的接线图

二、KJ90 型煤矿监控系统

1. 主要功能及特点

（1）功能及用途。KJ90 型煤矿监控系统主要用于煤矿行业安全生产现场的监测监控，它是以工业控制计算机为中心的集环境安全、生产监控、信息管理和多种子系统为一体的分布式全网络化新型煤矿综合监控系统，以其技术的先进性和实用性深受用户的欢迎，是我国目前推广应用较多，具有一定影响的煤矿监控

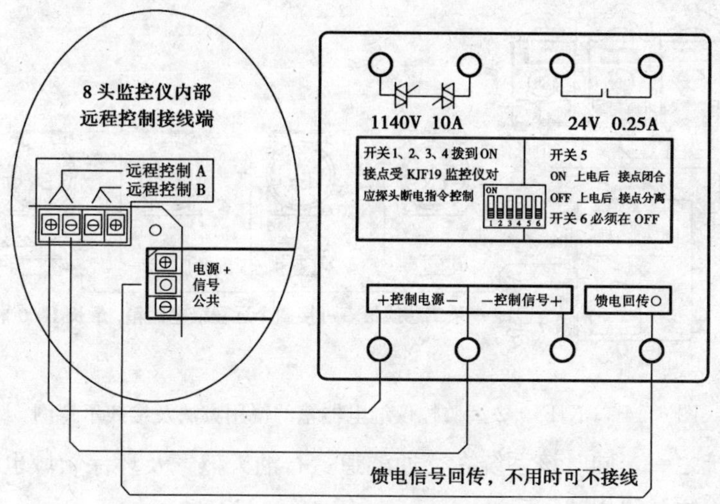

8 模输入监控仪 A 组远程控制接线示意图

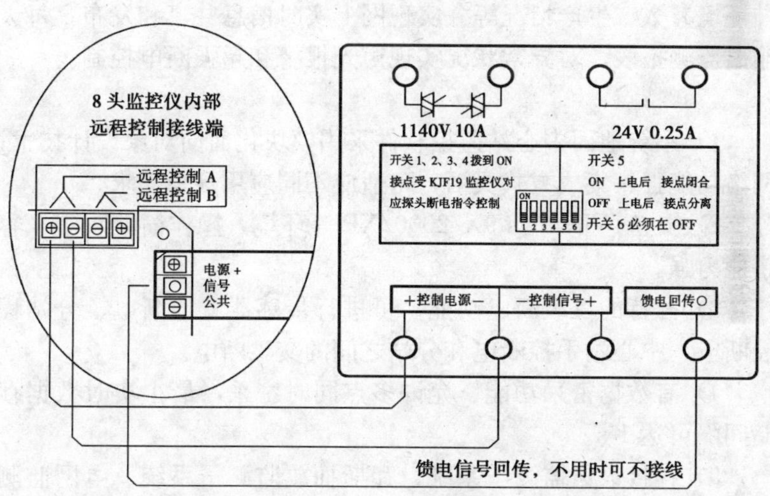

8 模输入监控仪 B 组远程控制接线示意图

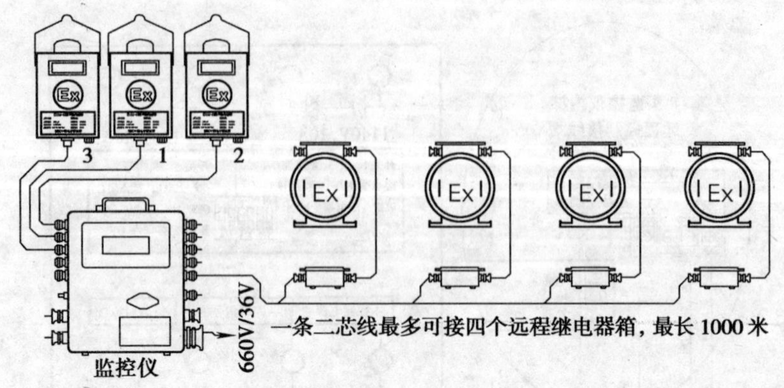

图 6—16　KJF19.2 型监控仪继电器箱的使用方法及接线示意图

系统之一。同时该系统在交通隧道、石油天然气及环保领域也得到了较好应用。

KJ90 型煤矿监控系统能在地面中心站连续自动监测矿井各种环境参数、生产情况等并实现网上实时信息共享和发布，每天输出监测报表、对异常状况实现声光报警和超强断电控制。

（2）特点：

1）系统地面中心站监控软件采用模块化面向对象设计技术，网络功能强、集成方式灵活，可适应不同应用规模需求。

2）支持 Windows 9X/2000/XP 等环境，操作简单直观，容错能力强。

3）独特的三级断电功能，可进行传感器就地断电、分站程控断电、中心站手控断电和分站之间的交叉断电。

4）有数据密采功能、允许多点同时密采，最小实时数据存储间隔可达 1 s。

5）挂接火灾监测子系统、瓦斯抽放监测子系统、电网监测子系统、工业电视系统等，便于统一管理。

6）具有实时多屏多画面显示，最多可带 16 台显示器，屏幕显示方式可由用户设置组合成不同结构，并可配接大屏幕液晶投影系统。

7）地面中心站监控信息可通过射频和视频驱动系统进入闭路电视系统。

8）网络终端，可在异地实现监控系统的实时信息和文件共享，网上远程查询各种监测数据及报表，调阅显示各种实时监视画面等。

9）有多种类型的分站，可独立工作，自动报警或断电，可自动和手动初始化，具备风电瓦斯闭锁功能。

10）监控分站具有就地手动初始化功能（采用红外遥控方式进行），当分站掉电后、初始化数据不丢失；具有风电瓦斯闭锁装置功能；当井下分站与地面中心站意外失去联系时，分站可自动存储 2 h 的数据。

11）视屏幕显示生动，具有多窗口实时动态显示能力，显示画面可由用户编排，交互能力强。

12）有强大的查询及报表输出功能，可以数据、曲线、柱图方式提供班报、日报、旬报，报表格式可由用户自由编辑。

13）可同时显示六个测点的曲线并可通过游标获取相应的数值及时间，显示曲线可进行横向或纵向放大。查询时间段可任意设定（最短一个小时，最长一个月）。同时提供有对曲线的分析、注释文字编辑框。

14）断电控制具有回控指令比较，可确保可靠断电，当监测到馈电状态与系统发出的断电指令不符时，能够实现报警和记录。

15）完善的密码保护体系，只有授权人员才能登录对系统关键数据进行操作维护。

2. 工作原理与结构特征

（1）工作原理。KJ90 型煤矿监控系统是以工业控制计算机为核心的全网络化分布式监控系统，主要由传感器、执行器、数据传输接口装置、监控分站、防爆电源、计算机、监控软件、打印机、UPS电源、网络终端等组成。整个系统由地面监控中心站集中、连续地对地面和井下各种环境参数、工矿参数以及监测子系统的信息进行实时采集、分析处理、动态显示、统计存储、超限报警、断电控制和统计报表查询打印、网上共享等；井下监控分站及电源完成对各种传感器的集中供电，并对采集到的传感器信息进行分析预处理，超限可发出声光报警和断电控制信号，同时与地面进行数据通讯。

KJ90型煤矿监控系统地面部分采用星型拓扑结构，以Ethernet局域网方式运行，网络协议支持TCP/IP等。监控软件运行平台全面支持Windows 2000/2003等操作系统。井下网络采用树型拓扑结构，安装灵活，可靠性高。KJ90监控系统原理图如图6—17所示。

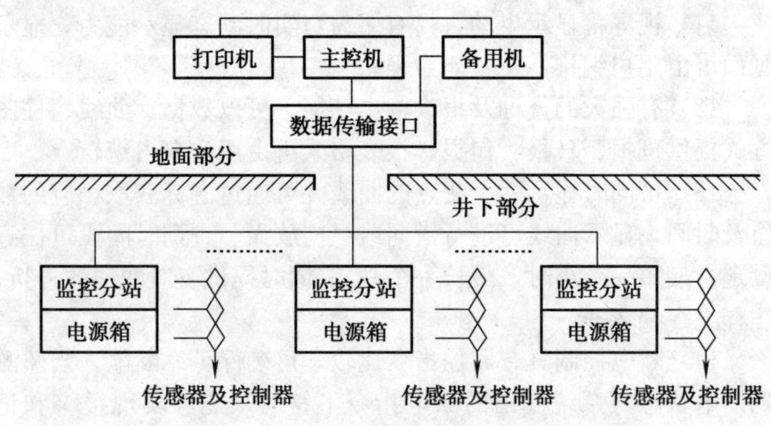

图6—17　KJ90监控系统原理框图

（2）结构特征：

1）数据传输接口。KJ90型数据传输接口是系统的一个重要部分，用来实现地面中心站监控主机与井下分站之间的电气本质安全隔离及信号转换，它采取的是RS485，通讯速率达2 400 bps。

2）监控分站及电源。监控分站及电源是KJ90型煤矿综合监控系统的核心设备之一，具有智能化程度高、功能强，结构简洁灵活（既可分体式，也可一体化）系列化特点。主要完成实时信号采集、预分析处理、显示控制、数据通讯及传感器集中供电等功能。为矿用隔爆兼本质安全型产品，适用于有爆炸性危险的场所。

3. 主要参数

(1) 系统容量：64 个分站。

(2) 通讯方式：RS485 通讯方式。

(3) 传输速率：2 400 bps。

(4) 传输距离：

分站与 KJJ46 数据接口之间的传输距离不小于 10 km；

分站与传感器之间的传输距离不小于 2 km；

分站与控制执行器之间的传输距离不小于 2 km。

(5) 系统控制执行时间

手动控制执行时间≤30 s；

自动控制执行时间≤15 s；

异地控制执行时间≤60 s。

(6) 系统传输误差不大于 1%（不包括传感器误差）。

(7) 系统巡检周期小于 30 s。

(8) 画面响应时间≤5 s。

(9) 信号端口：

①KDF－2 型分站有 16 路信号输入端口（模拟量端口与开关量端口通过设置可以互换）、4 路近程 4 路远程断电控制口和 1 路通讯口；

②KDF－3 型分站有 8 路信号输入端口（模拟量端口与开关量端口通过设置可以互换）、1 路近程 3 路远程断电控制口和 1 路通讯口；

③KDF－3X 型分站有 4 路信号输入端口（模拟量端口与开关量端口通过数值可以互换）、1 路近程 1 路远程断电控制口和 1 路通讯口。

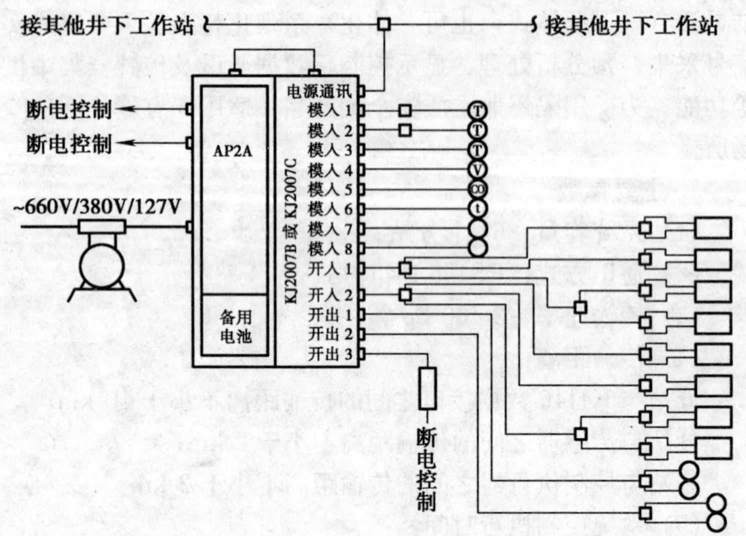

图 6—18　KDF－2 型分站原理图

（10）信号制：

①模拟量信号。系统的模拟量信号为 200～1 000 Hz 的频率量信号。高电平大于 3 V，低电平小于 0.2 V，脉冲宽度 0.3 ms。井下分站电源箱数据处理精度不大于 1%（不包括传感器误差）。

②开关量信号。系统的开关量信号为 1 mA/5 mA 的电流信号。电流≤1.2 mA 时表示为停，电流≥4 mA 时表示为开。

③控制量信号。控制采用无源机械接点，本质安全触点为 5 V/100 mA，非本质安全触点为 36 V/5 A。

（11）分站显示：

能显示模拟量信号的输入与输出；

能显示开关量信号的输入与输出；

能显示各个传感器的通道号；

能显示控制量的状态；

能显示各个传感器的故障状态。

（12）兼容子系统：瓦斯抽放、火灾、电网。

(13) 备用电源：

①井下部分 KDW0.3/660（A/B/C）型隔爆兼本质安全直流稳压电源，电池参数为：铅酸蓄电池 12 V/7 Ah×2 节；在满负载条件下工作时间：≥2 h；

②地面部分采用 UPS 不间断电源，当电网停电后能使地面中心站连续工作 2 h 以上。

4. 主要设备

(1) 地面中心站；

(2) 数据传输接口：KJJ46；

(3) 监控分站及电源：KDF－2 型井下监控大分站、KDF－3 型井下监控分站、KDF－3X 型分站电源箱；

(4) 远程断电器：KDG－Ⅰ型、KDG2 型、KFD3K 型；

(5) 配置的常用传感器如下：

低浓度甲烷传感器：KG9701 型，量程：(0～4)%；

高浓度甲烷传感器：KG9001B 型，量程：(0～40)%；

风速传感器：KGF15 型，量程：(0～15) m/s；

风流压力传感器：KG9501 型，量程：(0～5) kPa；

温湿度组合传感器：KG9301 型，量程：(0～40)℃；

一氧化碳传感器：KG9201 型，量程：(0～500) ppm；

液位传感器：KGU9901 型，量程：(0～5) m；

设备开停传感器：KTC－90 型；

烟雾传感器：KG8005 型；

风门开关传感器：KG92－1 型；

感应式馈电开关传感器：KGT－1 型。

三、KJ95 型煤矿综合监控系统

1. 主要用途及特点

(1) 主要用途。KJ95 型煤矿综合监控系统为国家“八五”科技攻关项目，由煤炭科学研究总院常州自动化研究所（天地科技股份有限公司常州自动化分公司）研制生产，已在全国各矿务局、矿推广应用100余套。该系统融计算机网络技术、监测监控技术、程控调度通信技术于一体，主要用于监控矿井上、井下各类安全、生产参数及电力参数，汇接管理多个安全与生产环节子系统，适合大中小矿井使用。

（2）主要特点：

1）技术先进，组合方式多样，综合能力强。融安全与生产监测监控系统、工业电视系统、人员安全监测系统及程控调度通信系统等于一体，实现井下传输信道合一、全矿区内各类煤矿监控系统组网管理、与局计算机网络联网、与远程终端通过公用电话网联接大幅度减少信道与设备投资。

2）兼容性能好，保护原有投资。可与原有KJ1、KJ2、KJ22及KJ12A等矿井安全与生产监控系统兼容。

3）传输网络简单、可靠。①采用标准网络传输协议，传输速率高，传输误码率低（小于10^{-8}），无中继传输距离长；②可选择采用光纤、电缆或泄漏电缆等传输介质。其中，光传输通道传输速率高，无中继传输距离长，防雷、抗电磁干扰。

4）分站自主性、适应性强。①由分站、传感器及执行器组成的工作单元可独立工作；中心站与分站失去联系时，分站能存储最新24 h的监测数据。②具有甲烷风电闭锁功能。③宽屏幕液晶汉字显示分站所接传感器类型、实时参数及模拟量变化曲线。④红外遥控设定发传感器类型、报警、断电值等参数。⑤分站可以作为主站继续挂接小分站，应用于局部生产环节的监测控制，扩大了系统的应用范围。⑥模拟量端口与开关量端口可互换，可按需增加某类端口的数量；支持多种标准或非标准信号制式，如电压、电流、频率和触点信号等。

5）系统软件功能强大。①系统软件基于微软COM/DCOM组件技术，采用客户/服务器架构，兼容性能与开放性能好。②可以和具有OPC标准接口、其他标准接口（如RS232、RS422、RS485等采用标准协议）的设备无缝连接，非标准接口的其他监控设备可通过协议转接于系统中。③具有丰富的组态、画面编辑及报表（数据图）生成功能。④支持数据、开关量状态的模拟盘显示，图形、曲线、数据的大屏幕或多屏显示；对所有监测数据和重要操作事件均采用数据库（如 ACCESS、SQL SERVER 等）保存，用户可根据需要自行设定保存期限，为用户二次开发和事件的追溯提供良好的条件。⑤各种操作（包括测点定义、参数设置、图生成、报表制作、数据浏览等）不影响系统的传输，保证系统的监测实时性。⑥具有强大数据采集功能、先进的数据处理技术，每隔 2 min 形成模拟量传感器的最大、最小及平均值的记录，随时统计各分站的通信、供电、报警、断电和复电状态、机电设备开停和运行状态。⑦报警与控制功能完备，可实现中心站程控或手动强行控制异地断电、分站和传感器就地断电及分站区域断电功能；具有生光、语音报警、报警联动及可通过程控调度通讯网对井下局部或全矿井进行语音广播报警等多种类型的报警功能。⑧具有传输故障、设备故障、供/断电状况和软件运行故障等的自诊断功能，还具有远程维护功能。

2. 主要功能

（1）监测甲烷、风速、负压、一氧化碳、烟雾、温度、风门开关等环境参数，也可监测煤仓煤位、水仓水位、风机风压、箕斗计数、各种机电设备开停等生产参数和电压、电流、功率、电度等电量参数，以及胶带跑偏、胶带速度、轴承温度、机头堆煤等各种机电设备的运行情况。

（2）配接胶带集中控制、轨道运输信集闭、电力监测、火灾监测等系统，实现局部环节的自动化。

（3）在全监测系统范围内通过便携式调试电话机与地面中心站或分站、传感器进行语音通信。

（4）平台采用 Windows 2000 软件，所有功能操作均具有在线帮助，在中文菜单提示下完成。并可方便地点击图形，即点即得所需信息。可随时显示监测数据、图形、曲线和报警点及数值。

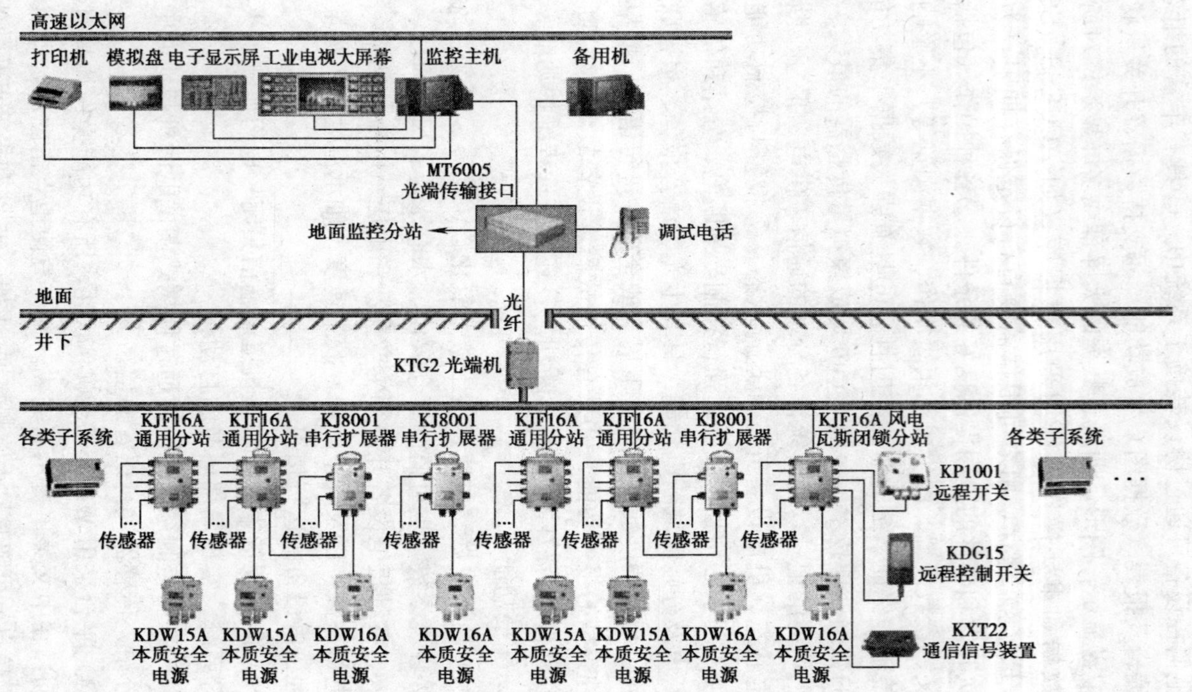

图 6—19　KJ95 型煤矿综合监控系统框图

(5) 主机 CRT 可显示以下几大类信息：①系统生成及操作；②测点生成及操作；③时钟和日期显示；④工艺流程模拟图形显示；⑤各测点数据表格显示；⑥模拟量参数的实时值表格、二维或三维图、变化曲线显示；⑦开关量的实时值、开/停时间显示；⑧累计量的实时值显示；⑨各类报警表格显示；⑩系统相关设备及软件操作说明显示。

(6) 支持多种图形格式，配备简便的绘图工具，可以方便地在屏幕上绘制各种模拟图形。绘图时不影响系统传输。

(7) 方便地由用户自行生成各类表格，打印所要求的各类数据表格、图形及曲线。

(8) 主机串行口实时地与分站级设备进行广播式通信。

(9) 主机串行口实时地与模拟盘进行广播式通信。

(10) 接大屏幕或投影机，以便在更大的面积上显示更多的工艺流程模拟图、监测曲线、表格和文字，以及主机 CRT 上所能显示的全部内容。

(11) 对报警信息进行处理，并实时地存储和报警。传感器超限时有声光报警显示，并在主机屏幕上有醒目的报警条，显示传感器的数值、地点及报警时间。

(12) 对报警断电点通过软件设定或修改，也可以在分站上直接设定。具有局部区域断电和全矿范围内异地断电多种形式。

(13) 对到达的实时数据进行处理，并采用数据库存储。模拟量每 2 min 存一个平均值，开/停信息按小时计时，累计量按小时累计。存储时间可根据要求调整。

(14) 分站具有甲烷风电闭锁功能，可单独使用。大显示屏能够显示所配接的各类摸拟量和开关量状态，红外遥控或键盘设定及存储有关参数和显示甲烷数据曲线。还可以作为主站挂小分站。

(15) 可进行扩展，并可与其他系统联网，形成全矿井的监测信息管理中心。监测主机以工作站形式方便地接入网络，实现资源共享。

（16）各种诊断功能，包括系统的传输校验、误码率测试、传感器故障统计、分站故障统计、自等监测系统的自身诊断，还可以通过 Modem 进行远程诊断。

3. 技术指标

容量：128 台分站级设备。

传输速率：1 200/2 400 bps。

传输制式：RS485。

传输电缆芯线：2 芯。

中心站到分站之间无中继最大传输距离：20 km。

分站到传感器之间的最大传输距离：2 km。

模拟量传感器信号：200～1 000 Hz 及其他非标准制式信号。

开关量传感器信号：0、5 mA，无电位接点。

供电：地面中心站为 AC220 V，井下设备为 AC127 V、380 V 或 660 V。

4. 系统组成

KJ95 系统主要由监测主机及其外设、传输接口、传输电缆、分站和各种传感器组成。主要设备配置如图 6—18 所示。KJ95 系统可将计算机网络、光纤高速通道、矿井安全和生产监控及其他子系统综合在一起，形成一个完整、实用的全矿井综合自动化系统。系统为集散型结构，其信息检测及分站等设备的布置完全按照矿井特点设置，根据需要各部分既可以集成在一起，又可以单独使用，可满足各个矿井的不同需求。

5. 系统工作原理

监控主机连续不断地轮流与各个分站进行通信，每个分站接收到主机的信号后，立即将该分站接收的各测点的信号传给主机，各分站又不停地对接收到的各传感器（开关量、模拟量和累计量）进行检测变换和处理，时刻等待主机的询问，以便把检测数送到地面。需要对井下设备进行控制时，主机将控制命令与分站巡检信号一起传给分站，由分站输出通过远程开关控制设备。监控主机将接收到的实时信号进行处理和存盘，并经本机显示器、大屏幕、模拟盘等外设显示出来。可显示各种工艺过程模拟盘、测量参数，各种参数的实时或历史曲线、柱状图、圆饼图等，也可通过打印机打印各种报表，或通图仪绘制各种图表和曲线。

光纤高速通道主要由地面光端机、井下光端机以及光缆组成。地面光端机将电信号变成光，通过光纤传输，井下光端机将光信号转换成电信号与井下分站级设备相连。KJ95 型煤矿综合监控系统在地面建立了一套局域网络，配置服务器和若干台工作站。监测主机的信息可以全部上网。其余的站分别放置在矿领导和有关的职能部门。

第四节 安全监控系统的安装与管理

随着矿井监控技术的发展，监控设备的不断完善，监控设备使用和维护水平的不断提高，通风安全监控设备在煤矿安全生产过程中发挥着越来越重要的作用。

一、一般规定

1. 煤矿企业应建立安全仪表计量检验制度。矿区应建立安全仪表计量鉴定站，负责校准气样配置、计量检定、各种安全监控设备的性能检验等工作。各矿必须建立安全监控管理机构，安全监控管理机构负责安全监控设备的安装、调试和维护工作。安全监控管理机构应配备一定数量具有安全监控和通风专业知识的工程技术人员和安全监测工。安全监测工必须经过专业培训，经有关部门考试合格并持证上岗。

2. 采区设计、采掘作业规程和安全技术措施，必须对安全监控设备的种类、数量和位置，信号电缆和电源电缆的敷设，控制区域等明确规定，并绘制布置图。设计及作业规程和安全措施中要有文字说明，要有矿井或采区采掘工作面布置图和供电系统图。在平面图上标明传感器、分站、专用开关应安设的位置及电缆敷设线路。在供电系统图上标明监测监控设备的供电电源开关在系统的位置，并说明每台仪器的报警、断电设定值和断电范围。

3. 由于矿井安全监控系统除具有瓦斯超限声光报警、超限断电、甲烷风电闭锁功能外，还可在地面监视和存储矿井瓦斯等参数变化、馈电/断电状态等，具有可靠性高、漏报概率小、功能强等优点。因此，高瓦斯矿井、煤与瓦斯突出矿井，必须装备矿井安全监控系统。

4. 有条件的低瓦斯矿井应优先装备矿井安全监控系统。没有装备矿井安全监控系统的矿井的煤巷、半煤岩巷和有瓦斯涌出的岩巷的掘进工作面，必须装备甲烷风电闭锁装置或风电闭锁装置和瓦斯断电仪。瓦斯风电闭锁装置除具有瓦斯断电仪全部功能外，还具有风电闭锁功能，其功能较风电闭锁装置和瓦斯断电仪两种仪器共同使用时的全部功能多。因此，有条件时，应优先采用瓦斯风电闭锁装置。

5. 没有装备矿井安全监控系统的无瓦斯涌出的岩巷的掘进工作面，必须装备风电闭锁装置，也可装备甲烷风电闭锁装置。

6. 没有装备矿井安全监控系统的低瓦斯矿井的采煤工作面，必须装备甲烷断电仪。

二、系统安装

1. 井上部分

现有监测系统的井上部分均配有计算机系统，而且计算机系统均由前置机（或接口）、主机（微机）、打印机、不间断电源等组成。井上设备要求安装环境条件相对好一些，尽可能有专用机房，有一定的防尘措施，要避免过高的温度（一般不大于

40℃)、强烈的振动及强烈的磁电干扰。

在供电方面，要尽可能保证设备单独供电，供电电源相对稳定，不应有大的波动，尤其应避免与大型动力设备共用电源。

如果设备有接地要求，一定要严格按照要求做好接地极并接好地线，否则极易损坏设备。

按照说明书要求连接好各种电缆。接好电缆后可以送电检验，首先用测试软件对设备的硬、软件进行全面检查，然后运行操作程序，连续运转至少 48 h 考核其可靠性、稳定性。经测试和考核后的井上设备才能连接井下设备。

2. 井下传输电缆的安装

井下传输电缆是信息通道的重要组成部分，其质量（包括安装质量）好坏直接影响系统的整体可靠性。因此，电缆的敷设连接是很重要的。传输电缆在敷设时应充分注意远离动力电缆（至少应有 30 cm 的距离），如果在架线电机车运输巷道敷设电缆时，为了防止架线的强电干扰，需要选用屏蔽电缆，其屏蔽层必须在井上机房的终端处良好接地。只有这样才能有效地保证高信号/噪声比，使信号能得到高质量传输。

为了保证安全，入井的传输电缆应采取严格措施与井上其他电源隔离，保持与其他室内电缆有一定的距离。如果入井电缆端加有安全栅或其他隔离措施时，绝对不能随意解除或不用。

3. 井下设备的安装

在井下设备中，瓦斯传感器是一种常用设备，在入井安装前，应在井上至少送电 48 h，观察其零点漂移，考核其精度和报警等各项性能参数。经考核无误后的传感器方可下井。

为了保证传感器的正确使用，《煤矿安全规程》及原煤炭工业部对瓦斯传感器的安装方法、地点及位置作了明确的规定和说明。

在井下重点地点（如采掘工作面）安装的瓦斯传感器除符合有关规定外，还要及时安装断电控制设备，对这些地点的机电设备实行严格的电气闭锁或断电控制。

4. 安装时注意事项

安全监控管理机构负责安全监控设备的安装、调试和维护工作。安装安全监控设备前，必须根据已批准的作业规程或安全技术措施提出《安装申请单》分别送通风和机电部门。在安装断电控制系统，使用单位或机电部门必须根据断电范围要求，提供断电条件，接通井下电源及控制线，在连接时必须有安全监测人员在场监护。

为防止瓦斯超限断电，切断安全监控设备的供电电源，安全监控设备的供电电源必须取自被控开关的电源侧，严禁接在被控开关的负荷侧。

模拟量传感器应设置在能正确反映被测物理量的位置。开关量传感器应设置在能正确反映被监测状态的位置。声光报警器应设置在经常有人工作便于观察的地点。井下主站或分站，应设置在便于人员观察、调试、检验及支护良好、无滴水、无杂物的进风巷道或硐室中，安设时应垫支架，使其距巷道底板不小于300 mm，或吊挂在巷道中。

隔爆兼本质安全型等复合型本质安全型防爆电源，应设置在采区变电所，严禁设置在断电范围内。隔爆兼本质安全型防爆电源严禁设置在低瓦斯和高瓦斯矿井的采煤工作面和回风巷内，煤（岩）与瓦斯突出矿井的采煤工作面、进风巷和回风巷，采用串联通风的被串联采煤工作面、进风巷和回风巷，采用串联通风的被串掘进巷道内。

三、使用与维护

在使用安全监控设备前，必须按产品使用说明书的要求，在井上逐台进行全面的性能检查与调试试验，必须达到防爆性能符合要求、调试合格后方可使用，仪器指标和跟踪误差不超过技术规定，各项功能正常，零配件齐全。

1. 使用前检查与调试

（1）外观检查：

1）防爆性能应符合要求，防爆标志明显；仪器内外螺钉、垫圈齐全完整；密封圈与所用电缆相配套；隔爆面的粗糙度、间隙符合隔爆设备要求，隔爆面的机械伤痕不超过规定，隔爆外壳无变形或损坏现象；不用的进、出线嘴用 2 mm 厚的钢板封堵。

2）传感器探头、分站等部件齐全，无损坏；仪器调试操作灵活可靠。

3）仪器供电、本质安全型电器设备供电电源与使用地点的电源电压等级一致。配用的熔丝（管）符合要求。

4）插入式连接的插件接触良好，焊点无虚接、开接、漏接等现象。

（2）技术指标和功能试验。试验前检查万用表等检测仪器指示是否有偏差，发现偏差要调试准确，然后对监控设备按实际需要进行接线。检查接线正确后送电试验。送电前，要用电压表检查电源电压是否与仪器使用电压一致，确认无误后方可送电。各仪器通电预热，待稳定后，进行主要指标和功能试验。

1）本质安全型电源试验。分别检查本质安全型电源短路电流值、最大开路电压值，其短路电流值和开路电压值均应符合本质安全电源的规定。有双重保护的电路要分别进行检测，双重电路都要符合本质安全电源的规定。

2）仪器通气试验。通气试验要使用气体流量计，因各种仪器传感器不同，对通气量要求也不同。在校对试验，通入气体的流量一定要控制在仪器说明书规定的数据范围内。

①按仪器说明书规定在新鲜空气的环境中，调整仪器零点电位器，使仪器指（显）示为零；通入标准浓度的甲烷气样，调整仪器指（显）示精度，使仪器指（显）示与标准气样的浓度数值相符。

②井上试验时应配备不同浓度多种瓦斯标准气样，做线性试验一般要选用 3 种以上浓度的气样，按顺序通入仪器，如出现的

差值不超过仪器规定的误差范围，即认为合格。

③报警、断电、停测（间歇）功能试验。由于仪器种类不同，报警、断电点的设置方式也不同。多数仪器采用调节电位器的方法设置，也有的仪器靠用遥控器设置。无论采用哪种方法，在井上试验时都要将报警、断电点设置为入井后使用的数值，然后分别试验，其误差不应超过出厂时的技术规定。对高、低浓度自动转换功能的传感器，要通入高于其转换浓度的瓦斯气样，看其转换是否可靠。

④试验断电功能时，用万用表的电阻挡分别接在断电继电器的常开或常闭的触点上，检查通断是否灵敏可靠。

⑤其他传感器及设备的调校试验均按仪器及设备的出厂说明书中的相关内容及要求调试。

⑥如果需要亦可对其他项目，如传感元件的反应时间、电压波动对仪器准确度的影响、绝缘电阻测定、载波频率是否准确等进行试验。通过对仪器的全面检查、试验，确认一切符合要求，各项功能正常后，即可投入安装。

2. 使用与维护

（1）为保证安全监控设备灵敏可靠，安全监控仪器设备必须定期调试校正，每月至少一次。

由于甲烷载体催化组件的稳定性≥7 天。因此，采用载体催化组件的甲烷传感器、便携式甲烷检测报警仪等，每隔 7 天必须使用校准气样和空气样，按产品使用说明书的要求调校一次。

（2）为保证甲烷超限断电和停风断电功能准确可靠，每隔 7 天必须对甲烷超限断电闭锁和甲烷风电闭锁功能进行测试。

（3）安全监控仪器及设备校正包括零点、灵敏度、报警点、复电点、指示值、控制逻辑等。

（4）监测气体的安全监控仪器及设备，应采用空气样和相应的标准气样或校准气样进行调试和校准。测量风速的安全监控仪器及设备，选用经过标定的风速计校对。测量温度的安全监控仪器及设备，选用经过标定的温度计校对。

(5) 安全监测员必须 24 小时值班，每天检查安全监控设备及电缆，使用便携式光学瓦斯检测仪或便携式甲烷检测报警仪与甲烷传感器进行对照，并将记录和检查结果报监测值班员。当两者读数误差大于允许误差时，先以读数较大者为依据，采取安全措施，并必须在 8 h 内对两种设备进行调校完毕。

(6) 安装在采煤机、掘进机和电机车上的机（车）载断电仪，由司机负责监护，并经常检查清扫，每天使用便携式甲烷检测报警仪与甲烷传感器进行对照，当两者读数误差大于允许误差时，先以读数最大者为依据，采取安全措施，并立即通知安全监测员，必须在 8 h 内对两种设备进行调校完毕。

(7) 对需要经常移动的传感器、声光报警器、断电器及电缆等安全监控设备，必须由采掘班组长负责按规定移动，严禁擅自停用。

(8) 分站、传感器、声光报警器、断电器及电缆等安全监控设备，由所在采掘区的区队长、班组长负责保管和使用，如有损坏应及时向安全监控管理机构汇报。

(9) 与安全监控设备关联的电气设备，电源线及控制线在拆除或改线时，必须与安全监控管理部门共同处理。检修与安全监控设备关联的电气设备，需要安全监控设备停止运行时，须经过矿调度室同意，并制定安全措施后方可进行。

(10) 凡经大修的传感器，必须经计量检定合格后方可下井使用。

(11) 矿井安全监控系统中心站必须实时监控全部采掘工作面的瓦斯的浓度变化及被控设备的通、断电状态。

(12) 矿井安全监控系统中心站值班员必须认真监视监视器所显示的各种信息，详细记录系统各部分的运行状态，负责打印监测日报表，报矿长和技术负责人审阅，接到报警后，值班员必须立即通知通风调度和生产调度。

（13）安全监控设备发生故障时，必须及时处理，在故障期间必须有安全技术措施。

（14）安全监控设备发生故障时，必须及时处理，在故障期间必须采用人工监测等安全措施，并填写故障登记表。

3. 配气

配制甲烷校准气样的装备和方法必须符合国家煤矿安全监察局制定的有关标准，相对误差小于5%。制备矿用的原料气应选用浓度不低于99.9%的高纯度甲烷气体。

4. 技术资料

安全监控机构应建立以下账卡及报表：①设备、仪表台账；②监控设备故障登记表；③检修记录；④巡检记录；⑤中心站运行日志；⑥矿井安全监控日报；⑦矿井安全监控设备使用情况月报、季报表。安全监控机构必须绘制安全监控设备布置图和断电控制接线图，图上标明传感器、声光报警器、断电器、分站、电源、中心站等设备的位置、接线、断电范围、报警浓度、断电浓度、复电浓度、传输电缆、供电电缆等，并根据实际布置及时修改。监测技术资料均需定期保存，对井下事故记录应长期保存。

第五节　传感器的设置及控制

一、甲烷传感器设置

甲烷的密度小于空气，一般情况下，巷道上方的甲烷浓度大于下方。因此，甲烷传感器应布置在巷道的上方，并应不影响行人和行车，安装维护方便。甲烷传感器应垂直悬挂，距顶板（顶梁）不得大于300 mm，距巷道侧壁不得小于200 mm。甲烷传感器的报警浓度、断电浓度、复电浓度和断电范围必须符合表6—1的规定。

表 6—1 甲烷传感器的报警浓度、断电浓度、复电浓度和断电范围

甲烷传感器设置地点	报警浓度	断电浓度	复电浓度	断电范围
低瓦斯和高瓦斯矿井的采煤工作面	≥1.0%CH_4	≥1.5%CH_4	<1.0%CH_4	工作面及其回风巷内全部非本质安全型电气设备
煤与瓦斯突出矿井的采煤工作面	≥1.0%CH_4	≥1.5%CH_4	<1.0%CH_4	工作面及其进、回风巷内全部非本质安全型电气设备
高瓦斯、煤（岩）与瓦斯突出矿井回采工作面回风巷	≥1.0%CH_4	≥0.5%CH_4	<0.5%CH_4	工作面及其回风巷内全部非本质安全型电气设备
采用串联通风的被串采煤工作面进风巷	≥0.5%CH	≥0.5%CH_4	<0.5%CH_4	被串采煤工作面及其进回风巷内全部非本质安全型电气设备
《煤矿安全规程》第一百三十六条所规定的装有矿井安全监控系统的采煤工作面回风巷	≥1.5%CH_4	≥1.5%CH_4	<1.5%CH_4	工作面及其回风巷内全部非本质安全型电气设备
专用排瓦斯巷	≥2.5%CH_4	≥2.5%CH_4	<2.5%CH_4	工作面内全部非本质安全型电气设备
煤（岩）与瓦斯突出矿井采煤工作面回风巷	≥0.5%CH_4	≥0.5%CH_4	<0.5%CH_4	进风巷内全部非本质安全型电气设备
采煤机	≥1.0%CH_4	≥1.5%CH_4	<1.0%CH_4	采煤机电源
低瓦斯、高瓦斯、煤（岩）与瓦斯突出矿井的煤巷、半煤岩巷和有瓦斯涌出岩巷的掘进工作面	≥1.0%CH_4	≥1.5%CH_4	<1.0%CH_4	掘进巷道内全部非本质安全型电气设备

续表

甲烷传感器设置地点	报警浓度	断电浓度	复电浓度	断电范围
高瓦斯、煤（岩）与瓦斯突出矿井的煤巷、半煤岩巷和有瓦斯涌出岩巷的掘进工作面回风流中	≥1.0% CH_4	≥1.0% CH_4	<1.0% CH_4	掘进巷道内全部非本质安全型电气设备
采用串联通风的被串掘进工作面局部通风机前	≥0.5% CH_4	≥0.5% CH_4	<0.5% CH_4	被串掘进巷道内全部非本质安全型电气设备
掘进机	≥1.0% CH_4	≥1.5% CH_4	<1.0% CH_4	掘进机电源
回风流中的机电设备硐室的进风侧	≥0.5% CH_4	≥0.5% CH_4	<0.5% CH_4	机电硐室内全部非本质安全型电气设备
高瓦斯矿井进风的主要运输巷道内使用架线电机车时的装煤点和瓦斯涌出巷道的下风流处	≥0.5% CH_4			
在煤（岩）与瓦斯突出矿井和瓦斯喷出区域中，进风的主要运输巷内使用的矿用防爆特殊型蓄电池电机车内	≥0.5% CH_4	≥0.5% CH_4	<0.5% CH_4	机车电源
兼做回风井的装有带式输送机的井筒	≥0.5% CH_4	≥0.7% CH_4	<0.7% CH_4	井筒内全部非本质安全型电气设备
在煤（岩）与瓦斯突出矿井和瓦斯喷出区域中，主要回风巷内使用的矿用防爆特殊型蓄电池电机车内	≥0.5% CH_4	≥0.7% CH_4	<0.7% CH_4	机车电源

续表

甲烷传感器设置地点	报警浓度	断电浓度	复电浓度	断电范围
瓦斯抽放泵站室内	$\geqslant 0.5\% CH_4$	—	—	—
利用瓦斯时的瓦斯抽放泵站输出管路中	$\leqslant 30\% CH_4$	—	—	—
不利用瓦斯、采用干式抽放瓦斯设备的瓦斯抽放泵站输出管路中	$\leqslant 25\% CH_4$	—	—	—
井下临时抽放泵站下风侧栅栏外	$\geqslant 1.0\% CH_4$	$\geqslant 1.0\% CH_4$	$<1.0\% CH_4$	抽放瓦斯泵电源

由于回风巷煤壁中有瓦斯涌出，因此，回风巷甲烷平均浓度一般不低于工作面甲烷浓度。但由于回风巷甲烷传感器设置在瓦斯与空气混合均匀、风流稳定的位置，而工作面甲烷传感器设置在瓦斯与空气混合不均匀的位置。因此，工作面甲烷传感器的断电浓度一般为 $1.5\% CH_4$，回风巷甲烷传感器的断电浓度一般为 $1.0\% CH_4$，即工作面甲烷传感器的断电浓度一般大于回风巷甲烷传感器的断电浓度。同理，掘进工作面甲烷传感器断电浓度一般大于回风流中甲烷传感器断电浓度。

1. 采煤工作面瓦斯传感器的设置

（1）工作面瓦斯传感器的设置。为及时监测采煤工作面的瓦斯变化情况，采煤工作面瓦斯传感器应尽量靠近工作面设置，如图 6—20 所示。

瓦斯报警浓度：$T \geqslant 1.0\% CH_4$

瓦斯断电浓度：$T \geqslant 1.5\% CH_4$

复电浓度：$T < 1.0\% CH_4$

断电范围：工作面及回风巷中全部非本质安全型电气设备。有煤与瓦斯突出矿井的采煤工作面，断电范围为

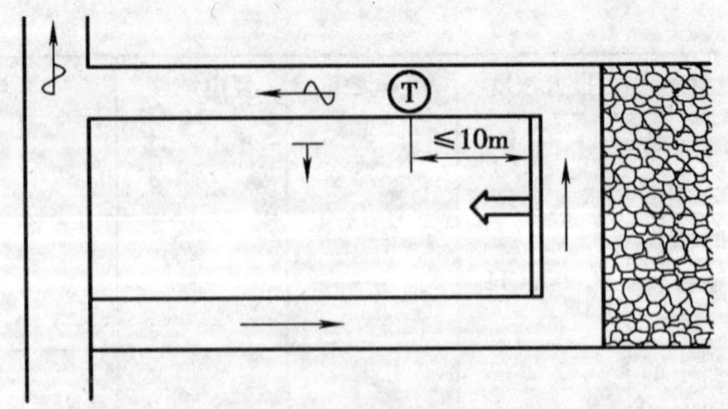

图 6—20　采煤工作面瓦斯传感器的设置

T—瓦斯传感器

进风巷、工作面和回风巷内的全部非本质安全型电气设备。若工作面瓦斯传感器不能控制进风巷内全部非本质安全型电气设备，则必须在进风巷布置瓦斯传感器，其布置见本文采煤工作面进风巷瓦斯传感器的设置

（2）采煤工作面回风巷瓦斯传感器的设置。为保证采煤工作面回风巷瓦斯传感器能正确反映采煤工作面回风巷内的瓦斯含量，回风巷瓦斯传感器应设置在瓦斯等有害气体与新鲜风流混合均匀、且风流稳定的位置，如图 6—21 所示。

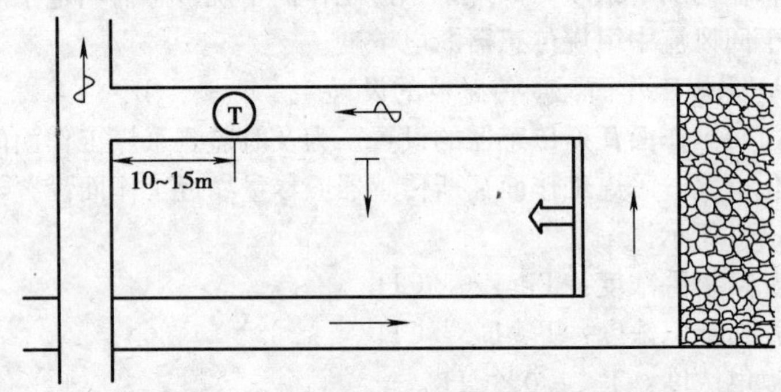

图 6—21　采煤工作面瓦斯传感器的设置

T—瓦斯传感器

瓦斯报警浓度：T≥1.0%CH_4

瓦斯断电浓度：T≥1.0%CH_4

复电浓度：T<1.0%CH_4

断电范围：工作面和回风巷内全部非本质安全型电气设备

（3）采煤工作面进风巷瓦斯传感器的设置。用于监测有煤与瓦斯突出矿井的采煤工作面的进风巷瓦斯传感器，应尽量靠近工作面设置，如图6—22所示，以便及时监测采煤工作面的瓦斯情况。

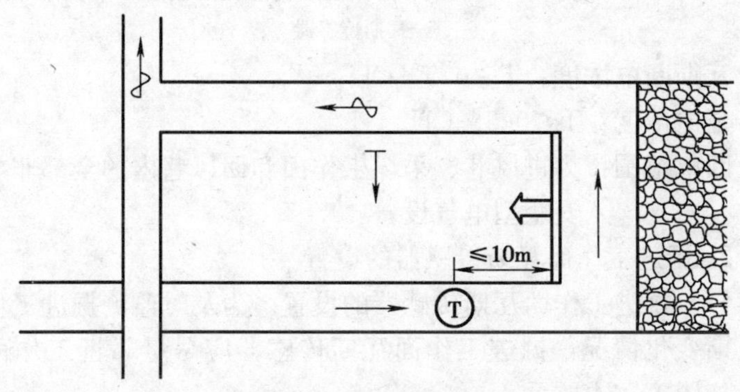

图6—22　采煤工作面瓦斯传感器的设置

T—瓦斯传感器

瓦斯报警浓度：T≥0.5%CH_4

瓦斯断电浓度：T≥0.5%CH_4

复电浓度：T<0.5%CH_4

断电范围：进风巷内的全部非本质安全型电气设备

（4）采煤工作面采用串联通风时，进入被串工作面的风流中必须布置进风巷瓦斯传感器。为保证进风巷瓦斯传感器能正确反映所监测区域的瓦斯含量，进风巷瓦斯传感器应设置在瓦斯等有害气体与新鲜风流混合均匀、且风流稳定的位置，如图6—23所示。

瓦斯报警浓度：T≥0.5%CH_4

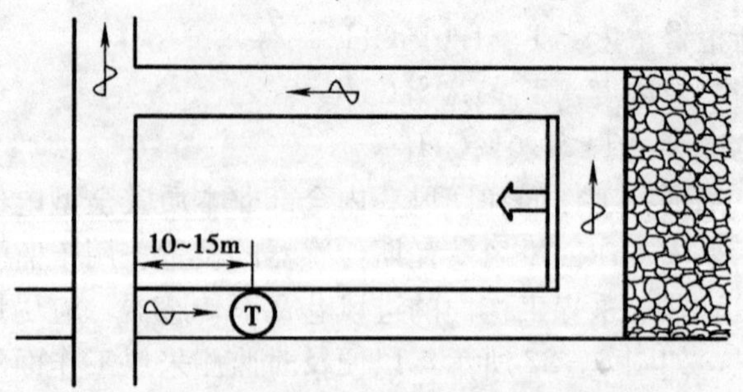

图 6—23　采煤工作面瓦斯传感器的设置

T—瓦斯传感器

瓦斯断电浓度：T≥0.5%CH_4

复电浓度：T<0.5%CH_4

断电范围：为进风巷、采煤工作面和回风巷内的全部非本质安全型电气设备

2. 掘进工作面瓦斯传感器的设置

（1）掘进工作面瓦斯传感器的设置。为及时监测掘进工作面的瓦斯变化情况，掘进工作面瓦斯传感器应尽量靠近工作面设置，如图 6—24 所示。

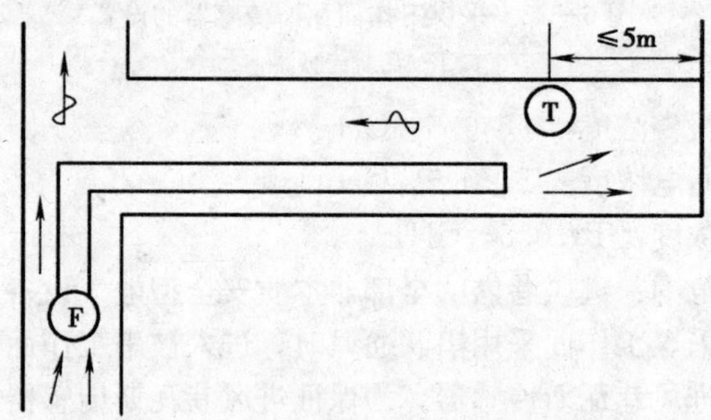

图 6—24　掘进工作面瓦斯传感器的设置

T—瓦斯传感器

瓦斯报警浓度：T≥1.0%CH_4

瓦斯断电浓度：T≥1.5%CH_4

复电浓度为：$T<1.0\%CH_4$

断电范围：为掘进巷道内全部非本质安全型电气设备

(2) 掘进工作面回风流瓦斯传感器的设置。为保证掘进工作面回风流瓦斯传感器能正确反映掘进工作面回风流中的瓦斯含量，回风流瓦斯传感器应设置在瓦斯等有害气体与新鲜风流混合均匀、且风流稳定的位置，如图 6—25 所示。

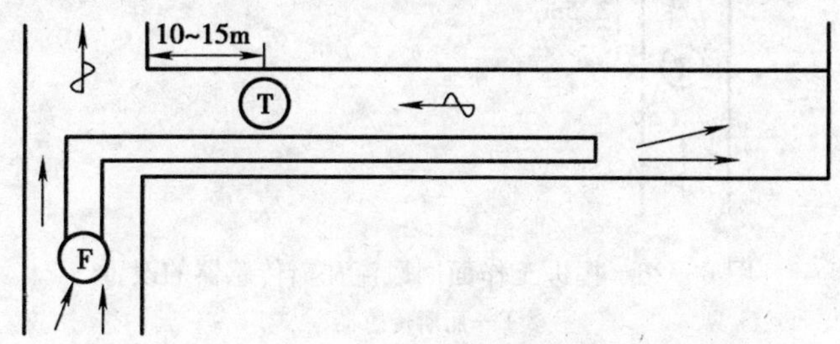

图 6—25 掘进工作面回风流瓦斯传感器的设置

T—瓦斯传感器

瓦斯报警浓度：$T\geqslant 1.0\%CH_4$

瓦斯断电浓度：$T\geqslant 1.0\%CH_4$

复电浓度：$T<1.0\%CH_4$

断电范围：掘进巷道内全部非本质安全型电气设备

(3) 采用串联通风的被串掘进工作面局部通风机前的甲烷传感器设置，如图 6—26 所示。

瓦斯警报浓度：$T\geqslant 0.5\%CH_4$

瓦斯断电浓度：$T\geqslant 0.5\%CH_4$

复电浓度：$T<0.5\%CH_4$

断电范围：被串掘进巷道内全部非本质安全型电气设备

3. 装煤点和运输巷道瓦斯传感器的设置

(1) 装煤点瓦斯传感器的设置。高瓦斯矿井的主要进风（全风压通风）运输巷道内使用架线电机车时，装煤点处必须设置瓦斯传感器，如图 6—27 所示。

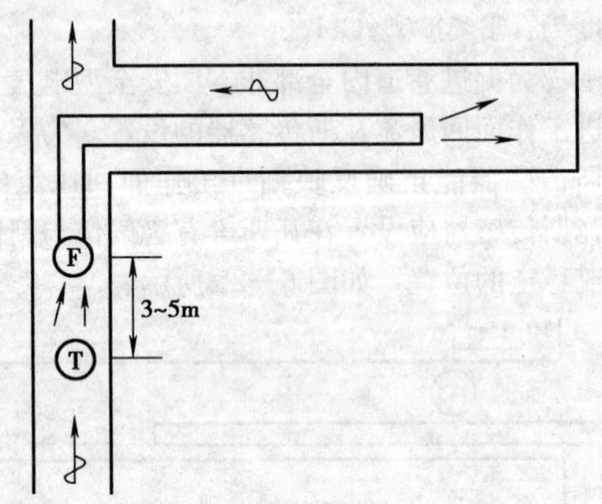

图 6—26　掘进工作面回风流瓦斯传感器的设置

T—瓦斯传感器

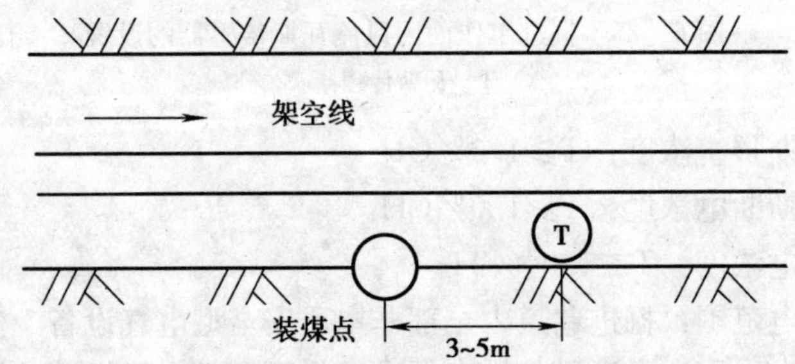

图 6—27　掘进工作面回风流瓦斯传感器的设置

T—瓦斯传感器

甲烷报警浓度：T≥0.5%CH_4

甲烷断电浓度：T≥0.5%CH_4

复电浓度：T<0.5%CH_4

断电范围：装煤点处上风流 100 m 内及其下风流的架空线电源和全部非本质安全型电气设备

(2) 运输巷道瓦斯传感器的设置。高瓦斯矿井进风的主要运输巷道使用架线电机车时，在瓦斯涌出巷道的下风流中必须设置瓦斯传感器，如图 6—28 所示。

报警浓度：T≥0.5%CH_4

断电浓度：T≥0.5%CH_4

复电浓度：T<0.5%CH_4

断电范围：瓦斯涌出巷道上风流 100 m 内及其下风流的架空线电源和全部非本质安全型电气设备

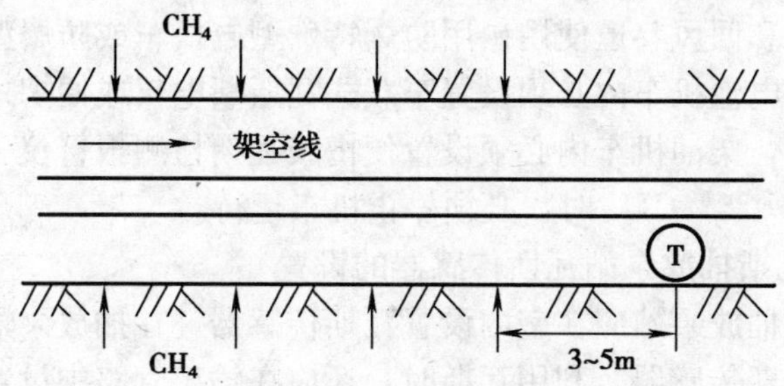

图 6—28　掘进工作面回风流瓦斯传感器的设置

T—瓦斯传感器

4. 机电硐室瓦斯传感器的设置

设在回风流中的机电设备硐室的进风侧必须设置甲烷传感器，如图 6—29 所示。

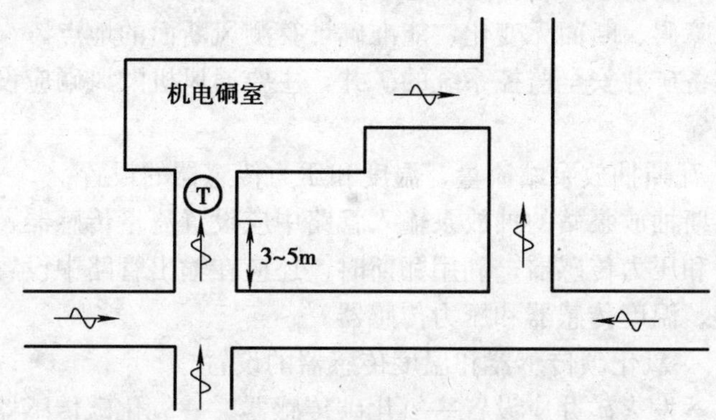

图 6—29　掘进工作面回风流瓦斯传感器的设置

T—瓦斯传感器

报警浓度：$T \geqslant 0.5\% CH_4$

断电浓度：$T \geqslant 0.5\% CH_4$

复电浓度：$T < 0.5\% CH_4$

断电范围：机电硐室内全部非本质安全型电气设备

5. 机车内瓦斯传感器的设置

在煤（岩）与瓦斯突出矿井和瓦斯喷出区域中，进风的主要运输巷道和回风巷道使用矿用防爆特殊型电机车或防爆型柴油机车时，蓄电池机车内必须设置车载式瓦斯断电仪或便携式瓦斯检测报警仪，柴油机车内必须设置便携式瓦斯检测报警仪。当瓦斯浓度超过 $0.5\% CH_4$ 时，必须停止机车运行。

6. 瓦斯抽放泵站瓦斯传感器的设置

瓦斯抽放泵站应在室内设置瓦斯传感器，在抽放泵输入管路中设置瓦斯传感器。利用瓦斯时，还应在输出管路中设置瓦斯传感器。

二、其他传感器的设置

1. 风速传感器和压力传感器的设置

每一个采区、一翼回风巷及总回风巷的测风站应设置风速传感器。风速传感器应设置在巷道前后 10 m 内无分支风流、无拐弯、无障碍、断面无变化、能准确计算测风断面的地点。

装备矿井安全监控系统的矿井，主要通风机的风硐应设置压力传感器。

2. 瓦斯抽放泵站流量、温度和压力传感器的设置

瓦斯抽放泵站的抽放泵输入管路中应设置流量传感器、温度传感器和压力传感器；利用瓦斯时，还应在输出管路中设置流量传感器、温度传感器和压力传感器。

3. 一氧化碳传感器和温度传感器的设置

自然发火矿井应设置一氧化碳传感器。一氧化碳传感器除用作环境监测外（报警浓度为 0.002 4%），还用于自然发火预测。一氧化碳传感器应布置在巷道的上方，且应不影响行人和行车，

安装维护方便。一氧化碳传感器应垂直悬挂，距顶板（顶梁）不得大于 300 mm，距巷道壁不得小于 200 mm，一氧化碳传感器应设置在风流稳定、一氧化碳等有害气体与新鲜风流混合均匀的位置，如图 6—30 所示。一氧化碳传感器用于自然发火预测时，应以每天一氧化碳平均浓度的增量变化为依据。

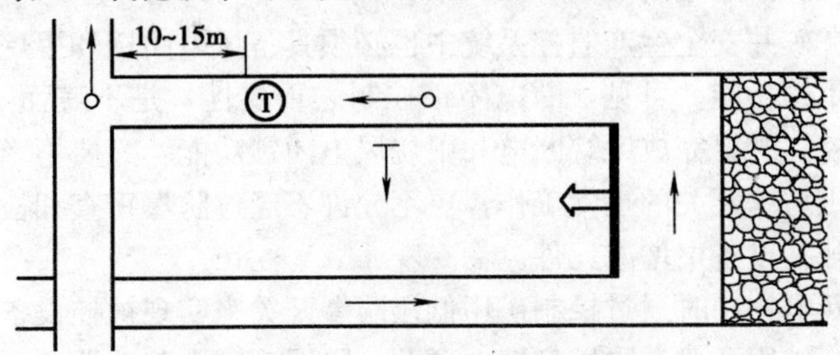

图 6—30　一氧化碳传感器的设置

T—一氧化碳传感器

自然发火矿井应设置温度传感器。温度传感器除用作环境监测外（报警温度为 30℃），还用于自然发火预测。温度传感器应布置在巷道的上方，且应不影响行人和行车，安装维护方便。距顶板（顶梁）不得大于 300 mm，距巷道侧壁不得小于 200 mm。温度传感器应设置在风流温度的位置，如图 6—31 所示。温度传感器用于自然发火预测时，应以每天平均温度的增量变化为依据。

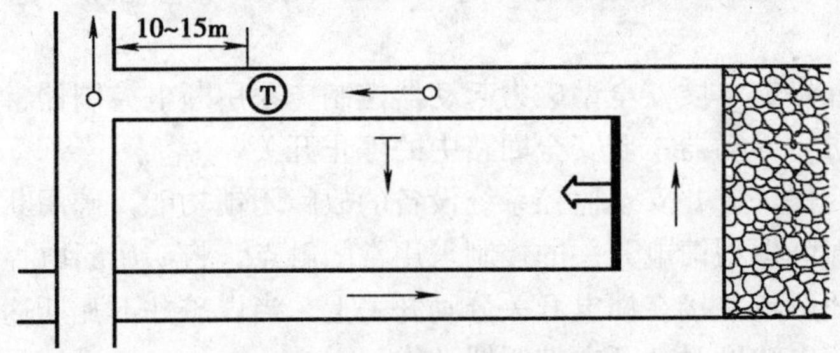

图 6—31　温度传感器的设置

T—温度传感器

4. 开关传感器的设置

装备矿井安全监控系统的矿井，主要通风机、局部通风机必须设置设备开停传感器，主要风门应设置风门开关传感器，被控设备开关的负荷侧必须设置馈电状态传感器。

三、断电控制

在矿井安全生产监控系统中也必须具备风电闭锁和甲烷超限断电闭锁功能。可见，断电闭锁控制之重要性，是不言而喻的。断电控制既要完成甲烷断电和甲烷风电闭锁功能，又要不影响被控低压防爆开关的正常工作，更不允许不经过防爆审查和检验在防爆开关设备中增减元件。

断电控制时通过控制矿用低压防爆开关来实现被控设备的控制的。矿用开关有隔爆型馈电开关、隔爆型磁力起动器和隔爆兼本质安全型磁力起动器。

为了更好地用好各种类型的断电控制设备，我们必须了解和掌握设备的主要技术性能，将监控系统中断电器的断电接点，连接在断电开关实现断电最可靠的部位。

为保证安全监控装置的故障闭锁功能，矿用断电控制器对隔爆型磁力起动器的控制应采用常开触点，将矿用断电控制器的常开触点串接磁力起动器停止按钮开关上。磁力起动器都有断电闭锁，断电控制器控制磁力起动器断开后，不会出现自起动现象。

隔爆兼本质安全型磁力起动器控制应采用断电控制器常开接点与磁力起动器本质安全回路中的停止开关。

为保证矿井安全监控系统设备的故障闭锁功能，矿用断电控制器对隔爆型馈电开关的控制采用常闭触点，将矿用断电控制器的常闭触点并接在馈电开关分励开关上。当煤矿井下瓦斯达到或超过断电浓度时，断电控制器动作。

第六节 案例分析

水、火、顶板、瓦斯与煤尘，在危害煤矿安全生产的五大灾害中，瓦斯最为严重。据统计，死亡3人以上的煤矿事故中瓦斯事故的比例接近70%；死亡10人以上的煤矿事故中瓦斯事故达到90%以上。煤矿瓦斯事故，不仅频繁发生，而且危害极其严重，容易造成群死群伤。对矿井造成严重破坏，给国家和人民生命财产造成巨大损失，在社会上造成极大的负面影响。我国煤矿中，相当一部分矿井是高瓦斯矿井。近年来，虽然随着科技进步和安全管理水平的提高，有些矿区在治理瓦斯方面积累了一些经验，取得了较好效果，但是从整体上讲，对瓦斯还没有得到根本掌握，瓦斯事故依然较为频繁。要杜绝瓦斯爆炸事故，就必须认真贯彻落实“先抽后采，以风定产，监测监控”的瓦斯治理十二字方针。“先抽后采”是瓦斯防治的基础，是从源头上治理瓦斯灾害的治本之策和关键之举。煤矿要加大瓦斯抽放力度，从根本上弱化乃至消除瓦斯威胁，并由此形成正常的预抽衔接，使井下每一高瓦斯区域在采掘前都能充分实现预抽。“以风定产”是防治瓦斯的最基本的生产管理措施，也是防止井下瓦斯积聚的先决条件。煤矿要按实际矿井通风能力组织生产，科学安排采掘衔接计划。“监测监控”是防治瓦斯事故的最后一道关口，务必确保准确、可靠、持续正常运转。煤矿要充分发挥瓦斯监测监控系统的屏障作用。对于井下出现的瓦斯隐患和事故苗头要及时排查和解决，做到超前防范，防患于未然，切实把好瓦斯事故的最后一道关口，为有效控制瓦斯爆炸事故提供装备保障。

案例一：辽宁省阜新矿业（集团）有限责任公司孙家湾煤矿海州立井“2·14”特别重大瓦斯爆炸事故

2005年2月14日15时01分，辽宁省阜新矿业（集团）有限责任公司（以下简称阜矿集团公司）孙家湾煤矿海州立井发生一起特别重大瓦斯爆炸事故，造成214人死亡，30人受伤，直接经济损失4 968.9万元。

事故发生后，党中央、国务院极为重视，胡锦涛总书记、温家宝总理、黄菊副总理和国务委员华建敏同志作出重要批示。国务委员华建敏、国务院副秘书长尤权及有关部委主要领导组成国务院工作组抵达事故现场，指导抢险救灾工作和组织事故调查工作，并看望了事故中的受伤人员、慰问了参加抢险的救护队员。2月22日，国务院又派出以监察部部长李至伦为组长的事故责任处理小组赶赴现场，指导事故调查处理工作。

一、事故单位概况

阜矿集团公司于2002年6月13日组建，注册地为阜新市，属省管国有企业，现有职工44 424人，独立核算单位48个，其中生产矿井8对，核定年生产能力为895万吨，2004年煤炭产量为961万吨。该公司的前身阜新矿务局始建于1949年1月1日。

孙家湾煤矿海州立井位于辽宁省阜新市南10公里，隶属于阜矿集团公司，原为五龙矿东风井，于2000年5月由辽宁省煤炭工业局批准成立海州立井，2001年11月原国家经贸委批准海州煤矿技改立项，该项目于2002年转为国家发展改革委改扩建项目，设计能力为150万吨/年。2003年11月辽宁省煤炭工业局核定海州立井年生产能力为90万吨。2003年4月28日该井与孙家湾矿斜井合并，合并后矿井名称为阜矿集团公司孙家湾煤矿海州立井，年设计能力为150万吨；合并后直至事故发生时，孙家湾煤矿总工程师、安全监察处处长等职位并未精减，实行

“一岗双职”。由于孙家湾煤矿煤炭资源枯竭，2004 年没有核定生产能力。2003 年 5 月 16 日辽宁省煤炭工业局对海州立井核发了煤炭生产许可证，设计能力为 150 万吨/年；2004 年 12 月 29 日国土资源部对海州立井核发了采矿许可证，生产规模为 150 万吨/年，但截至事故发生时，孙家湾煤矿海州立井改扩建工程尚未竣工。2004 年孙家湾煤矿生产原煤 148.8 万吨，其中海州立井生产 95.1 万吨，2005 年海州立井安排原煤年生产计划 145 万吨，1 月份生产原煤 15.5 万吨。

海州立井井田走向 1.8 km，倾斜宽 1.14 km，面积 2.05 km^2，现工业储量 6 656 万吨，可采储量 3 222 万吨。可采煤层 4 组。井田内主体构造为背向斜构造，局部与褶曲相伴生。海州立井采用立井单水平下山开拓方式，水平大巷为－357 m 水平，采煤方法为走向长壁式，回采工艺为综合机械化放顶煤和炮采放顶煤开采。现有 2 个生产采区，即 331 采区和 242 采区，全井共有 2 个采煤工作面和 3 个掘进工作面。

海州立井通风方式为中央并列抽出式，总入风量为 4 705 m^3/min，总回风量为 4 957 m^3/min，孙家湾斜井担负海州立井部分风量。海州立井绝对瓦斯涌出量为 23.01 m^3/min，相对瓦斯涌出量为 13.7 m^3/t，属高瓦斯矿井。井下有移动抽放泵 3 台，瓦斯传感器 26 台，多功能断电仪 15 台，对井下采掘工作面及硐室进行监测监控，矿井瓦斯监控系统型号为 KJ75。

事故发生地点为 3316 准备工作面的架子道。该架子道是 3316 掘进工作面的回风道，平巷 15 m，斜巷 50 m，于 2004 年 9 月 23 日开始施工，2004 年 11 月 4 日与 3316 风道贯通。事故地点为平巷段，设计断面为 10.2 m^2，采用锚杆、锚网锚索联合支护。事故当班为铁法包工队在此作业，有 1 台 40 T 型刮板输送机、1 台 JH—8 型回柱绞车、3 台正在运行的开关和 1 台照明信号综合保护装置。

事故当班下井人员分布及伤亡情况：242 采区入井人员 66

人，受伤2人；3315工作面入井156人，死亡104人，受伤14人；3316工作面入井73人，死亡73人；331采区东部区域入井119人，死亡35人，受伤10人；斜井区域入井59人，无人员伤亡；其他区域入井101人，死亡2人，受伤4人。

二、事故发生及抢救经过

2005年2月14日15时03分，孙家湾煤矿调度室接到海州立井调度室汇报："井下可能出事了！"矿调度立即向矿总工程师曹荣春等领导报告，并按照程序逐级进行了上报。当时判断可能在井下331采区发生了瓦斯爆炸事故。

15时25分，矿调度室向局调度室汇报，请求救护队救援，同时向井下另一个采区即242采区发出紧急撤离人员的通知，并组织各区队做好抢险救灾准备，派人到井下调度室设置警戒，防止撤离人员误入灾区。接到事故报告，阜矿集团公司立即启动了重特大事故应急救援预案。15时50分，阜矿集团公司救护大队接到事故通知后，立即调动5个救护小队赶赴事故矿井，随即又组织3个备班小队相继到达事故矿井。辽宁煤矿安全监察局矿山救援指挥中心共调动省内10个救护小队，先后在灾区救出伤员16名，发现遇难者197人，设置临时风墙4处。截至21日23时55分，事故抢险救护人员在3316回风道冒顶处发现最后一名遇难矿工，抢险救灾工作基本结束，共发现214名遇难矿工。

接到事故报告后，辽宁省委书记李克强当即对抢救工作提出明确要求，辽宁省人民政府省长张文岳、副省长刘国强连夜赶赴现场，组织指导事故抢险救灾和善后工作。经省、市两级党委、政府及阜矿集团公司的努力，整个善后处理工作平稳、有序。

三、事故性质及原因

1. 事故性质

经过对事故原因的调查分析，认定这是一起责任事故。

2. 直接原因

冲击地压造成3316风道外段大量瓦斯异常涌出，3316风道里段掘进工作面局部停风造成瓦斯积聚，瓦斯浓度达到爆炸界限；工人违章带电检修架子道距专用回风上山 8 m 处临时配电点的照明信号综合保护装置，产生电火花引起瓦斯爆炸。

3. 间接原因

(1) 孙家湾煤矿海州立井改扩建工程及矿井生产技术管理混乱。超能力组织生产，造成采掘接替严重失调，331 采区在无采区设计的情况下进行作业，采区没有专用回风巷，采区下山未贯穿整个采区，边生产边延伸；该矿擅自修改设计，增加在 3315 皮带道与 3316 风道之间的联络巷开口掘进 3316 风道，使 3315 综放工作面与 3316 风道掘进面没有形成独立的通风系统，违反《煤矿安全规程》的规定，这是造成灾害扩大的主要原因。

(2) 孙家湾煤矿海州立井“一通三防”、机电管理混乱。外包工队井下特殊工种长期违规无证上岗，违章带电检修电气设备。瓦斯监控系统维护、检修制度不落实，井下瓦斯传感器存在故障，地面瓦斯监控系统声音报警功能出现故障长达 4 个月，没有进行维修，致使事故当天不能发出声音报警。该起事故中产生火源的照明综合保护装置入井前未进行检验，致使假冒 MA 标志的机电设备下井运行。

(3) 孙家湾煤矿海州立井劳动组织管理混乱，缺乏统一、有效的安全管理制度。在 2003 年 7 月 1 日至 2004 年 3 月 31 日期间，该矿在没有审查外包工队有关手续的情况下，两次与外包工队签订了劳务合同。2004 年 4 月 1 日后，该矿在与外包工队没有续签合同的情况下，非法使用外包工队，且以包代管；事故当班入井人数 574 人，井下多工种交叉作业现象严重。

(4) 孙家湾煤矿海州立井安全管理混乱。该矿配备有自救器和便携甲烷监测仪，但基本无人佩带；担任矿生产值班任务的安监科科长擅自离开工作岗位，直至发生事故才回到工作岗位；瓦斯监控值班室值班人员及有关负责人，在瓦斯监控系统报警后长达 11 min 时间内，没有按规定实施停电撤人措施；防治冲击地压部门没有严格执行防治措施中的取屑次数规定，未能做好预测预报工作；孙家湾煤矿安监部门对海州立井管理中存在的重大安全隐患监督检查不力。

(5) 阜矿集团公司及孙家湾煤矿重生产、轻安全，片面追求经济效益，忽视安全生产管理。集团公司在孙家湾煤矿改扩建工程尚未竣工的情况下，2005 年为该矿下达超能力生产计划，在该矿没有采区设计的情况下，对该采区的采煤工作面设计进行了审批，并对有关部门下达的限期整改等指令不及时进行组织落实。集团公司购买的照明信号综合保护装置因进货管理不严，未能发现是假冒伪劣产品。

(6) 辽宁省煤炭工业局未认真落实安全第一、预防为主的安全生产方针，未能正确履行工作职责。对阜矿集团公司的安全生产管理不力，对孙家湾煤矿海州立井改扩建工程疏于管理；对孙家湾煤矿海州立井 2005 年超能力组织生产监管不力；没有认真落实 2003 年 5 月辽宁省政府领导针对辽宁煤矿安全监察局提交的《关于阜新矿业集团公司安全情况的报告》作出的批示；对阜矿集团公司存在重大安全隐患，未有效组织检查整改。

(7) 辽宁煤矿安全监察局辽西分局（原阜新办事处）在监察执法工作中，对孙家湾煤矿的安全监察不到位；对海州立井 331 采区无设计、没有采区专用回风巷、采区未形成完整的通风系统和该矿擅自修改设计增加 3315 皮带道与 3316 风道之间的联络巷、使之未形成独立的通风系统等事故隐患，督促整改不到位。

四、责任认定及处理

本次事故中 29 人受到党纪、政纪处罚，两人移交司法机关处理，两人被建议移交司法机关处理。

五、防范措施和建议

1. 孙家湾煤矿海州立井必须严格按照矿井核定的生产能力组织生产，严格按照《煤矿安全规程》和国家有关规定，加强生产技术和改扩建工程管理，规范采区设计，严格按照作业规程施工，简化巷道布置，避免采掘不合理。

2. 加强“一通三防”和机电管理工作，确保瓦斯监控系统完好运行，做到瓦斯监控系统准确、可靠并在瓦斯超限时能及时有效断电，加强对特殊工种的培训，做到持证上岗；建立健全机电设备的进货、入井检查和检修制度，并按照有关制度执行。

3. 加强劳动组织管理，制定并严格执行好对外包工队的承包、管理制度，严格落实煤矿井下作业的有关规定，控制入井人员数量，杜绝多工种交叉作业。

4. 建立健全各种安全管理制度，并采取有效措施保证制度严格落实，杜绝井下不携带自救器和便携甲烷检测仪等违章现象，加强对各工种人员的安全技术培训，增强职工的安全意识、遵纪守法意识和处理险情的能力，确保煤矿职工生命安全和正常的生产秩序。

5. 认真贯彻落实党的“安全第一、预防为主”的安全生产方针，加大安全投入，严格按照有关规定和程序对煤矿的改扩建矿井进行审查和施工。冲击地压灾害严重区域，要积极同有关科研院校或专家进行合作研究，严格预测预报制度；采取有效措施充实专业技术人员。

6. 辽宁省人民政府及有关部门要认真贯彻落实2005年全国安全生产工作会议精神和《国务院办公厅关于完善煤矿安全监察体制的意见》（国办发［2004］79号），建立健全煤矿安全生产监管体制，加大煤矿安全专项整治工作，加强煤矿安全监督管理。

7. 国家有关部门应牵头组织有关科研单位，对防止带电作业的本质性措施进行研究，并研制相关产品，杜绝类似事故再次发生。

8. 阜矿集团公司安全欠账较多、灾害严重，并被列为全国45户重点监控对象，建议国家有关部门在技改专项资金中给予重点支持，同时辽宁省人民政府也要加大对煤矿的安全和科技投入，积极扶持和引导煤矿加快技术改造，打造本质安全型煤矿，实现煤矿的安全生产。

案例二：河南平顶山煤业（集团）公司十矿瓦斯爆炸事故（1996年）

1996年5月21日18时11分，平顶山煤业（集团）有限责任公司（原平顶山矿务局，以下简称平煤集团公司）十矿己二采区己15—22210回采准备工作面发生特大瓦斯爆炸事故，灾害波及整个己二采区，包括己二采区2个回采工作面、2个备用回采工作面、3个掘进工作面、一个巷道维修头以及皮带机巷、轨道运输巷和机电硐室。事故发生时，该采区有作业人员170人，死亡84人，受伤68人。直接经济损失984.45万元。

1. 矿井概况

十矿始建于1958年8月，1964年2月投产，设计能力120万吨/年，1986年12月完成改扩建，设计能力180万吨/年，1991年核定能力为180万吨/年，1995年实际产量250万吨（含青年矿23万吨），1996年计划产量240万吨（含青年矿25万吨），其中一季度53万吨、二季度54.5万吨。

该矿井田走向长3.8 km，倾斜长5.0 km，井田面积19 km^2。可采煤层丁、戊、己、庚4组共10层，可采储量1.22亿吨。矿井为立井开拓，分一、二水平开采，一水平标高为－140 m，二水平标高为－320 m。目前开采丁、戊、己三组煤，丁组煤为1/3焦煤，戊组煤为肥煤，己组煤为主焦煤。有戊七、己二、北翼中和北翼东四个采区，共6个回采工作面，15个煤巷掘进工作面，3个开拓工作面。矿井通风方式为分区抽出式，有4个回风井，总排风量为17 159 m^3/min，其中戊七采区2 560 m^3/min，己二采区5 100 m^3/min；北翼中采区4 400 m^3/min；北翼东采区5 099 m^3/min。井下采用皮带运输，主井使用9 t箕斗提升。

1991年7月22日，经煤炭科学研究总院重庆分院鉴定，戊

8—9 煤层为突出煤层，十矿为突出矿井；1996 年 2 月 13 日，经重庆分院鉴定，丁 5—6 煤层为突出煤层。瓦斯绝对涌出量为 68.87 m^3/min。矿井采用 KJ4 安全监测系统监测瓦斯。

发生事故的己二采区位于该矿二水平南翼，走向长 1 600 m，倾斜长 2 900 m，采用对角抽出式通风方式，安装 2 台主要通风机（一台运转，一台备用），型号为 2K60－24。总排风量为 5 100 m^3/min，总进风量为 5 012 m^3/min。开采己 15、己 16、己 17 三层煤。采区东部己 15、己 16、己 17 合层总厚度为 5.4 m；采区西部逐渐分开，己 15、己 16、己 17 厚度分别为 2.0 m、1.4 m、1.3 m，平均倾角 8°，瓦斯绝对涌出量为 23.7 m^3/min、相对涌出量为 19.2 $m^3/d \cdot t$；煤尘爆炸指数为 33.03%～41.04%，自然发火期 4 个月，己二采区有 8 个作业地点，其中，4 个回采工作面（己 15—22170 综采工作面，己 15—22140 炮采工作面，己 15—22210 备用综采工作面，己 15—22080 备用炮采工作面），3 个掘进工作面（己 15—22160 机巷，己 15—22160 风巷，己 15—22210 辅助回风巷），一个维修点（己 15—22150 绕道）。

瓦斯爆炸地点己 15—22210 工作面，所采煤层为己 15—16 合层，厚度 2～5.4 m，倾角 0°～12°，直接顶为 8～9 m 厚的砂质泥岩，无伪顶；直接底为砂质泥岩。瓦斯绝对涌出量 5.52 m^3/min；工作面可采储量 22.8 万吨，有效走向长 480 m，倾斜长 146 m，设计采高 2.6 m。5 月 21 日 4 时，开切眼全断面贯通。事故当班进行扩帮作业。

2. 事故发生及抢救经过

5 月 21 日 18 时 15 分，十矿调度室接到己二采区高强皮带机头司机胡东海在皮带机头的电话汇报，己二高强皮带巷出现大量煤尘烟雾；随后，－320 水平调度员杨新华在－320 调度室汇报，在－320 调度室门口出现水泥尘雾，并有反风现象，持续时间不到 5 min。18 时 25 分，十矿调度室通知当天矿值班领导，同时通知矿救护队两个小分队整装待命。18 时 30 分，通知所有在家的副总以上矿领导到调度室。18 时 49 分，综四队任保安在通排车房汇报说，他在通排轨道向上走时，听见一声巨响，接着一股强风把安全帽吹掉。几乎同时，采四队张连久在己二采区高强皮带机头汇报说己 15—22140 采面机巷烟大，采面人员已跑出，在往外跑的路上 3 人晕倒。矿调度室立即命令十矿待命的两个救护分队 27 名队员从北翼人井到己二采区。19 时，十矿总工程师陈锦豪向集团公司总调度室汇报：己二采区可能发生了瓦斯爆炸事故。公司总调度室当即通知了集团公司救护大队、公司副总以上领导及业务处室负责人。

19 时 20 分，在家的公司副总工程师以上领导全部到达十矿。立即成立了以集团公司副总经理兼总工程师聂光国为组长的现场抢救指挥组、以集团公司副总经理常乃全为组长的行政后勤指挥组，制定了抢救方案，投入抢险救灾。

根据井下巷道布置情况，现场抢救指挥组决定，在一水平戊组西大巷和二水平 2——通排下山建立两个井下救护基地，分别负责己 15—22080 机巷以上所有巷道和硐室，己二采区下部至己 15—22080 机巷以下所有巷道和硐室的探险和搜索。命令公司通风处和十矿通风科监测回风井风流中有害气体和温度变化情况，命令救护队进入灾区探险和抢救遇险人员。

19 时 15 分，救护大队直属中队的两个小分队 24 名队员赶到十矿，分别由一、二水平巷道进入灾区，随后，又有 9 个小分队 87 名队员相继赶到十矿，参与抢险救灾。

到 22 日零时 7 分，经救护队抢救和遇险职工自救、互救，有 86 人脱险，发现 46 名遇难职工、尚有 38 人下落不明。

为深入灾区搜索抢救其余的遇险人员，确保抢救过程中不再发生爆炸、冒顶事故，指挥部决定全力处理冒顶，进行排水，恢复毁坏的巷道和通风、瓦斯监测设施，在灾区建立了七个气体监测点，随时掌握井下有害气体变化情况。22 日 24 时，采区通风系统基本恢复正常，运输、洒水灭尘、供电系统部分恢复，开始处理冒顶、排放瓦斯、巷道排水。

经过救护队和抢险救灾人员灾区探险搜索，在灾区先后发现 29 名遇难职工。到 5 月 26 日，已将发现的 75 名遇难职工全部运至井上。由于己 15—22210 工作面机巷、开切眼冒顶严重，目前还有 9 名遇难职工尚未找到。

3. 事故的性质及原因

经过现场调查和技术分析认证，现已查明，十矿“5・21”特大瓦斯爆炸事故是一起重大责任事故。

事故原因如下：

(1) 直接原因。经分析，认为造成这次事故的直接原因是：

由于己 15—22210 工作面的己 15、己 16、己 17 三层煤合层，且受牛庄向斜构造的影响，使煤层瓦斯含量增大，多头扩帮放炮作业又造成瓦斯大量涌出；开切眼贯通后，由于该区域通风设施管理混乱，造成工作面风量严重不足，瓦斯积聚，放炮引起瓦斯爆炸。

(2) 主要原因：

1) 重生产，轻安全。严重超通风能力违章生产。1986 年十矿改扩建投产后，设计能力为 180 万吨/年，1995 年生产原煤 250 万吨；今年五月上、中旬，平煤集团公司组织“一通三防”工作组，对十矿通风瓦斯进行了全面调查分析，认定：矿井生产能力仅有 170 万吨/年，按今年计划的产量，矿井总需风量 20 397 m^3/min，实际供风量仅有 16 757 m^3/min，缺风 3 640 m^3/min，其中己二采区缺风1 213.5 m^3/min，在矿井通风能力严重不足的情况下，今年矿井产量计划 215 万吨，奋斗目标 229 万吨（不含青年矿产量 25 万吨），造成矿井为完成计划而超通风能力生产。而且，在矿井风量不足，瓦斯频繁超限的情况下，不积极采取有效措施，综合治理瓦斯隐患，而是超限违章生产。

安全检查、通风管理人员严重不足。根据有关规定，矿应配瓦斯检查员120人，实际人数不足80人，通风科应配9人，在籍有3人，也没有按规定配备合格的人员，安置了不少老、弱、病人员，使正常的瓦斯检查、通风管理工作不能到位。

不重视瓦斯抽放工作。按照《煤矿安全规程》要求，十矿有四个工作面应进行瓦斯抽放工作。实际上仅20130工作面进行抽放，而且抽放时间短，瓦斯抽出率低，仅有8%，给通风工作造成了很大的困难。

2）违章指挥、违章作业严重。下调瓦斯探头数值，隐瞒瓦斯实际情况。自1995年后半年以来，十矿瓦斯涌出量增加，综采工作面频繁断电而影响生产，为不使瓦斯超限时断电，1995年11月矿安全办公会研究决定，把瓦斯传感器向下调0.2%～0.4%，先后在20130、17111和22170三个工作面进行调整，造成了长期瓦斯超限冒险作业。

为了应付矿务局通风检查，在矿务局检查时，把瓦斯探头调过来，检查后，又调过去。当矿务局检查发现这一问题后，明确向十矿指出，不允许再乱调整，但十矿仍然一意孤行，我行我素。

瓦斯记录、报表弄虚作假。瓦斯检查记录、监测超限记录人员按照矿领导的授意，高值低记，超限少报、不报，弄虚作假，长期隐瞒瓦斯真实情况，不向矿务局汇报。

违章作业。己二采区22210掘进工作面，在瓦斯涌出量较大的情况下，前面掘进作业，后面同时扩帮。严重违反了规定。

3）通风瓦斯管理混乱。巷道贯通、调风工作无人管理。由于通风科人员严重不足，使通风管理工作不到位，己二采区22210工作面贯通后，通风部门无人下井调整风路，造成在无措施、无组织的情况下，机掘队随意调风。

通风设施无人管理。井下主要风门无专人管理，风门经常随意打开、关闭，造成风浪不稳定，作业地点风量忽大忽小，瓦斯浓度时高时低。

风路不畅通，风量增不上。通风巷道断面小，阻力大，巷道严重失修又不及时修复，造成用风地点风量不足，如己二采区22170采面回风平巷，净高最小处只有0.7 m，有的通风断面不足2 m^2。

瓦斯探头管理不严。瓦斯探头多次用炮泥、塑料布、衣服等堵塞，使井下瓦斯情况在监测系统中显示不出来，甚至破坏断电功能，使瓦斯超限面不能断电，造成超限作业。

4）领导干部工作作风浮漂。据矿领导下井记录，作为十矿安全生产第一责任者的一矿之长，1995年下井只有14次，今年4月至5月20日的50天中仅下井1次；作为十矿技术主要负责人的总工程师，1995年下井19次，今年4月至5月20日的50天中仅下井1次；1995年十矿领导干部中仅有3人下井次数达到上级规定。领导长期不下井，不可能了解井下实际情况，更不可能及时研究解决事故隐患。

安全办公会议流于形式，会议没少开，但是安全方面的问题没有认真研究，没有制定正确措施，没有及时消除事故隐患。

5）“一通三防”责任制没有落实。煤炭部三令五申，明确规定矿总工程师是“一通三防”主要技术负责人，主管“一通三防”工作，但是十矿总工程师却不分管通风工作，而是由一名副矿长分管，由于责任制没有得到落实，造成都管、都不管，工作不协调、不落实。

6）技术管理混乱。己二采区布置了2个采煤工作面、2个准备工作面、3个掘进工作面和1个维修点，由于作业地点多，造成通风系统复杂、作业人员密集。采区没有完整的通风上山，靠众多挡风墙、调风墙和风门调节风流风量，使通风系统不可靠，抗灾能力低；在发生灾变时，通风系统受到破坏，大量有害气体进入其他作业地点，扩大了事故伤亡范围。

7）平煤公司对十矿瓦斯问题重视不够，措施不力。十矿每月都向集团公司汇报一次矿井瓦斯情况，由于没有采取果断措施，瓦斯超限作业等问题未能解决；在十矿生产已经超通风能力的情况下，1996 年仍然安排 215 万吨生产计划，必然促使十矿冒险生产。

案例三：某煤矿特大瓦斯煤尘爆炸事故

×年×月×日，某煤矿×采区发生一起特别重大瓦斯煤尘爆炸事故，造成 162 人死亡，37 人受伤（其中重伤 14 人），直接经济损失 1 227.22 万元。

1. 矿井概况

该矿于 20 世纪 60 年代中期建设，井田走向长 8 km，倾斜宽 0.9～1.9 km，面积约 12.65 km^2。矿井可采储量 9 946 万吨，设计年生产能力 90 万吨，服务年限为 79 年。井田采用平调开拓，单水平上、下山开采。水平标高为＋1 800 m，沿走向划分为 8 个采区。

该矿通风方式为抽出式，采用两台 TZK58N928 型轴流式风机，一台运转，一台备用。总排风量为 5 078 m^3/min，负压 1 930 Pa。

该矿为高瓦斯矿井。据矿务局有关文件规定，按突出煤层管理。矿井绝对瓦斯涌出量 29.93 m^3/min，相对涌出量 16.63 m^3/min（1999 年瓦斯鉴定结果）。煤尘爆炸指数为 27%～36%，具有煤尘爆炸危险。煤层自然发火期 8～12 月。

该矿该采区走向长 3 km，倾斜宽 1.4 km。采区内沿 11＃煤层布置皮带、行人和轨道三条下山。皮带下山和行人下山进风，轨道下山回风。该采区开采的 11＃煤层厚 2～3.2 m，平均倾角 9°，有 41112 综采和 41114 高档普采两个工作面生产，41114 综采工作面正在安装；41116 工作面回风巷、运输巷、开切眼，41118 工作面运输巷，采区进风行人下山和皮带运输下山六个掘进工作面在施工。

该矿 70 年代中期投产。事故发生当年 1～8 月实际产量

52.3 万吨。全矿有职工 2 000 人，井下分三班生产。

2. 事故经过

事故发生时，当班井下有 244 人作业。41116 回风巷掘进工作面因更换局扇停电造成瓦斯超限，20 时开始排放瓦斯。20 时 38 分，该矿调度室接到电话汇报 1740 水平车场有股浓烟出来。矿调度立即通知井下作业人员立即撤出，同时向矿领导、矿务局调度汇报，通知救护队进行抢救。23 时 40 分，矿务局有关领导到达该矿，成立了抢险指挥中心，矿务局局长和该矿矿长任总指挥。

事故调查领导小组认为这是一起因矿井生产布局不合理，通风、瓦斯、机电等管理混乱，违章排放瓦斯，现场人员违章拆开矿灯，产生火花引起瓦斯爆炸、煤尘参与爆炸的重大责任事故。

一、事故原因分析

1. 事故直接原因

经现场勘查、取证和综合调查分析认定，这起瓦斯煤尘爆炸事故的直接原因是：41116 回风巷探巷因停电停风造成瓦斯积聚，在排放瓦斯过程中，由于安设在 41114 运输巷的四台局扇同时运转，且 41116 回风巷因积水回风不畅，41114 运输巷局扇以里部分巷道内风流不稳定发生循环风，致使 41114 运输巷第四联络巷附近巷道内的瓦斯浓度达到爆炸界限。现场人员违章拆卸矿灯引起火花，造成瓦斯爆炸，进而导致煤尘参与爆炸。

2. 事故间接原因

(1) 采区生产布局不合理。发生事故的×采区一翼 11＃煤层中就布置了 2 个采煤工作面、1 个综采准备工作面和 6 个掘进工作面，采掘作业过于集中。将 41114 工作面分成两段回采，即在 41114 综采工作面前又布置一个 41114 高档普采工作面，造成通风系统不合理。

(2) 企业轻视安全工作。该矿较长时间以来没有按规定召开“一通三防”安全例会，研究解决矿井“一通三防”方面存在的问题。违反《煤矿安全规程》，超通风能力组织生产。

(3) 作业现场违反《煤矿安全规程》第 146 条等规定，违章排放瓦斯。在排放瓦斯过程中，未在排放瓦斯影响的区域设置警戒，也未采取停电、撤人等措施。矿山救护队员作业时未佩带呼吸器。

(4) 该矿“一通三防”管理混乱。现开采的 11＃煤层具有煤与瓦斯突出危险，在未开采保护层，也未进行瓦斯预抽的情况下，进行采掘作业，违反《煤矿安全规程》第 176 条和《防治煤与瓦斯突出细则》第 2 条的规定；未按规定配备自救器和便携式瓦斯检测仪；在用矿灯数量不足，经常出现过放电使用的情况；局扇更换后不及时调换机电设备管理的牌板，造成误开、停局扇；采掘工作面瓦斯超限和局扇无计划停电停风频繁，事故当月 27 天，有据可查的瓦斯超限达 23 次，无计划停风达 17 次，采掘工作面安装的瓦斯断电仪发生故障 15 次；对防尘工作不重视，掘进工作面遇到断层时，便将防尘水管改成压风管使用。

(5) 矿规章制度不健全，不落实。矿领导值班不认真履行职责；没有定期召开安全办公会；重要的技术措施编写和审批制度不健全，把关不严，针对性不强，如通风行人下山延伸掘进工作面在未编制作业规程的情况下就安排开工掘进。

(6) 企业对职工缺乏必要的培训和教育，职工安全意识淡薄，素质低。该矿一线职工 70％是农民协议工。由于缺乏安全培训，都不具备起码的安全常识，甩掉煤电钻综合保护装置作业、用新鲜风流吹瓦斯监测探头和在井下拆卸矿灯等严重违章现象屡见不鲜。

(7) 矿务局安全管理松弛，监督不力。矿务局对该矿布置 41114 高档普采工作面、不合理过度集中生产等问题，没有及时采取措施予以制止。对矿井风量不足、瓦斯经常超限等重大事故隐患没有引起足够重视和认真对待。有关业务部门监督检查不力。

二、事故责任划分及处理意见

依据事故调查组对有关责任人给予处罚的建议，经请示国务院同意，对22位与事故责任有关人员作出了处理：

1. 该矿通风工区技术员。负责制定排放瓦斯措施和指挥现场瓦斯排放工作，违章排放瓦斯，对事故负有直接责任。鉴于其已在事故中死亡，不再追究责任。

2. 该矿主管通风工作副总工程师。对矿井“一通三防”存在的问题和隐患未组织整改；对41116回风巷排放瓦斯措施未认真审批和组织落实，工作严重失职，对事故负有主要领导责任。给予行政开除处分，移交司法机关依法追究其刑事责任，并建议给予开除党籍处分。

3. 该矿主管机电管理工作副矿长（事故当天值班矿长）。该矿机电设备管理混乱；事故当天没有履行值班矿长职责，未召集有关部门人员对瓦斯排放措施进行认真研究，也没有对停电换风机和瓦斯排放措施认真组织落实，工作严重失职，对事故负有主要领导责任。给予行政开除处分，移交司法机关依法追究其刑事责任，并建议给予开除党籍处分。

4. 该矿矿长。作为全矿安全生产第一责任人，重生产、轻安全，安全生产管理混乱；决定布置和开采41114高档普采工作面，造成采区生产布局和通风系统不合理，导致事故伤亡人数扩大，工作严重失职，对事故负有主要领导责任。给予行政开除处分，移交司法机关依法追究其刑事责任，并建议给予开除党籍处分。

5. 该矿机电工区区长。机电设备管理混乱，工作失职，对事故负有重要领导责任。给予行政降级处分，建议给予党内严重警告处分。

6. 该矿通风工区党支部书记。对职工安全生产教育不力，安全管理和检查不到位，对事故负有重要领导责任。建议给予党内严重警告处分。

7. 该矿通风工区区长。对井下瓦斯经常超限、局部通风设施混乱等严重隐患监督管理不到位，对事故负有重要领导责任。给予行政撤职处分，建议给予留党察看一年处分。

8. 矿务局总工程师。负责全局技术管理及“一通三防”工作。对该煤矿“一通三防”存在的问题和隐患整改不力，对事故负有重要领导责任。给予行政记大过处分，建议给予党内严重警告处分。

9. 矿务局局长。作为全局安全生产第一责任人，对党的安全生产方针和国家安全生产法律法规贯彻不力，安全生产责任制不落实，安全生产管理混乱，对事故负有主要领导责任。给予行政撤职处分，建议给予撤销党内职务处分。

10. 该省煤炭工业局局长。在撤销省煤炭工业厅后，受该省人民政府委托继续管理全省煤矿的安全生产工作。对党和国家有关安全生产方针政策和法律法规贯彻不力；对该矿务局安全生产中存在的问题监督整改不力，对事故负有重要领导责任。给予行政降级处分，建议给予党内严重警告处分。

责成省主管安全生产工作的领导向国务院写出深刻检查。

三、事故预防措施与对策

1. 各级领导一定要牢固树立“安全第一”的思想，正确处理好安全与生产、安全与效益的关系，确保必要的安全投入，提高矿井的抗灾能力。

2. 建立健全并认真落实各项安全管理制度。各级领导干部要切实转变工作作风，深入井下，及时研究解决安全生产中存在的问题，在排放瓦斯、巷道贯通等重要措施的实施过程中矿领导必须现场指挥，确保安全生产。

3. 合理布置采区巷道，使生产系统合理，保证通风系统稳定、可靠。对采区和工作面通风稳定性起重要作用的风门必须设连锁装置，防止风流短路。

4. 进一步提高对瓦斯灾害的认识，严格坚持“瓦斯超限就是事故”的原则。坚持“先抽后采、先抽后掘、以风定产”，加强矿井瓦斯抽放工作。做到合理安排矿井和采区的采掘工程．合理分配矿井风量，坚决防止超通风能力生产。

5. 建立健全矿井安全监控系统，保证监控系统所有功能的正常使用。加强局部通风管理，必须配齐“三专两闭锁”。

6. 加强技术管理，建立健全管理制度，及时研究矿井存在的技术问题。特别是排放瓦斯、风量调整、巷道贯通等必须建立会审制度，并严格落实责任制。

7. 严格现场管理，强化监督机制，把好现场管理的各个环节、堵塞各种漏洞，对“三违”人员要严肃处理。要充分发挥群众安全检查的作用，做到专检与群检相结合，依靠广大职工搞好安全生产。

8. 强化培训和安全教育，有针对性地加大对全体职工的培训和教育力度，切实提高职工的安全意识和技术水平，增强职工的自主保安意识。

瓦斯爆炸事故的教训已经太多，尤其是那“带血的煤炭”已经让我们付不起代价。瓦斯爆炸需具备三个条件：瓦斯、氧气和明火。然而造成煤矿安全事故频发的显然还有更深层次的原因，引爆矿井中瓦斯的，其实是管理者们头脑中的“火源”——追逐经济利益的欲望。近几年，煤炭市场遇到了近年来少有的好形势。煤价一路上扬，原先欲振乏力的煤炭企业，由此焕发了生机，开足马力生产。煤炭生产一度被称为“和采金一样来钱”。在这种情况下，非法矿井偷着生产，合法矿井超能力生产，超风量生产，也就是意料之中的事。剖析煤矿瓦斯爆炸事故的深层次原因，与重生产轻安全、重效益轻安全有着必然联系。由于煤炭行情的看涨，超常规生产和拼产量，拼进度，拼效益已经成为企业的头等大事，尽管安排生产也强调安全第一、安全工作重要，但实际上生产成了第一，进尺成了第一，效益成了第一。特别是当安全与生产发生矛盾时，领导干部自觉不自觉地坚持生产第一，结果安全为生产让了步，事故迟早要发生。事故又一次告戒我们，煤炭企业无论在什么时候和什么情况下，都要坚持安全第一的方针，特别是在煤炭市场火爆的情况下，煤炭企业更要不折不扣地执行安全第一的方针，做到不安全，不生产。

复习思考题

1. 什么是监控系统?

2. 监控系统由哪几部分组成?

3. 监控分站的作用是什么?

4. 监控系统的特点是什么?

5. 矿井监控系统井下设备的安装要求是什么?

6. 为满足矿井安全监控要求，煤矿安全监控系统除应满足矿井监控信息传输要求和矿井监控系统通用要求外，还应满足哪些要求?

7. 甲烷传感器怎样设置?

8. 矿井监控系统的设置是怎样规定的?

9. 一氧化碳和温度传感器的设置是怎样要求的?

10. 安全监控系统的技术资料有哪些?

11. 矿井监控系统不同于一般工业监控系统主要体现在哪些方面?

第七章　避灾自救、创伤急救与职业病预防

第一节　灾害事故发生后的避灾自救与互救

一、概述

在煤矿生产中，一旦发生灾害，要千方百计采取积极有效的措施，救护遇险人员，处理灾害事故，最大限度地减少事故造成的人身伤亡和国家资源、财产的损失。矿井发生灾害事故时，灾区人员正确开展救灾和避灾，能有效地保证灾区人员的自身安全和控制灾情的扩大。特别是在事故初始阶段，事故现场的职工如果能够迅速正确地避灾和积极有效地自救与互救，或对灾害进行处理，这对减轻事故的危害是非常重要的。所谓自救就是当井下发生灾变时，在灾区或受灾变影响区域的每个工作人员进行避灾和保护自己的行为。

为了确保避灾、自救和互救的有效，最大限度地减小损失，每个入井人员都必须熟知以下几个方面内容：

（1）掌握矿井灾害事故的特点和规律，思想上要有“敌情”观念，时刻保持高度警惕。事故发生后要沉着冷静，不要惊慌失措。

（2）熟悉所在矿井的灾害预防和处理计划。

（3）学会识别各种灾害的预兆，学会处理突发事故的方法。

（4）熟悉矿井的井下巷道、避灾路线、安全出口和避灾硐室。

（5）掌握避灾方法，每一下井人员必须随身携带自救器并会使用自救器。

（6）掌握抢救伤员的基本方法及现场急救的操作技术。

大量事实证明，当矿井发生灾害事故后，矿工在万分危急的情况下，依靠自己的智慧和力量，积极、正确地采取救灾、自救、互救措施，是最大限度地减少事故损失的重要环节。

二、灾害事故发生后现场人员的行动准则

1. 及时报告灾情

事故发生后，在场人员首先要了解事故的性质、发生时间、地点、灾情以及有无人员伤亡等，迅速地利用最近处的电话或其他方式向矿调度室汇报，并迅速向事故可能波及的区域发出警报，使其他工作人员尽快知道灾情。在汇报灾情时，要将看到的异常现象（火烟、飞尘等）、听到的异常声响、感觉到的异常冲击如实汇报，不能凭主观想象判定事故性质，以免给领导造成错觉，影响救灾。

2. 迅速采取应急措施

为了防止灾害扩大，要针对不同性质的事故，根据当场可能动员的人力，迅速采取应急措施。如冒顶事故，首先要加强支护，防止继续冒落伤人，然后迅速抢救被埋人员；电气火灾，要首先切断电源，然后扑压明火；瓦斯、煤尘爆炸事故，首先要抢救遇险人员，尽快扑灭明火，防止二次爆炸伤人，然后恢复通风；矿井自然发火事故，在有条件的情况下，可采取直接灭火措施。如果火源位于主要入风大巷或入风井底车场和附近硐室，要尽可能采取使烟流短路措施，保障下部采区作业人员安全撤离。

3. 以最快速度，选择安全、最近的路线撤离灾区

当灾区现场不具备抢救事故的条件，或可能危及人员的安全时，要以最快速度，选择安全、最近的路线撤离灾区。撤退路线一般应根据灾害的类型、灾害发生时人员的位置确定。因事故造成自己所在地点的有毒有害气体浓度增高，可能危及人员生命安

全时，应佩用自救器，或用湿毛巾捂住口鼻等。

如在短时间内无法安全撤离灾区（如通路被冒顶阻塞，在自救器有效工作时间内不能到达安全地点等）时，应迅速进入预先构建的避难硐室或其他安全地点暂时躲避，等待援救，也可利用现场的设施和材料构筑临时避难硐室。如某矿井下配电室发生火灾，53 名遇险人员中有 45 人所处的地点、环境相似，但是在事故发生 18 h 后，只有 18 人还活着，现场勘察和被救人员介绍表明：①凡避难位置较高的均死亡，位置较低的绝大部分人保存了生命。②俯卧在底板上并用湿毛巾堵住嘴的人保住了生命。与此相反，特别是迎着烟雾方向的人均死亡。③事故发生后，恐慌乱跑，大哭大叫的人大部分死亡。

4. 保持稳定的心理状态

保持稳定镇静的心理状态非常重要。要保持头脑清醒，行动沉着，决策果断，对事故的发生和可能导致的恶果作出正确的判断和科学的分析，切忌惊慌失措、大喊大叫、四处乱跑。

要迅速调节好情绪，避免恐慌和悲观造成行为的混乱，不能急躁盲动，冒险乱闯。最好在避难硐室内静卧，避免不必要的体力消耗和空气消耗，借以延长待救时间。要树立获救脱险的坚强信念，工友间要互相鼓励，统一意志，以旺盛的斗志和极大的毅力，克服一切艰难困苦，坚持到安全脱险。

三、井下避难所及其使用

井下避难所一种是预先设置的避难硐室，另一种是在事故发生后，因地制宜构筑的临时避难所。井下避难硐室应符合以下要求：

（1）避难硐室设在采掘工作面附近放炮启动地点，避难硐室距工作面的距离应根据具体条件确定。

（2）避难硐室必须设向外开启的隔离门，室内净高不得小于 2 m，长度和宽度应根据同时避难的最多人数确定，但每人占用面积不得少于 0.5 m^2。

（3）避难硐室内支护良好，并设有与矿调度室的直通电话。

（4）避难硐室内必须设有供给空气的设施，每人供风量不得少于 0.3 m^3/min。如果用压缩空气供风时，应有减压和过滤装置并带有阀门控制的呼吸管嘴。

（5）避难硐室内应根据避难最多人数，配备足够数量的隔离式自救器。

（6）避难硐室在使用时必须用正压通风。

临时避难所是利用独头巷道、硐室或两道风门之间的巷道，由避难人员临时修建的。所以，应在这些地点事先准备好所需的木板、木桩、黏土、沙子或砖等材料，还应有带阀门的压气管。

使用避难所时应注意：进入临时避难所前一定要在避难硐室外留有衣物、矿灯等明显标志，以便救护队寻找；设法堵好硐口，防止有害气体进入；避灾中，要由有经验的人指挥，保持安静，团结互助；坚定信心，避免不必要的体力消耗，以延长待救时间；注意矿灯和食品的节约，计划使用；有规律地敲打管道、铁轨或岩石等发出求救信号，等待救护人员的援救。在有压气的条件下，要打开压气管阀门。

四、自救器及其作用

自救器是一种轻便、体积小、便于携带、戴用迅速、作用时间短的个人呼吸保护装备。当井下发生火灾、爆炸、煤和瓦斯突出等事故时，供人员佩戴，可有效防止中毒或窒息。

国内外大量事故教训表明，不少遇难者当时如果佩戴自救器是完全可以避免死亡的。例如，美国 1950—1973 年事故统计中，由于火灾和瓦斯事故死亡的 728 人中，就有 140 人死于无自救器。我国的很多大事故的死亡人员中死于无自救器或不会正确使用自救器者也占大多数。

自救器分为过滤式和隔离式两类（见表 7—1）。为确保防护性能，必须定期进行性能检验。

1. 过滤式自救器

表 7—1　　自救器种类及防护特征

种类	名称	防护的有害气体	防护特点
过滤式	CO 过滤式自救器	CO	人员呼吸时所需的 O_2，仍是外界空气中的 O_2
隔离式	化学氧自救器	不限	人员呼吸的 O_2 由自救器本身供给，与外界空气成分无关
	压缩氧自救器	不限	

过滤式自救器是利用装有化学氧化剂的滤毒装置将有毒空气氧化成无毒空气供佩戴者呼吸用的呼吸保护器。仅能防护一氧化碳一种气体。适用于灾区内空气中氧浓度不低于 18%和一氧化碳浓度不高于 1.5%的情况。其使用方法如图 7—1 所示。

其使用注意事项主要有以下几点：

(1) 在井下工作，当发现有火灾或瓦斯爆炸现象时，必须立即佩用自救器，撤离现场。

(2) 佩用自救器时，当空气中一氧化碳浓度达到或超过 0.5%，吸气时会有些干、热的感觉，这是自救器有效工作的正常现象。必须佩用到安全地带，方能取下自救器，切不可因干、热感觉而取下。

(3) 佩用自救器撤离时，要求匀速行走，保持呼吸均匀。禁止狂奔和取下鼻夹、口具或通过口具讲话。

(4) 在佩用自救器时，因外壳碰瘪，不能取出过滤罐，则带着外壳也能呼吸。为了减轻牙齿的负荷可以用手托住罐体。

(5) 平时要避免摔落、碰撞自救器，也不许当坐垫用，防止漏气失效。

2. 化学氧自救器

它是利用化学生氧物质产生氧气，供矿工从灾区撤退脱险用的呼吸保护器。用于灾区环境大气中缺氧或存在有毒气体的条件下。

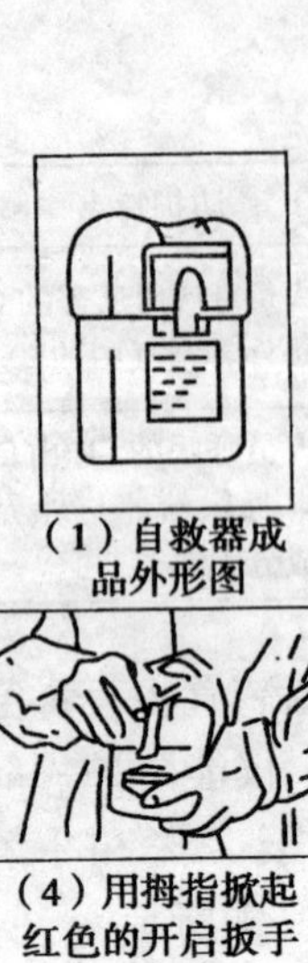

（1）自救器成品外形图

（2）自救器携带位置

（3）取下保护罩

（4）用拇指掀起红色的开启扳手

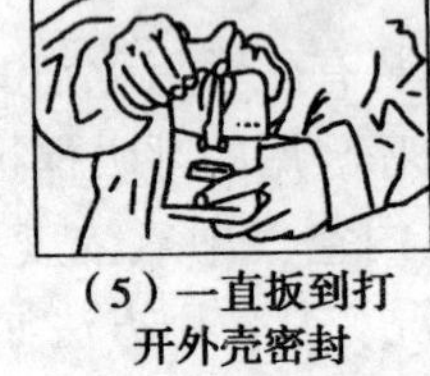

（5）一直扳到打开外壳密封

（6）用拇指和食指握住红色开启扳手，拉开封口带

（7）拔开外壳上盖

（8）握住头带，把药罐从外壳中拉出

（9）从口具上拉开鼻夹

（10）把口具片塞进嘴内，咬住牙垫，唇紧贴住口具，马上开始用口腔呼吸

（11）拉开鼻夹，把它夹在鼻子上

（12）初步佩戴完成，自救器已提供疗效保护

（13）取下矿工帽，把头带套在头顶上

（14）戴上矿工帽，开始撤离危险区

（15）如外壳碰瘪，过滤罐取不出来，可以佩戴着外罐壳的过滤药罐呼吸

图 7—1　AZL—40 型过滤式自救器佩戴操作方法

使用时按以下步骤进行：

（1）佩戴时，将腰带穿入自救器腰带环内，并固定在背部后侧腰间。

（2）使用时，先将自救器沿腰带转到右则腹前，左手托底，右手下拉护罩胶片，使护罩挂钩脱离壳体丢掉。再用右手掰锁口带扳手直至封条断开，丢开锁口带。

（3）左手抓住下外壳，右手将上外壳用力拔下丢掉。

（4）将挎带套在脖子上。

（5）用力提起口具，立即拔掉口具塞并同时将口具放入口中，口具片置于唇齿之间，牙齿紧紧咬住牙垫，紧闭嘴唇。

（6）两手同时抓住两个鼻夹垫的圆柱形把柄，将弹簧拉开，憋住一口气，使鼻夹垫准确地夹住鼻子。

（7）戴好头带。将头带分开，一根戴在头顶，一根戴在后脑上。

（8）戴好安全帽，迅速撤离灾区。

（9）撤离灾区时若感到吸气不足，应放慢脚步，做长呼吸，待气量充足时再快步行走。

3. 压缩氧自救器

它是利用压缩氧气供氧的隔离式呼吸保护器，是一种可反复多次使用的自救器，每次使用后只需要更换新吸收二氧化碳的氢氧化钙吸收剂和重新充装氧气即可重复使用。用于有毒气体或缺氧的环境条件下。

（1）使用方法：

1）携带时挎在肩膀上。

2）使用时，先打开外壳封口带扳把。

3）再打开上盖，然后左手抓住氧气瓶，右手用力向上提上盖，此时氧气瓶开关即自动打开，随后将主机从下壳中拖出。

4）摘下帽子，挎上挎带。

5）拔开口具塞，将口具放入嘴内，牙齿咬住牙垫。

6）将鼻夹夹在鼻子上，开始呼吸。

7）在呼吸的同时，按动补给按钮，大约 1～2 s，气囊充满后立即停止（使用过程中发现气囊空，供气不足时，按上述方法操作）。

8）挂上腰钩。

（2）注意事项：

1）高压氧气瓶储装有 20 MPa 的氧气，携带过程中要防止撞击磕碰，或当坐垫使用。

2）携带过程中严禁开启扳把。

3）佩用撤离时，严禁摘掉口具、鼻夹或通过口具讲话。

4．自救器的选用原则

对于流动性较大，可能会遇到各种灾害威胁的人员（如测风员、瓦斯检查员）应选用隔离式自救器。就地点而言，在煤与瓦斯突出矿井或突出区域的采掘工作面和瓦斯矿井的掘进工作面，应选用隔离式自救器（因这些地点发生事故后，往往是空气中 O_2 浓度过低或 CO 浓度过高）。其他情况下，一般可选用过滤式自救器。

五、各类灾害事故时避灾自救与互救措施

1．瓦斯、煤尘爆炸时的自救、互救

瓦斯、煤尘爆炸会产生巨大声响及高温、有毒的气体和炽热的火焰冲击波，并在一刹那间造成严重的人员伤亡和矿井毁坏。其避灾自救时的要点如下：

（1）当灾害发生时，一定要镇静清醒，不要惊慌失措、乱喊乱跑，应立即背朝声响和气浪传来的方向，脸朝下卧倒，头部要尽量低，双手置于身体下面，闭上眼睛，用衣服等物尽量将身体的裸露部分盖严，有水沟的地方最好躲在水沟边上或坚固的障碍物后面。

（2）在爆炸的瞬间，要屏住呼吸，用湿毛巾捂住口鼻，防止吸入有毒的高温气体，避免中毒和灼伤气管、内脏。

（3）迅速取下自救器，按照使用方法戴好，高温气浪及冲击波过后，应立即辨别方向，以最快的速度进入新鲜风流区，并按照避灾路线，尽快逃离灾区。

（4）已无法逃离灾区时，应设法进入避难硐室，或在顶板坚固、支护完整、无有害气体，有水源或距水源较近的地方构筑临时避难所暂避，等待救援。

2. 煤与瓦斯突出时的自救与互救

（1）发现突出预兆后现场人员的避灾措施：

1）矿工在采煤工作面发现有突出预兆时，要以最快的速度通知人员迅速向进风侧撤离。撤离中快速打开隔离式自救器并佩用好，迎着新鲜风流继续外撤。如果距离新鲜风流太远时，应首先到避难所、或利用压风自救系统进行自救。

2）掘进工作面发现煤和瓦斯突出的预兆时，必须向外迅速撤至防突反向风门之外，把防突风门关好，然后继续外撤。如自救器发生故障或佩用自救器不能安全到达新鲜风流时，应在撤出途中到避难所或利用压风自救系统进行自救，等待救护队援救。

（2）发生突出事故后现场人员的避灾措施。井下发生煤与瓦斯突出事故时，开展自救、互救的注意事项：

1）佩戴隔离式自救器保护自己。在有煤与瓦斯突出危险地区工作时，要把自己的隔离式自救器随身携带，一旦发生煤与瓦斯突出事故，立即打开外壳佩戴好，迅速外撤。

2）在撤退途中，如果退路被堵，或自救器有效时间不够，可到矿井专门设置的井下避难所或压风自救装置处暂避，进入可避难地点。可寻找有压缩空气管或铁风管的巷道、硐室躲避。这时要把管子的螺丝接头卸开，形成正压通风，延长避难时间，并设法与外界取得联系。

3）在新鲜风流区域的矿工要组织起来，听从统一指挥，积极参加救护工作。但首先要通过电话或其他通信方式向领导或调度室报告事故发生的时间、地点、遇险人数及其他情况，阻止没有佩戴自救器的人员进入灾区。

3. 井下发生火灾时的自救、互救

在井下不论任何人发现烟气或明火等火灾灾情，应立即向现场领导人汇报，并迅速通知附近工作的人员。现场人员要立即组织起来，在尽可能判明事故性质、地点及灾害程度、蔓延方向等情况的同时，迅速向矿调度室报告，请求救护队的援救，并立即投入抢救。

抢救时，应及时切断灾区的电源，并迅速通知或协助撤出受火灾影响区域内的人员。如果火势不大，应根据现场条件，立即组织力量将火直接扑灭。如果火灾范围大或火势猛，则应在撤出灾区人员，保证自身安全的前提下，采取稳定风流，控制火势发展，防止人员中毒和预防瓦斯、煤尘爆炸的措施，并随时保持和地面指挥部的联系，根据指挥部的命令行事。

如果现场人员无力抢救，同时人身安全有受到威胁的可能，或是其他地区发生火灾，接到撤退命令时，就要立即安全撤退。撤退时，不可惊慌失措，盲目行动。首先戴好自救器有组织地向火灾燃烧的相反方向撤退。最好利用平行巷道，迎着新鲜风流绕过火区，进入安全地点。

在有烟雾的巷道里撤退时，应当注意：

（1）在有烟雾的巷道里停留避难或是建立避灾场所的可能性不大，所以，应当采取果断措施迅速脱离现场，撤到有新鲜风流的巷道。

（2）必须及时佩戴好自救器，若自救器失效，应在口鼻处捂湿毛巾。

（3）位于火源进风侧人员，应迎着新鲜风流撤退。如果位于火源回风侧的人员距火源较近，附近有脱险的通道，而且又有脱险的把握时，可以逆烟撤退，迅速穿过火区撤到火源进风侧。如果位于火源回风侧的人员距火源较远，在烟气没有到达之前，可顺着风流尽快从回风出口撤到新鲜风流中去。如果在撤退途中遇到烟气有中毒危险时，应迅速戴好自救器尽快通过捷径绕到新鲜风流中去。

（4）撤退途中，如果有平行并列巷道或交叉巷道时，应靠有平行并列巷道或交叉巷口的一侧撤退，并随时注意这些出口的位置。在烟雾大、视线不清楚的情况下，要摸着巷道壁前进，以免错过联通出口。

在烟雾不严重的情况下，应尽量躬身弯腰，低头快速前进，如烟雾大、视线不清或温度高时，则应尽量贴着巷道底板和巷道壁，摸着铁道或管道等快速爬行撤退。

（5）在高温浓烟的巷道撤退时，还应注意利用巷道积水浸湿毛巾、衣物，或采用向身上淋水等方法进行降温，或是利用随身衣物遮挡头部，以防高温烟气的刺激。

（6）如果在自救器有效作用时间内不能安全撤退时，应寻找有压风管路的地点，用压风呼吸。

（7）无论逆风或顺风撤退，都无法躲避着火巷道或火灾烟气的危害时，应迅速进入避难硐室，或构筑临时避难所，等待救援。

（8）无论在多么危险紧急的情况下，都不要惊慌，不要狂奔乱跑。那样很容易疲劳，降低抵抗能力、分析能力、行动能力，过度的紧张和恐惧还会造成精神及行动失常。

[案例 1] 某矿井下绞车房因绞车控制器短路引起火灾。当时因现场无人，火势发展很快。起火不久，有通风区和救护队 4 名工人途经该处发现火情，凶猛的火势和烟雾已弥漫了整个绞车房，浓烟正向采区进风巷蔓延，直接威胁着整个采区数百名工人的生命安全。这 4 个人立即采取果断措施，切断了绞车房的电源，就地利用现场沙子和黄土拼力灭火，同时迅速向矿调度室汇报。救护队很快下井来到现场，迅速将大火扑灭，避免了一场恶性事故的发生。

[案例 2] 某矿胶带巷发生电气火灾，当时在附近的一个采

煤工奔向火区，结果不幸在火源附近遇难。

4. 发生冒顶事故时的自救、互救

一旦发生冒顶事故，现场人员应立即采取措施进行自救或互救。现场营救时要注意：

（1）当冒落的煤、矸埋压住人时，不可惊慌，要在有经验的干部或老工人指挥下，严密监视冒落的顶板及两帮情况，先由外向里进行临时支护，打通安全退路，防止顶板继续冒落伤人，再组织人力迅速抢救被埋在煤、矸下面的遇险者。

（2）抢救时要仔细分析遇险者的位置和被压情况，尽量不要破坏冒落矸石的堆积状态，小心谨慎地把遇险者身上的煤、矸搬开，救出伤员。若矸石太大，应多人用撬杠、千斤顶等工具从四周将大矸石块抬起来，用木柱撑牢，再将伤员救出；千万不要盲目用镐刨、锤打、掀滚、拉扯等方法，以免加重遇险者的伤势。

（3）救出伤员后及时采取止血、包扎、骨折固定等救护措施，发生休克时要及时予以抢救，并迅速送往医院急救。

（4）若垮面、冒顶将人员堵在独头巷道内，被堵人员要沉着、冷静，不要惊慌混乱。要找安全地点坐下，根据现场情况进行自救。

（5）若冒顶面积较大，处理时间较长，被堵人员要静卧休息，减少氧气消耗。有压风管路时，可打开阀门，放气供人呼吸。要注意节约使用矿灯、食物和水。若冒落的煤和矸石量不太大，有可能扒通出口时，应由老工人监视顶板，其他人员采取轮流攉扒的办法进行自救，并间断性敲打金属物，发出求救信号。

在独头巷道迎头发生冒顶时，被堵人员应采取以下避灾自救措施。

1）遇险人员要正视已发生的灾害，切忌惊慌失措，应迅速组织起来，主动听从灾区中班组长和有经验老工人的指挥。团结协作，尽量减少体力和隔堵区的氧气消耗，有计划地使用饮水、食物和矿灯等。做好较长时间避灾的准备。

2）如人员被困地点有电话，应立即用电话汇报灾情、遇险人数和计划采取的避灾自救措施；否则，应采用敲击钢轨、管道和岩石等方法，发出有规律的呼救信号，并每隔一定时间敲击一次。不间断地发出信号，以便营救人员了解灾情，组织力量进行抢救。

3）维护加固冒落地点和人员躲避处的支架，并经常派人检查，以防止冒顶进一步扩大，保障被堵人员避灾时的安全。

4）如人员被困地点有压风管，应打开压风管给被困人员输送新鲜空气，并稀释被隔堵空间的瓦斯浓度。但要注意保暖。

5. 井下透水时的自救、互救

发现透水预兆，要立即向调度室汇报，若是情况紧急，透水即将发生，必须立即发出警报，迅速采取果断措施，防止透水发生，并及时撤出所有受水害威胁的人员。水害发生后，要以最快方式通知附近地区的工作人员一起撤退并注意：

（1）撤退要服从命令，不可慌乱，要注意往高处走，并沿预定的避灾路线出井。

（2）位于透水点下方的工作人员，撤离时遇到水势很猛和很高的水头时，要尽力屏住呼吸，用手拽住管路等物，防止呛水和溺水，奋勇闯过水头，借助管路、巷道壁及其他物体，迅速撤往安全地点。

（3）当外出道路已被水阻隔，无法撤出时，应选择地势最高、离井筒或大巷最近地点，或上山独头巷道暂时躲避。被堵在上山独头巷道内的人员，要有长时间被堵的思想准备，要节约使用矿灯和食品，有规律地敲打铁管、铁轨发出求救信号。同时，要发扬团结互助的精神，共同克服困难；要忍饥静卧，降低消耗，饮水延命，等待援救脱险，坚信上级会全力营救，是能够安全脱险的。

（4）若透水来自老空、老窑积水，因同时会有大量有毒气体涌出，撤离时要迅速戴好自救器，或用湿毛巾掩住口鼻，以防中毒或窒息。

(5) 撤离途中经过水门时，最后一个人撤出后要立即紧紧关住水闸门。水泵司机在没有接到救灾指挥部撤离命令前，绝对不准离开工作岗位。

[案例 3] 某矿井下掘进时透老空积水，涌出 3 700 m^3 积水和大量的硫化氢气体，使井下多名矿工遇险。事故发生后，从斜井井口向外喷出黄绿色的气体（事后测定硫化氢浓度高达 0.1%）。矿上急于救人，在无任何防护措施的情况下，盲目行动，冒险入井，结果行进不到 20 m，便有 17 名职工发生严重中毒，其中 4 人死亡。

第二节　事故创伤的现场急救

一、创伤急救的意义、主要内容和原则

1. 煤矿井下现场急救的概念

创伤急救，或者说创伤现场急救，是在事故创伤发生的现场实施的，以紧急挽救伤员生命或防止伤情恶化或发展（二次损伤）为目的的院前抢救措施的总称。

2. 创伤现场急救的意义

煤矿创伤大体分为机械性、非机械性和爆炸性三大类，以机械性外伤为最多。致伤方式有冒顶、片帮、机械撞击或切、割、绞以及放炮、爆炸、触电、溺水、中毒及窒息等，以冒顶和爆炸最为严重。

在煤矿生产过程中，当发生人身损伤事故时，应首先抢救伤员。对于机械创伤、触电、气体中毒、溺水等的伤员，采取及时的现场急救措施，对挽救伤员的生命或避免伤情恶化具有十分重要的意义，为进一步送医院治疗康复赢得宝贵的时间。如：冒顶埋人，现场及时救人，清除口、鼻中异物并进行人工呼吸，伤员

即可立即得救；为血管破裂出血伤员及时止血，可防止休克，使生命得到挽救；脊柱损伤的伤员若能得到正确的搬运，可防止继发损伤，避免致残截瘫；对心跳、呼吸停止的伤员立即进行心肺复苏，对挽救生命是非常重要的。

据统计，严重创伤引起休克的伤员中，有 2/3 在 25 min 内死亡。而这 2/3 的伤员若能在 25 min 内经有效急救处理，可以挽救 50%的人的生命。实际上，对于已引起心跳骤停的伤员来说，可以挽救生命的时间只有 4～6 min。

大量事实表明：2 min 以内进行抢救的成功率可达 70%；4 min以内进行抢救的成功率可达 43%；6 min 以内进行抢救的成功率为 10%；10 min 以后进行抢救的成功率更小。延误抢救时机，即使经过抢救伤员有了心跳与呼吸。却没有意识，成为“植物人”，或更多的伤员因为失去抢救机会而死亡。若完全依赖医务人员抢救，可能会耽误许多宝贵的时间，或使伤员失去生存的希望。因此，只有让每个人都懂得现场急救的知识，在现场直接实施抢救措施，才能最大限度地争取时间挽救伤员的生命。由此可见，事故创伤的现场急救具有十分重要的意义。

3. 创伤现场急救的主要内容

创伤现场急救的方法主要有通畅呼吸道、人工呼吸、心脏复苏、止血、包扎、骨折临时固定和伤员搬运、抗休克等内容。

4. 创伤现场急救的原则

矿井中发生火灾、爆炸、水灾、冒顶等事故后，可能出现中毒、窒息、烧伤、大出血、骨折等伤员。救护队到来之前，在场人员应对这些伤员进行及时、合适的急救，并必须遵守“三先三后”的原则：

(1) 对窒息（呼吸道完全堵塞）或心跳呼吸刚停止不久的伤员，必须先复苏（即通畅呼吸道、人工呼吸、胸外心脏按压）后搬运。

(2) 对出血的伤员，先止血后搬运。

（3）对骨折的伤员，先固定后搬运。

二、伤情的判断与分类

在井下事故中，一旦出现大批伤员，一般是先救重伤员，后救轻伤员，下面简单介绍一下如何判断伤员的伤情。

首先检查心跳、呼吸和瞳孔三大体征，并观察伤员的神志情况。正常人心跳每分钟 60～100 次，严重创伤、大出血时，心跳多增快。正常人呼吸每分钟 16～18 次，垂危伤员呼吸多变快、变浅或不规则。正常人两侧瞳孔等大等圆，遇到光线能迅速收缩变小，医学上称之为对光反应存在。严重颅脑伤的伤员，两侧瞳孔可不等大，对光反应迟钝或消失。正常人神志清楚，对外来刺激有反应，伤势严重的伤员神志模糊或昏迷，对外来刺激没有反应。通过以上简单地检查就可以对伤情的轻重作出初步的判断。

根据伤情的轻重大致可将伤员分为 3 类：

1. 危重伤员。外伤性窒息、心脏骤停、深度昏迷、严重休克、大出血等类伤员须立即抢救，并在严密观察或抢救下，迅速送到医院。

2. 重伤员。骨折及脱位、严重挤压伤、大面积软组织挫伤、内脏损伤等，这类伤员多需手术治疗。对需要做手术的应迅速送医院，对暂缓手术的应注意预防休克。

3. 轻伤员。软组织擦伤、裂伤、一般挫伤等，可在井口保健站进行处理，不必送医院。

如遇到一个伤员有多处外伤或复合伤时，应先使伤员的呼吸道通畅、止住大出血和防止休克，其次处理骨折，最后处理一般伤口。

三、心肺复苏

1. 心肺复苏的操作步骤

（1）判断有无意识。轻轻摇动被抢救者的肩部，高声喊叫其姓名，或问“喂！你怎么啦?”若无反应，立即用手指掐人中或合谷穴约 5 s。

（2）呼救。一旦确定被抢救者昏迷，立即呼喊周围人前来协助抢救。煤矿井下不同于地面，若呼救无人，应抓紧抢救，不能因喊人延误抢救时机。

（3）摆正体位。被抢救者的正确体位是仰卧位，头、颈、躯干应平直无扭曲。如果被抢救者面部朝下，呈俯卧或侧卧位，应小心转动，使全身各部分呈整体慢慢转动。特别要注意保护颈部，可一手托住颈部，一手扶着肩部，平稳地将其转动为仰卧位。接着解开上衣、皮带。

（4）疏通呼吸道。应首先清除呼吸道异物，然后采用仰头抬颌（或抬颈）法，使下颌和咽喉间被拉紧，舌根被连带上提，打开呼吸道。

（5）判断呼吸是否存在。在畅通呼吸道后，用耳贴近被抢救者的口鼻，头部侧向被抢救者的胸部，眼观其胸部有无起伏，面部感觉有无气体排出，耳听呼吸道有无气流通过的声音。若无呼吸，立即进行人工呼吸（见图 7—4）。

（6）判断有无脉搏。颈动脉靠近心脏，易于反映心脏情况，同时颈部暴露，便于迅速触摸。方法是：用食指及中指尖先触及被救者的喉结，然后向旁边滑移 2～3 cm。在气管旁软组织处轻轻触摸颈动脉是否搏动，切忌用力过大。以免颈动脉受压，妨碍头部供血。若摸不到脉搏，可断定被救者心跳已停止，应立即施行胸外心脏按压术。

2. 心脏复苏

心脏停止跳动有两种情况：一种是先发生呼吸衰竭，抢救无效又导致心跳停止；另一种是一开始就出现心跳停止，如中毒、触电等情况下。心脏复苏操作主要有心前区叩击术和胸外心脏按压术两种方法。

（1）心前区叩击术。在心脏停搏后 1～2 min 内，心脏的应激性是增强的，叩击心前区，往往可使心脏复跳。

叩击位置：从左侧乳头到胸正中之间的部位都可以。操作方法：用手握拳，举到距离胸壁上方约一尺左右的高处，连续叩击3～5次，如图7—2所示。并观察脉搏、心音，若恢复则表示复苏成功，反之，应立即放弃，改行胸外心脏按压术。

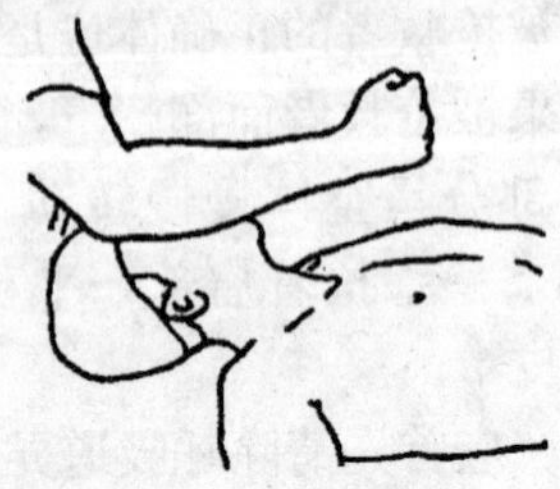

图7—2　心前区叩击

（2）胸外心脏按压术。此法适用于各种原因造成的心跳骤停者。在胸外心脏按压前，应先作心前区叩击术，如果叩击无效，应及时正确地进行胸外心脏按压。其操作方法是：首先将伤员仰卧木板上或地上，解开其上衣和腰带，脱掉鞋。救护者位于伤员一侧，手掌面与前臂垂直，一手掌面压在另一手掌面上，使双手重叠，掌根置于伤员胸骨中下1/3交界处（其下方为心脏），如图7—3所示，以双肘和臂肩之力有节奏地、冲击式地向脊柱方向用力按压，使胸骨压下3～4 cm（有胸骨下陷的感觉即可）；按压后，迅速抬手使胸骨复位，以利于心脏的舒张。按压次数，以每分钟60～80次为宜。

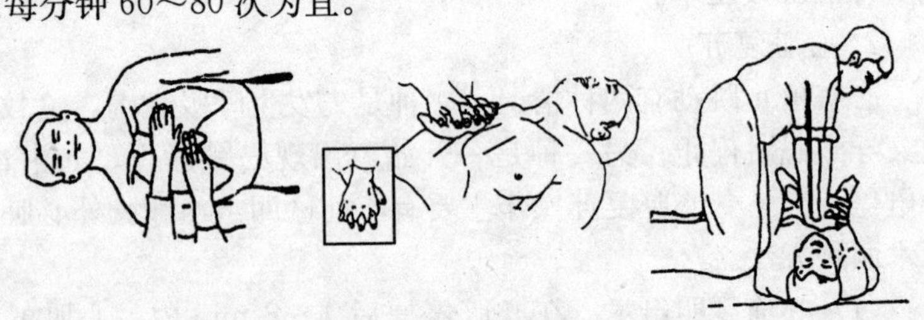

图7—3　胸外心脏按压

使用此法时的注意事项是：

1）按压的力量应因人而异。对身强力壮的伤员，按压力量可大些；对年老体弱的伤员，力量宜小些。按压的力量要稳健有力，均匀规则，重力应放在手掌根部，着力仅在胸骨处，切勿在心尖部按压，同时注意用力不能过猛，否则可致肋骨骨折、心包积血或引起气胸等。

2）胸外心脏按压与口对口吹气应同时施行，一般每按压心脏 30 次，作口对口吹气 2 次。按压与吹气以 30∶2 比率进行 5 个周期的循环后触摸颈动脉约 5 s 判断抢救效果。

3）按压显效时，可摸到颈总动脉、股动脉搏动，散大的瞳孔开始缩小，口唇、皮肤转为红润。

3. 人工呼吸

人工呼吸适用于触电休克、溺水，有害气体中毒、窒息或外伤窒息等引起的呼吸停止、假死状态者。如果呼吸停止不久大都能通过人工呼吸抢救过来。

在施行人工呼吸前，先要将伤员运送到安全、通风良好的地点，将伤员领口解开，放松腰带，注意保持体温。腰背部要垫上软的衣服等。应先清除口中脏物，把舌头拉出或压住，防止堵住喉咙，妨碍呼吸。各种有效的人工呼吸都必须在呼吸道畅通的前提下进行。常用的方法有口对口吹气法、仰卧压胸法和俯卧压背法 3 种，如图 7—4 至图 7—6 所示。

图 7—4　口对口吹气人工呼吸法

（1）口对口吹气法。口对口吹气法是效果最好、操作最简单的一种人工呼吸方法。操作前使伤员仰卧，救护者在其头的一

图 7—5　仰卧压胸人工呼吸法

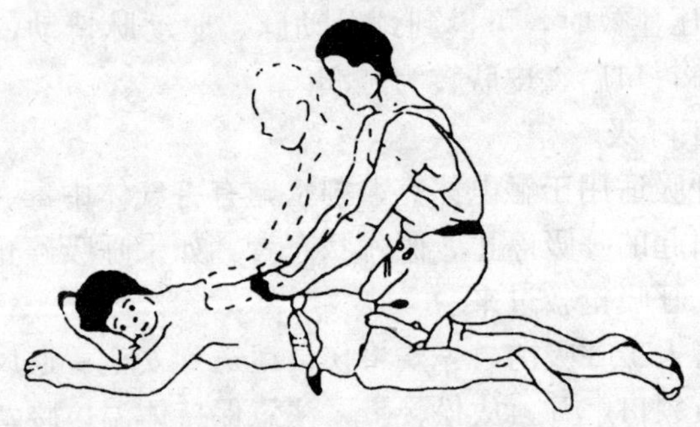

图 7—6　俯卧压背人工呼吸法

侧，一手托起伤员下颌，并尽量使其头部后仰，另一手将其鼻孔捏住，以免吹气时，从鼻孔漏气；自己深吸一口气，紧对伤员的口将气吹入，使伤员吸气，如图 7—4 所示。然后，松开捏鼻的手，并用一手压其胸部以帮助伤员呼气。如此有节律地、均匀地反复进行，每分钟应吹气 14～16 次。注意吹气时切勿过猛、过短，也不宜过长，以占一次呼吸周期的 1/3 为宜。

（2）仰卧压胸法。让伤员仰卧，救护者跪跨在伤员大腿两侧，两手拇指向内，其余四指向外伸开，平放在其胸部两侧乳头之下，借半身重力压伤员胸部，挤出伤员肺内空气；然后，救护者身体后仰，除去压力，伤员胸部依其弹性自然扩张，使空气吸入肺内。如此有节律地进行，要求每分钟压胸 16～20 次，如图

7—5 所示。

此法不适用于胸部外伤或 SO_2、NO_2 中毒者，也不能与胸外心脏按压法同时进行。

（3）俯卧压背法。此法与仰卧压胸法操作法大致相同，只是伤员俯卧，救护者跪跨在伤员大腿两侧，如图 7—6 所示。因为这种方法便于排出肺内水分，因而对溺水急救较为适合。

四、止血

1. 概述

血液是红色黏稠的液体，在血管中流动。我国成年男子的全身血液总量占体重的 8%，女子血液总量占体重的 7.5%。血量一般用容积表示，1 000 mL 相当于 1 kg，一个 60 kg 重的男子血液总量为 4 800 mL 左右。创伤会使血管破裂出血，特别是较大的动脉血管损伤，会引起大出血，在伤员失血量达全身血液总量的 20%以上时，生命活动就有困难，出现面色苍白、出冷汗、口渴、四肢发凉、脉快、血压下降、烦躁不安等；伤员失血量达全身血液总量的 30%以上时，就有死亡的危险，急性出血一次达到 800～1 000 mL 时，就会有生命危险。除上述症状外，可出现表情淡漠、意识模糊、紫绀、呼吸困难等，一般情况会迅速恶化，如果抢救不及时或处理不当，就会使伤员出血过多而死亡。因此，要迅速、正确、有效地止血。

2. 出血的种类与判断

心血管系统包括心脏、动脉、静脉和毛细血管。心脏是循环系统的中心枢纽，血液在心肌节律收缩的推动下，带着氧气和营养物质，先后经过大动脉、小动脉和毛细血管到达组织。血液到达各器官组织的毛细血管时，其中一部分液体成分就从毛细血管的动脉端渗入组织间隙，成为组织液，组织液与细胞内液进行交换。此后，一部分组织液通过毛细血管的静脉端进入毛细血管，再由静脉引导血液回流入心脏。如此周而复始，形成血液循环。

通常把各种出血归纳为三类：

(1) 动脉出血。血色鲜红，血流急，可随心脏的跳动从伤口向外喷射。

(2) 静脉出血。血色暗红，徐缓地从伤口流出。

(3) 毛细血管出血。血色鲜红，呈水珠样从创面渗出，常找不到明显出血点，可自行凝结。

在估计伤员失血过多的时侯，应先判断是外出血还是内出血，是大血管破裂还是中、小血管破裂，以便采取相应的止血措施。

外出血使人一见可知，不易忽视，然而在紧急情况下，背部伤口出血或被衣服遮盖，外边看不到血迹常被忽视，应引起急救者的注意，尤其是内出血更要引起注意。当伤员出现面色苍白、出冷汗、口渴、脉快而弱、血压低四肢发凉、呼吸浅快、意识模糊等情况，而身体表面无血迹时，要考虑到伤员有内出血的可能性。

3. 止血法

止血方法很多，常用暂时性的止血方法有以下几种。

(1) 指压止血法。即在伤口附近靠近心脏一端的动脉处，用拇指压住出血的血管，以阻断血流。此法是用于头面部及四肢动脉大出血的暂时性止血措施；在指压止血的同时，应立即寻找材料，准备换用其他止血方法。

(2) 加垫屈肢止血法。当前臂和小腿动脉出血不能制止时，如果没有骨折和关节脱位，这时可采用加垫屈肢止血法止血，如图 7—7 所示。

在肘窝处或膝窝处放入叠好的毛巾或布卷，然后屈肘关节或屈膝关节，再用绷带或宽布条等将前臂与上臂或小腿与大腿固定。

(3) 止血带止血法。当上肢或下肢大出血时，在井下可就地取材，使用胶管或止血带等，压迫出血伤口的近心端进行止血，如图 7—8 所示。

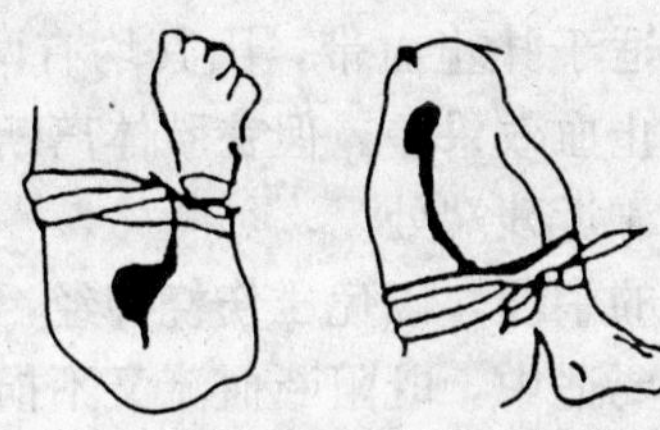

图 7—7　加垫屈肢止血

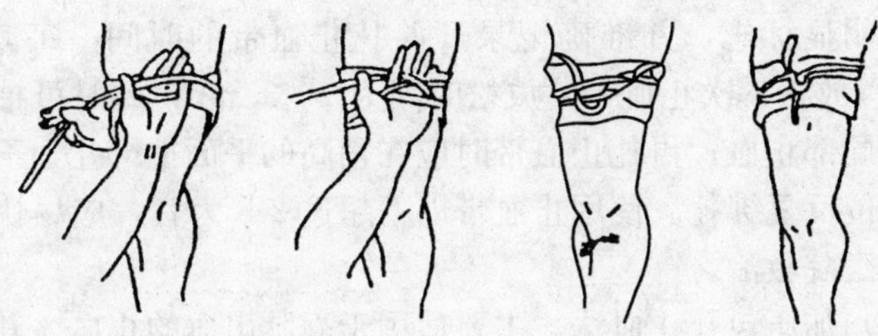

图 7—8　止血带止血

1）止血带的使用方法：

①在伤口近心端上方先加垫。

②急救者左手拿止血带，上端留 5 寸（17 cm），紧贴加垫处。

③右手拿止血带长端，拉紧环绕伤肢伤口近心端上方两周，然后将止血带交左手中、食指夹紧。

④左手中、食指夹止血带，顺着肢体下拉成环。

⑤将上端一头插入环中拉紧固定。

⑥在上肢应扎在上臂的上 1/3 处，在下肢应扎在大腿的中下 1/3 处。

2）止血带使用注意事项：

①扎止血带前，应先将伤肢抬高，防止肢体远端因淤血而增加失血量。

②扎止血带时要有衬垫，不能直接扎在皮肤上，以免损伤皮下神经。

③前臂和小腿不适于扎止血带，因其均有两根平行的骨干，骨间可通血流，所以止血效果差。但在肢体离断后的残端可使用止血带，要尽量扎在靠近残端处。

④禁止扎在上臂的中段，以免压伤桡神经，引起腕下垂。

⑤止血带的压力要适中，既阻断血流又不损伤周围组织。

⑥止血带止血持续时间一般不超过 1 h，太长可导致肢体坏死，太短会使出血、休克进一步恶化。因此使用止血带的伤员必须配有明显标志，并准确记录开始扎止血带的时间，每 0.5～1 h 缓慢放松一次止血带，放松时间为 1～3 min，此时可抬高伤肢压迫局部止血；再扎止血带时应在稍高的平面上绑扎，不可在同一部位反复绑扎。使用止血带以不超过 2 h 为宜，应尽快将伤员送到医院救治。

（4）加压包扎止血法。主要适用于静脉出血的止血。其方法是：将干净的纱布、毛巾或布料等盖在伤口处，然后用绷带或布条适当加压包扎，即可止血。压力的松紧度以能达到止血而不影响伤肢血液循环为宜。

五、创伤包扎

包扎的目的：保护伤口和创面，减少感染，减轻痛苦，加压包扎还有止血作用；用夹板固定骨折的肢体时需要包扎，以减少继发损伤，也便于将伤员送至医院。

现场进行创伤包扎可就地取材，如用毛巾、手帕、衣服撕成的布条等。包扎的方法如下：

1. 布条包扎法

（1）环形包扎法。该法适用于头部、颈部、腕部及胸部、腹部等处。将布条作环行重叠缠绕肢体数圈后即成。

（2）螺旋包扎法。该法用于前臂、下肢和手指等部位的包扎。先用环形法固定起始端，把布条渐渐地斜旋上缠或下缠，每圈压前圈的一半或 1/3，呈螺旋形，尾部在原位上缠 2 圈后予以固定。

(3) 螺旋反折包扎法。该法多用于粗细不等的四肢包扎。开始先做螺旋形包扎，待到渐粗的地方，以一手拇指按住布条上面，另一手将布条自该点反折向下，并遮盖前圈的 1/2 或 1/3。各圈反折须排列整齐，反折头不宜在伤口和骨头突出部分。

(4)“8”字包扎法。该法多用于关节处的包扎。先在关节中部环形包扎两圈，然后以关节为中心，从中心向两边缠，一圈向上，一圈向下，两圈在关节屈侧交叉，并压住前圈的 1/2。

2. 毛巾包扎法

(1) 头顶部包扎法。毛巾横盖于头顶部，包住前额，两角拉向头后打结，两后角拉向下颌打结。或者是毛巾横盖于头顶部，包住前额，两前角拉向头后打结，然后两后角向前折叠，左右交叉绕到前额打结。如毛巾太短可接带子。

(2) 面部包扎法。将毛巾横置，盖住面部，向后拉紧毛巾的两端，在耳后将两端的上、下角交叉后分别打结，眼、鼻、嘴处剪洞。

(3) 下颌包扎法。将毛巾纵向折叠成四指宽的条状，在一端扎一小带，毛巾中间部分包住下颌，两端上提，小带经头顶部在另一侧耳前与毛巾交叉，然后小带绕前额及枕部与毛巾另一端打结。

(4) 肩部包扎法。单肩包扎时，毛巾斜折放在伤侧肩部，腰边穿带子在上臂固定，叠角向上折，一角盖住肩的前部，从胸前拉向对侧腋下，另一角向上包住肩部，从后背拉向对侧腋下打结。

(5) 胸部包扎法。全胸包扎时，毛巾对折，腰边中间穿带子，由胸部围绕到背后打结固定。胸前的两片毛巾折成三角形，分别将角上提至肩部，包住双侧胸，两角各加带过肩到背后与横带相遇打结。

背部包扎与胸部包扎法相同。

(6) 腹部包扎法。将毛巾斜对折，中间穿小带，小带的两部拉向后方，在腰部打结，使毛巾盖住腹部。将上、下两片毛巾的前角各扎一小带，分别绕过大腿根部与毛巾的后角在大腿外侧打结。

臂部包扎与腹部包扎法相同。

3. 包扎注意事项

(1) 包扎时，应做到动作迅速敏捷，不可触碰伤口，以免引起出血、疼痛和感染。

(2) 不能用井下的污水冲洗伤口。伤口表面的异物（如煤块、矸石等）应去除，但深部异物需运至医院取出，防止重复感染。

(3) 包扎动作要轻柔、松紧度要适宜，不可过松或过紧，结头不要打在伤口上，应使伤员体位舒适，绷扎部位应维持在功能位置。

(4) 脱出的内脏不可纳回伤口，以免造成体腔内感染。

(5) 包扎范围应超出伤口边缘 5～10 cm。

六、骨折临时固定

骨折固定可减轻伤员的疼痛，防止因骨折端移位而刺伤邻近组织、血管、神经，也是防止创伤休克的有效急救措施。

1. 操作要点

(1) 在进行骨折固定时，应使用夹板、绷带、三角巾、棉垫等物品。手边没有上述物品时，可就地取材，如板皮、树枝、木板、木棍、硬纸板、塑料板、衣物、毛巾等均可代替。必要时也可将受伤肢体固定于伤员健侧肢体上，如伤指可与邻指固定在一起，下肢骨折可与健侧绑在一起。若骨折断端错位，救护时暂不要复位，即使断端已穿破皮肤露出外面，也不可进行复位，而应按受伤原状包扎固定。

(2) 骨折固定应包括上、下两个关节，在肩、肘、腕、股、膝、踝等关节处应垫棉花或衣物，以免压破关节处皮肤，固定应以伤肢不能活动为度，不可过松或过紧。

(3) 搬运时要做到轻、快、稳。

2. 固定方法

(1) 上臂骨折。于患侧腋窝内垫以棉垫或毛巾，在上臂外侧安放垫衬好的夹板或其他代用物，绑扎后，使肘关节屈曲 90°，将患肢捆于胸前，再用毛巾或布条将其悬吊于胸前。

(2) 前臂及手部骨折。用衬好的两块夹板或代用物，分别置放在患侧前臂及手的掌侧及背侧，以布带绑好，再以毛巾或布条将臂吊于胸前。

(3) 大腿骨折。用长木板放在患肢及躯干外侧，髋关节、大腿中段、膝关节、小腿中段、踝关节同时固定。

(4) 小腿骨折。用长、宽合适的木夹板两块，自大腿上段至踝关节分别在内外两侧捆绑固定。

(5) 骨盆骨折。用衣物将骨盆部包扎住，并将伤员两下肢互相捆绑在一起，膝、踝间加以软垫，曲髋、曲膝。要多人将伤员仰卧平托在木板担架上。有骨盆骨折者，应注意检查有无内脏损伤及内出血。

(6) 锁骨骨折。以绷带作"∞"形固定，固定时双臂应向后伸。

七、伤员搬运

井下条件复杂，道路不畅，转运伤员要尽量做到轻、稳、快。没有经过初步固定、止血、包扎和抢救的伤员，一般不应转运。搬运时应做到不增加伤员的痛苦，避免造成新的损伤及合并症。搬运时应注意以下事项：

(1) 呼吸、心跳骤停及休克昏迷的伤员应先及时复苏后再搬运。在没有懂得复苏技术的人员时，可为争取抢救的时间而迅速向外搬运，去迎接救护人员进行及时抢救。

(2) 对昏迷或有窒息症状的伤员，要把肩部稍垫高，使头部后仰，面部偏向一侧或采用侧卧位和偏卧位，以防胃内呕吐物或舌头后坠堵塞气管而造成窒息，注意随时都要确保呼吸道的通畅。

(3) 一般伤员可用担架、木板、风筒、刮板输送机槽、绳网等运送，但脊柱损伤和骨盆骨折的伤员应用硬板担架运送。

(4) 对一般伤员均应先行止血、固定、包扎等初步救护后，再进行转运。

(5) 一般外伤的伤员，可平卧在担架上，伤肢抬高；胸部外伤的伤员可取半坐位；有开放性气胸者，需封闭包扎后，才可转运。腹腔部内脏损伤的伤员，可平卧，用宽布带将腹腔部捆在担架上，以减轻痛苦及出血。骨盆骨折的伤员可仰卧在硬板担架上，曲髋、曲膝，膝下垫软枕或衣物，用布带将骨盆捆在担架上。

(6) 搬运胸、腰椎损伤的伤员时，先把硬板担架放在伤员旁边，由专人照顾患处，另有两三人在保持其脊柱伸直位的同时用力轻轻将伤员推滚到担架上。推动时用力大小、快慢要保持一致，要保证伤员脊柱不弯曲。伤员在硬板担架上取仰卧位，受伤部位垫上薄垫或衣物，使脊柱呈过伸位，严禁坐位或肩背式搬运。

(7) 对脊柱损伤的伤员，要严禁让其坐起、站立和行走。也不能用一人抬头、一人抱腿或人背的方法搬运，因为当脊柱损伤后，再弯曲活动时，有可能损伤脊髓而造成伤员截瘫甚至突然死亡，所以在搬运时要十分小心。

在搬运颈椎损伤的伤员时，要专有一人抱着伤员的头部，轻轻地向水平方向牵引，并且固定在中立位，不使颈椎弯曲，严禁左右转动。搬运者多人双手分别托住颈肩部、胸腰部、臀部及两下肢，同时用力移上担架，取仰卧位。担架应用硬木板，肩下应垫软枕或衣物，使颈椎呈伸展样（颈下不可垫衣物），头部两侧用衣物固定，防止颈部扭转，且忌抬头。若伤员的头和颈已处于曲歪位置，则需按其自然固有姿势固定，不可勉强纠正，以避免损伤脊髓而造成高位截瘫，甚至突然死亡。

(8) 转运时应让伤员的头部在后面，随行的救护人员要时刻注意伤员的面色、呼吸、脉搏，必要时要及时抢救。随时注意观察伤口是否继续出血、固定是否牢靠，出现问题要及时处理。在上下山时，应尽量保持担架平衡，防止伤员从担架上翻滚下来。

（9）运送到井上，应向接管医生详细介绍受伤情况及检查、抢救经过。

八、不同事故创伤的现场急救方法

1. 有害气体中毒与窒息的急救

（1）迅速将伤员抬离中毒环境，转移到通风良好的地方，取平卧位。

（2）尽快清除中毒者口、鼻内妨碍呼吸的黏液、血块等，使伤员仰头抬颌，解除舌根下坠，以通畅呼吸道。

（3）解开伤员的衣扣、裤带，同时注意保暖。

（4）呼吸微弱或已停止，应立即做人工呼吸。

（5）有条件时应给中毒者吸氧，即使呼吸正常也要吸氧，在没得到氧之前，必须做人工呼吸。

（6）心脏停止跳动者，立即施行胸外心脏按压术进行复苏。

（7）呼吸恢复正常后。用担架将中毒者送往医院治疗，注意不要让伤员自己行走。

2. 对外伤人员的急救

（1）对烧伤人员的急救。矿工烧伤的急救要点可概括为灭、查、防、包、送 5 个字。

灭：扑灭伤员身上的火，使伤员尽快脱离热源，缩短烧伤时间。

查：检查伤员呼吸、心跳情况，是否有其他外伤或有害气体中毒；对爆炸冲击烧伤伤员，应特别注意有无颅脑或内脏损伤和呼吸道烧伤。

防：要防止休克、窒息、创面污染。伤员因疼痛和恐惧发生休克或发生急性喉头梗阻而窒息时，可进行人工呼吸等急救。为了减少创面的污染和损伤，在现场检查和搬运伤员时，伤员的衣服可以不脱、不剪开。

包：用较干净的衣服把伤面包裹起来，防止感染。在现场，除化学烧伤可用大量流动的清水持续冲洗外，对创面一般不作处理，尽量不弄破水泡以保护表皮。

送：把严重伤员迅速送往医院。搬运伤员时，动作要轻柔，行进要平稳，并随时观察伤情。

（2）对出血人员的急救。对这类伤员，首先要争分夺秒，准确有效地止血，然后再进行其他急救处理。止血的方法随出血种类的不同而不同。

对毛细血管和静脉出血，一般用干净布条包扎伤口即可，大的静脉出血可用加压包扎法止血，对于动脉出血应采用指压止血法或加压包扎止血法及止血带止血法。

对于因内伤而咯血的伤员，首先使其取半躺半坐的姿势，以利于呼吸和预防窒息，然后，劝慰伤员平稳呼吸，不要惊慌，以免血压升高，呼吸加快，使出血量增多。最后等待医生下井急救或护送出井就医。

（3）对骨折人员的急救。对骨折者，首先用毛巾或衣服作衬垫，然后就地取用木棍、木板、竹笆片等材料做成临时夹板，将受伤的肢体固定后，抬送医院。对受挤压的肢体、不得按摩、热敷或绑电缆皮，以免加重伤情。

3. 对溺水者的急救

溺水是人体全身淹没在水中，呼吸道被异物堵塞或由于喉头痉挛引起的窒息和死亡的伤害。煤矿井下发生透水事故时，由于水势急、冲力大，躲避不及就会被水冲走，遭致水淹。

溺水者被救出水后，呼吸、心跳都已停止，处于临床死亡状态者称溺死。如呼吸停止而心跳尚未停止称近乎溺死。溺水的急救措施如下。

（1）救出伤员。把溺水者从水中救出后，应立即送到较温暖、空气流通的地方进行抢救。松开腰带，脱掉湿衣服，盖上干衣服，不使其受凉。从现场至安全地点搬运时，应采取俯卧位，头低脚高位。

（2）检查。以最快的速度检查溺水者的口、鼻，因井下透水中泥沙含量多，应迅速清除口、鼻中的泥沙与污物，擦洗干净，以保持呼吸道通畅。并检查有无其他合并伤。

（3）控水。呼吸道有水阻塞者可先行控水，但要尽量缩短控水时间，以免耽误抢救时机，控水时尤其要注意防止胃中液体吸入肺中。控水的方法如下：

1）使溺水者取俯卧位，救护者骑跨于伤员大腿两侧，用双手抱住伤员腹部向上提，使水流出。

2）急救者一腿跪地，将溺水者的腹部放在急救者的另一腿的大腿上使头朝下，并压其背部，使水流出。

3）将溺水者扛于急救者的肩上，急救者上、下耸肩或快步奔走使水流出。

（4）人工呼吸。溺水者的呼吸已停止，心跳未停，立即做人工呼吸。

（5）胸外心脏按压。呼吸、心跳已停或呼吸已停、心跳微弱，立即进行心脏胸外按压，同时进行口对口人工呼吸。

4. 触电的急救

触电的急救要点：

（1）立即切断与带电物体的接触：

1）以最快速度切断电源。

2）无法切断电源时，应设法使带电体直接接地。

3）以上两项做不到时，立即用干木棒等绝缘物体将人与带电体分开。

（2）人工呼吸。若呼吸停止，应立即进行人工呼吸，口对口吹气法为好。

（3）胸外心脏按压。发现伤员心跳停止或心音微弱，立即进行胸外心脏按压，同时进行口对口人工呼吸。

（4）伤口处理。局部电击伤的伤口应早期清创处理，创面宜暴露，不宜包扎，以防组织腐烂、感染。

第三节　职业病预防

一、职业安全健康法律法规概述

目前我国有毒有害企业超过 1 600 万家，受到职业病危害的人数超过 2 亿，职业病防治形势十分严峻，职业病的防治水平和快速发展的经济水平极不适应，职业病已经成为重大的公共卫生和社会问题。为加强职业病防治，保护劳动者在劳动过程中的安全和健康，我国制定了各种相关的法律法规。早在建国前夕通过的《中国人民政治协商会议共同纲领》中就规定："保护青工、女工的特殊利益。实行工矿检查制度以及改进工矿的安全卫生设备"。1982 年《宪法》第 42 条规定，要"加强劳动保护，改善劳动条件"。1987 年全国劳动安全监察工作会议重申职业安全健康工作的方针为："安全第一，预防为主"。1992 年 11 月，七届全国人大常委会第二十八次会议通过了《中华人民共和国矿山安全法》，这是我国第一部有关职业安全健康的法律，该法自 1993 年 5 月 1 日起正式施行。1994 年 7 月 5 日第八届全国人大常委会第八次会议通过的《中华人民共和国劳动法》第六章为"劳动安全卫生"，以劳动基本法的形式对劳动安全卫生提出了基本要求。2001 年 10 月 27 日第九届全国人民代表大会常务委员会第二十四次会议通过，于 2002 年 5 月 1 日起施行的《职业病防治法》，加强了对职业病的防治。

我国的职业安全健康法表现形式按其立法主体、法律效力不同，可分为宪法、职业安全健康法律、职业安全健康行政法规、地方性职业安全健康法、职业安全健康规章。经我国批准生效的有关职业安全健康方面的国际劳工公约也是职业安全健康法的一种形式。

二、《职业病防治法》的有关法律规定

为了预防、控制和消除职业病危害，防治职业病，保护劳动者健康及其相关权益，促进经济发展，根据宪法国家制定了《中华人民共和国职业病防治法》。本法由中华人民共和国第九届全国人民代表大会常务委员会第二十四次会议于 2001 年 10 月 27 日通过并予公布，自 2002 年 5 月 1 日起施行。《职业病防治法》分总则、前期预防、劳动过程中的防护与管理、职业病诊断与职业病病人保障、监督检查、法律责任、附则七章共七十九条。

《职业病防治法》中规定：职业病防治工作坚持预防为主、防治结合的方针，实行分类管理、综合治理；劳动者依法享有职业健康保护的权利；用人单位应当建立、健全职业病防治责任制，加强对职业病防治的管理，提高职业病防治水平，对本单位产生的职业病危害承担责任；职业病危害预评价报告应当对建设项目可能产生的职业病危害因素及其对工作场所和劳动者健康的影响作出评价，确定危害类别和职业病防护措施；建设项目的职业病防护设施所需费用应当纳入建设项目工程预算，并与主体工程同时设计、同时施工、同时投入使用；用人单位必须采用有效的职业病防护设施，并为劳动者提供个人使用的职业病防护用品；发生或者可能发生急性职业病危害事故时，用人单位应当立即采取应急救援和控制措施，并及时报告所在地健康行政部门和有关部门；职业病病人依法享受国家规定的职业病待遇；用人单位应当按照国家有关规定，安排职业病病人进行治疗、康复和定期检查；用人单位对不适宜继续从事原工作的职业病病人，应当调离原岗位，并妥善安置；用人单位对从事接触职业病危害的作业的劳动者，应当给予适当岗位津贴；用人单位违反本法规定，造成重大职业病危害事故或者其他严重后果，构成犯罪的，对直接负责的主管人员和其他直接责任人员，依法追究刑事责任。

三、《煤矿安全规程》的有关规定

1. 煤矿作业场所空气中粉尘浓度的要求

《煤矿安全规程》对作业场所空气中粉尘浓度的要求见表7—2。

表 7—2　　煤矿作业场所空气中粉尘浓度的要求

粉尘中游离 SiO_2 含量（%）	最高允许浓度（mg/m^3）	
	总粉尘	呼吸性粉尘
＜10	10	3.5
10～50	2	1
50～80	2	0.5
≥80	2	0.3

2. 对生产性粉尘进行监测的规定

（1）总粉尘：

1）作业场所的粉尘浓度，井下每月测定两次，地面及露天煤矿每月测定一次。

2）粉尘分散度，每 6 个月测定一次。

（2）呼吸性粉尘：

1）工班个体呼吸性粉尘监测，采、掘（剥）工作面每 3 个月测定一次，其他工作面或作业场所每 6 个月测定一次。每个采样工种分两个班次连续采样，一个班次内至少采集两个有效样品，先后采集的有效样品不得少于 4 个。

2）定点呼吸性粉尘监测每月测定一次。

（3）粉尘中游离 SiO_2 含量，每 6 个月测定一次，在变更工作面时也必须测定一次；各接尘作业场所每次测定的有效样品数不得少于 3 个。

（4）开采深度大于 200 m 的露天煤矿，在气压较低的季节应适当增加测定次数。

3. 对作业场所噪声的规定

作业场所的噪声，不应超过 85 dB（A）。大于 85 dB（A）时，需配备个人防护用品；大于或等于 90 dB（A）时，还应采取降低作业场所噪声的措施。

4. 对生产性毒物、有害物理因素等进行监测的规定

（1）三硝基甲苯（生产车间）作业点，每月测定一次。

（2）铅、苯、汞及其他有毒物质，每 3 个月测定一次，已达到职业卫生标准的可 6 个月测定一次。

（3）噪声、放射线及其他物理因素每年至少测定 1 次。

监测结果必须建档，并报有关单位。

5. 健康监护

（1）职业性健康检查的要求。煤矿企业必须按国家有关法律、法规的规定，对新入矿工人进行职业健康检查，并建立健康档案；对接尘工人的职业健康检查必须拍胸片。

煤矿企业应按照国家法律、法规和卫生行政主管部门的规定定期对接触粉尘、毒物及有害物理因素等的作业人员进行职业健康检查。对检查出的职业病患者，煤矿企业必须按国家规定及时给予治疗、疗养和调离有害作业岗位，并做好健康监护及职业病报告工作。

查体时间间隔必须符合下列要求：

1）对在岗接触粉尘作业工人，岩石掘进工种每 2～3 年拍片检查一次；混合工种每 3～4 年拍片检查一次；纯采煤工种每4～5 年拍片检查一次。

2）对离岗工人必须进行离岗的职业性健康检查。

3）对接触毒物、放射线的人员每年检查一次。

职业性健康检查、职业病诊断、职业病治疗应由取得相应资格的职业卫生机构承担。

对Ⅰ期尘肺患者每年复查一次；疑似尘肺患者（O+）：岩石掘进工种每年拍片复查一次；混合工种每两年拍片复查一次、纯采煤工种每 3 年拍片复查一次。

（2）有下列病症之一的，不得从事接尘作业：

1）活动性肺结核病及肺外结核病。

2）严重的上呼吸道或支气管疾病。

3）显著影响肺功能的肺脏或胸膜病变。

4）心、血管器质性疾病。

5）经医疗鉴定，不适于从事粉尘作业的其他疾病。

（3）有下列病症之一的，不得从事井下工作：

1）不得从事接尘作业的。

2）风湿病（反复活动）。

3）严重的皮肤病。

4）经医疗鉴定，不适于从事井下工作的其他疾病。

另外，癫痫病和精神分裂症患者严禁从事煤矿生产工作；患有高血压、心脏病、深度近视等病症以及其他不适应高空（2 m以上）作业者，不得从事高空作业。

粉尘、毒物及有害物理因素超过国家职业卫生标准的作业场所，除采取防治措施外，作业人员必须佩戴防尘或防毒等个体劳动防护用品。

四、职业病概述

1. 职业病的概念

职业病是指企、事业单位和个体经济组织的劳动者在职业活动中，因接触粉尘、放射性物质和其他有毒、有害物质等因素而引起的疾病。

2. 职业病的特点

一般认为，职业病应具备以下3个条件：

（1）该疾病应与工作场所的职业性有害因素密切相关。

（2）所接触的有害因素剂量（浓度或强度）足以导致疾病的发生。

（3）必须区别职业性与非职业性病因所起的作用，前者的可能性必须大于后者。

3. 法定职业病

国家规定的纳入职业病范围的职业病（职业病目录）分 10 类共 115 种。

（1）尘肺 12 种：矽肺、煤工尘肺、石墨尘肺、炭黑尘肺、石棉肺、滑石尘肺、水泥尘肺、云母尘肺、陶工尘肺、铝尘肺、电焊工尘肺、铸工尘肺及根据 GBZ 70—2002《尘肺病诊断标准》和 GBZ 25—2002《尘肺病理诊断标准》可以诊断的其他尘肺。

（2）职业性放射疾病 11 种：外照射急性放射病、外照射亚急性放射病、外照射慢性放射病、内照射放射病、放射性皮肤疾病、放射性肿瘤、放射性骨损伤、放射性甲状腺疾病、放射性性腺疾病、放射复合伤，根据 GBZ 112—2002《职业性放射性疾病诊断标准》可以诊断的其他放射性损伤。

（3）职业中毒 56 种：铅及其化合物中毒、汞及其化合物中毒、铀中毒、砷化氢中毒、氯气中毒、二氧化硫中毒、光气中毒、氨中毒、一氧化碳中毒、二硫化碳中毒、硫化氢中毒、苯中毒、甲苯中毒、汽油中毒、甲醇中毒、甲醛中毒、有机磷农药中毒、杀虫脒中毒、拟除虫菊脂类农药中毒等。

（4）物理因素所致职业病 5 种：中暑、减压病、高原病、航空病、手臂振动病。

（5）生物因素所致职业病 3 种：炭疽、森林脑炎、布氏杆菌病。

（6）职业性皮肤病 8 种：接触性皮炎、光敏性皮炎、电光性皮炎、黑变病、痤疮、溃疡、化学性皮肤灼伤及根据 GBZ 18—2002《职业性皮肤病诊断标准》可以诊断的其他职业性皮肤病。

（7）职业性眼病 3 种：化学性眼部灼伤、电光性眼炎、职业性白内障。

（8）职业性耳鼻喉口腔疾病 3 种：噪声聋、铬鼻病、牙酸蚀病。

（9）职业性肿瘤 8 种：石棉所致肺癌及间皮瘤、联苯胺所致膀胱癌、苯所致白血病、氯甲醚所致肺癌、砷所致肺癌及皮肤癌等。

（10）其他职业病5种：金属烟热、职业性哮喘、职业性变态反应肺泡炎、棉尘病、煤矿井下工人滑囊炎。

4. 职业病危害因素

（1）粉尘类（矽尘、煤尘等）。

（2）放射性物质类（电离辐射）。

（3）化学物质类（铅、汞及其他有毒化学品）。

（4）物理因素类（高温、高或低气压、局部振动等）。

（5）生物因素类（炭疽杆菌、布氏杆菌等）。

（6）导致职业性皮肤病的危害因素（硫酸、沥青等）。

（7）导致职业性眼病的危害因素（氮氧化物、紫外线、激光等）。

（8）导致职业性耳鼻喉口腔疾病的危害因素（噪声、铬及其氧化物、氟化氢等）。

（9）职业性肿瘤的职业危害因素（苯、砷、石棉等）。

（10）其他职业病危害因素（氧化锌、二异氰酸甲苯酯、棉尘等）。

五、煤矿常见职业病及危害

1. 煤矿常见职业病

我国煤矿职业病主要是尘肺病，此外职业中毒、噪声性耳聋、滑囊炎等也是我国煤矿工人的多发病。

（1）尘肺病。尘肺是指由于吸入生产性粉尘而引起的以肺组织纤维化为主的疾病。患者的肺部发生进行性、弥漫性纤维组织增生，逐渐影响呼吸功能及其他系统功能，是一种较严重的职业病。按照粉尘的性质，尘肺可被分为5类：由二氧化硅粉尘引起的叫硅肺；由结合状态的二氧化硅粉尘引起的叫硅酸盐肺，如石棉肺、云母尘肺、水泥尘肺等；由煤炭、炭黑、石墨等粉尘引起的叫炭尘肺，如煤肺、炭黑尘肺、石墨尘肺等；其他粉尘所引起的叫混合性尘肺，如煤硅肺；由铝及其他粉尘引起的叫其他尘肺，如铝尘肺、电焊工尘肺等。煤炭系统常见的尘肺有硅肺、煤肺和煤硅肺。掘进工种易患硅肺；采煤工种多患煤肺，煤仓、煤厂、烧煤锅炉、码头煤房装卸等接触煤的工种也可发生煤肺。由于煤矿职工工种不固定，调动频繁，既可接触岩石粉尘，又可接触煤尘，这类工人可发生煤硅肺。

（2）振动病及局部振动病。局部振动病因指长期接触强烈的生产性振动所引起的一种疾病。局部振动是指以手接触振动工具的方式为主，振动通过振动工具向操作者的手和手臂传播，直至全身。接触振动的作业很多，如采矿、掘进、造型捣固、铆接、凿岩、锻压、铣床等。振动病主要是由于局部肢体（主要是手）长期接触强烈振动而引起的。长期受低频、大振幅的振动时，由于振动加速度的作用，可使植物神经功能紊乱，引起皮肤分析器与外周血液循环机能改变，久而久之可出现一系列病理改变。早期可出现肢端感觉异常、振动感觉减退，主要症状为手麻、手疼、手胀、手凉、手掌多汗（多在夜间发生），其次症状为手僵、手颤、手无力（多在工作中发生），手指遇冷即出现缺血发白，严重时血管痉挛明显。

（3）噪声性耳聋。噪声性耳聋是由于长期处于强噪声环境中而引起的一种缓慢进行的耳聋。噪声是由许多不同强度和不同频率的声音杂乱组合而成的。从人体生理学上讲，一切使人厌烦、起干扰作用的声音通称噪声。生产过程中的一切声音成为生产性噪声，包括机械噪声，如电钻、风钻、水压机、冲床等，流体动力噪声，如通风机、鼓风机、空压机等，电磁性噪声，如电动机、变压器。长期在上述强噪声的环境中工作，就可发生听觉系统的损害，形成耳聋，并可有对人体其他系统的损害。

（4）中暑。中暑是指由于高温环境引起的人体体温调节中枢的功能障碍、汗腺功能失调和水电解质丢失过量所导致的疾病。

（5）煤矿井下工人滑囊炎。该病是由于长期、持续、反复、集中和力量稍大的摩擦和压迫而引起的疾病。煤矿井下工人滑囊炎的患病率约为1.6%，在一些煤层薄、工作面低、机械化程度不高的矿区，其患病率可高达14.39%。工龄越长年龄越大患病率越高。不同的工种患病率有差异，其中采煤工最高（65.78%），其次是掘进和开拓工（20.15%）。

2. 煤矿职业病的危害

职业病危害是指对从事职业活动的劳动者可能导致职业病的各种危害。职业病危害因素包括职业活动中存在的各种有害的化学、物理、生物因素以及在作业过程中产生的其他职业有害因素。

我国煤矿职业病相当严重，尤其是尘肺病。截至2005年年底，中国尘肺病病人累计已超过60万例，死亡17万人，每年新增上万人。全世界的尘肺病患者，中国就占了一半，而中国的尘肺病患者，煤矿工人又占一半，我国每年死于尘肺病的患者，是“矿难”和其他工伤事故的3倍还多。当前，煤矿尘肺病有增加的趋势，职业病不仅严重影响了矿工的健康，而且使企业背上了沉重的财政负担。职业危害和职业病已成为影响我国部分劳动者健康并导致他们过早失去劳动能力的最主要因素。

六、预防煤矿职业病的措施

（1）完善职业病防治管理措施。《职业病防治法》第十九条规定用人单位应当采取下列措施完善职业病防治管理：设置或者指定职业健康管理机构或者组织，配备专职或者兼职的职业健康专业人员，负责本单位的职业病防治工作；制订职业病防治计划和实施方案；建立、健全职业健康管理制度和操作规程；建立、健全职业健康档案和劳动者健康监护档案；建立、健全工作场所职业病危害因素监测及评价制度；建立、健全职业病危害事故应急救援预案。

（2）大搞技术革新、改革生产工艺如以无毒或低毒的物质代替有毒或剧毒的物质，以低噪声设备代替高噪声设备等。生产过程实现机械化、自动化，从而减少工人与有害因素接触的机会。

（3）采取通风、排毒、降噪、隔离等技术性措施来降低或消除生产性有害因素。

（4）加强生产设备的管理，防止毒物的跑、冒、滴、漏污染环境。

（5）对新建、改建、扩建和技术改造项目进行“三同时”审查，确保这些项目完成后有害因素的浓度或强度可以达到国家标准。

（6）制定和严格遵守安全操作规程，防止发生意外事故。

（7）加强个人防护养成良好的健康习惯，防止有害物质进入体内。

（8）合理安排休息制度，注意营养，增强机体对有害物质的抵抗能力。

（9）对接触生产性有害作业的工人，进行就业前体格检查和定期体格检查，及早发现禁忌症及职业病患者，及早进行处理。

（10）根据国家制定的一系列健康标准，定期检测作业环境中生产性有害因素的浓度或强度，发现问题及时解决。

复习思考题

1. 试述发生事故时在场人员的行动原则。
2. 自救器有哪几种？各自的适用条件是什么？
3. 避难硐室有几种？如何构筑临时避难硐室？
4. 在避难硐室避难时，应注意哪些问题？
5. 发生瓦斯爆炸时如何自救、互救？
6. 发生煤与瓦斯突出时，现场人员如何自救、互救？
7. 井下发生明火火灾时，现场人员如何自救、互救？
8. 发生突水事故时，如何进行自救、互救？
9. 发生冒顶事故时，如何进行自救、互救？
10. 事故现场负责人如何组织救灾？

11. 如何进行人工呼吸?

12. 如何进行胸外心脏按压?

13. 止血和创伤包扎方法有哪几种? 如何进行指压止血和毛巾包扎?

14. 简述使用止血带止血法的注意事项。

15. 试述骨折固定的作用和抢救时的要点。

16. 井下搬运伤员时应注意哪些事项?

17. 试述对中毒或窒息人员的急救方法。

18. 试述对烧伤人员及出血人员的急救方法。

19. 试述对溺水者的急救方法。

20. 试述对触电人员的急救方法。

21. 什么是职业病? 其特点有哪些?

22. 试述《煤矿安全规程》对作业场所空气中粉尘浓度的要求。

23. 煤矿常见职业病有哪些?

24. 怎样预防煤矿职业病?